Lombard/Marteau · Devisenoptionen

Odile Lombard
Didier Marteau

unter Mitwirkung von Jérôme de Bontin

Devisenoptionen

GABLER

CIP-Kurztitelaufnahme der Deutschen Bibliothek

Lombard, Odile:
Devisenoptionen / Odile Lombard ; Didier Marteau. Unter Mitw. von Jérôme de Bontin. [Aus d. Franz. von Johannes Kuhner]. – Wiesbaden : Gabler, 1990
Einheitssacht.: Les options de change <dt.>

ISBN 978-3-322-98961-1 ISBN 978-3-322-98960-4 (eBook)
DOI 10.1007/978-3-322-98960-4

NE: Marteau, Didier:

Aus dem Französischen von Johannes Kuhner. Die Originalausgabe erschien unter dem Titel „Les options de change“ bei Editions ESKA, Paris.

Der Gabler-Verlag ist ein Unternehmen der Verlagsgruppe Bertelsmann International.

Lektorat: Edith Karos
Softcover reprint of the hardcover 1st edition 1990

Satz: Satzpunkt Ursula Ewert, Braunschweig

Buchbinder: Osswald & Co., Neustadt/Weinstr.

Wir danken ...

Dieses Buch verdankt seine Entstehung Arbeiten zur Vorbereitung von Weiterbildungsseminaren bei Indosuez Change Conseil, zahlreichen Diskussionen mit marktkundigen Fachleuten sowie einer Studienreise in die Vereinigten Staaten – dem Ursprungsland der Devisenoption – nach New York, Philadelphia und Chicago.

Wir können nicht alle erwähnen, die uns bei unseren Untersuchungen weitergeholfen haben und bitten diejenigen, die wir vielleicht vergessen haben sollten, uns dies nicht übelnehmen zu wollen. Von allen, denen wir zu Dank verpflichtet sind, möchten wir insbesondere erwähnen:

In Paris
Olivier Mirat, Bryan Thomas und Thierry Royer von der Bank Indosuez, die uns in großzügiger Weise ihr Wissen und ihre Erfahrung vermittelt haben.

Michel Bernard von der F.N.E.G.E. – Fondation Nationale pour l'Enseignement de la Gestion –, die unsere Studienreise gemeinsam mit der Ecole Supérieure de Commerce de Rouen und der Indosuez Change Conseil mitfinanziert hat.

In Rouen
Gérard Morel, ehemaliger Direktor der Ecole Supérieure de Commerce de Rouen, der uns bei der Vorbereitung der Reise geholfen hat.

In New York
Didier Javice, Jean-Manuel Rozan und Nassim Taleb von der Bank Indosuez sowie Taylor Simonin von der C.I.C., die uns in die Praxis des Optionshandels, der zu diesem Zeitpunkt in Frankreich aufgrund gesetzlicher Bestimmungen noch nicht bestand, einführten.

Frank Edwards, Direktor des Columbia Center for the Study of Futures Markets, sowie seinen Mitarbeitern, die uns die dort erarbeiteten Forschungsergebnisse großzügig zur Verfügung gestellt haben.

In Philadelphia
Arnold F. Staloff, der Präsident des Philadelphia Board of Trade, der uns dort sehr liebenswürdig empfangen hat.

In Chicago
Richard Sandor und Jérôme de Bontin von Drexel Burnham Lambert, die uns erlaubten, den Optionshandel ab 7 Uhr 30 live mitzuerleben, und die uns mit dem hektischen morgendlichen Arbeitsrhythmus einer großen Investment Bank vertraut machten.

Schließlich danken wir ganz besonders Nicolas Chaine, dem Direktor von Indosuez Change Conseil, der unser Projekt jederzeit, von Paris bis Chicago, von den ersten Entwürfen bis zum hier vorliegenden Buch freundlichst unterstützt hat.

Ihnen allen unseren herzlichen Dank!

Im übrigen tragen wir die alleinige Verantwortung für den Inhalt des Buches, und keine der genannten Personen kann für irgendwelche Ungenauigkeiten, Unterlassungen oder Ungeschicklichkeiten verantwortlich gemacht werden. Wir hoffen lediglich, daß wir ihr Wissen richtig wiedergegeben haben.

Vorwort

Durch weitreichende Verbesserungen im Nachrichten- und Transportwesen ist unsere Erde kleiner geworden, nicht nur in soziologischer Hinsicht, sondern auch in Bezug auf Handel, Finanzen und Märkte. Dennoch war in manchen Fällen dies die Ursache für wichtige Unwägbarkeiten, die auf der Wechselwirkung von Zinssätzen und verschiedenen Devisenkursen beruhten. Zwar gibt es die Möglichkeit der Arbitrage, um aus Zins- bzw. Kursdifferenzen Gewinn zu erzielen, jedoch möchte der größte Teil der Marktteilnehmer die oben erwähnten Schwierigkeiten lediglich umgehen. Hier sind die Finanzinstitute gefragt!

Unterschiede im Zinsniveau sowie Wechselkursschwankungen erschweren Importeuren und Exporteuren die Preisfestsetzung. Diese können sich heute dagegen absichern, indem sie Devisen per Termin kaufen bzw. verkaufen oder durch börslich gehandelte Futures-Kontrakte Risiken ausschließen. Diesen Geschäften liegen vorgegebene Verpflichtungen an oder bis zu einem festgesetzten Termin zugrunde. Die Termin- und Futuresmärkte ermöglichen also den Schutz vor unvorhergesehenen, starken Kursschwankungen; zur Absicherung gegen gewisse andere, dem Welthandel zur Zeit eigene Risikoformen sind sie jedoch nicht angemessen.

Im September 1982 hat die Philadelphia Stock Exchange ein neues, nützliches Finanzinstrument börslich eingeführt, das man als die dritte Dimension des Devisengeschäftes bezeichnen könnte: Die Option auf Wechselkurse bietet die Möglichkeit, Risiken abzusichern, so beispielsweise wenn Unklarheit darüber besteht, wann (oder ob sogar überhaupt) ein Devisengeschäft notwendig wird. Hat etwa ein Unternehmen ein Angebot aufgrund einer Ausschreibung in fremder Währung abgegeben, so kann es sein Wechselkursrisiko nicht kennen (es weiß nicht einmal, ob es besteht), solange die Auftragszuteilung nicht ergangen ist. Ebenso können Frachtverträge, Lieferfristen und sogar Chartergeschäfte mit Unsicherheiten behaftet sein. Ein Devisenterminkauf- oder -verkaufsgeschäft, dessen Erfüllungszeitpunkt von vornherein feststeht, kann, wenn es zur Umgehung der genannten Risiken abgeschlossen wird, zu Verlusten führen, die unabhängig von dem zugrundeliegenden Handelsgeschäft eintreten.

Die Währungsoption hingegen erweist sich als angemesseneres Instrument. Sie ähnelt nämlich insofern einer Versicherung, als die Zahlung einer Prämie dem Optionskäufer das Recht, nicht aber die Verpflichtung einräumt, den Vertrag zu erfüllen. Sobald diese wichtigen Merkmale der Option bewußt wurden, entstanden völlig neue, vorher kaum angewandte Finanzierungsinstrumente zur Risikoabsicherung. Einmal mit diesem Instrument vertraut, erkannten die Anwender von Optionen, daß in einer Vielzahl von Fällen die traditionellen Absicherungsgeschäfte, insbesondere Devisentermingeschäfte und Futures-Kontrakte, durch die Optionen ersetzt werden konnten.

Überdies sind neben Marktteilnehmern, die aufgrund güterwirtschaftlich begründeter Zahlungsströme Optionen anwenden, Anleger, Spekulanten und Arbitrageure Teilnehmer dieses neuen Marktes. Ihre Funktion ist von grundlegender Bedeutung, unabhängig davon, ob es sich nun hierbei um natürliche oder juristische Personen handelt, denn sie sichern die Liquidität des Marktes. Die außerordentliche Schnelligkeit der heutigen Kommunikationssysteme gibt diesem Markt einen fast weltweiten Charakter, vergleichbar den Devisen- und Futuresmärkten.

In der jüngsten Vergangenheit hat sich für Devisenoptionen ein Markt gigantischen Ausmaßes entwickelt, der den klassischen Devisenmarkt ergänzt. Die Teilnehmer dieses Marktes sind zugleich die treibende Kraft zu dessen weiterer Expansion.

Als erstes französischsprachiges Werk über diese wichtige Finanzinnovation beschreibt das Buch von Odile Lombard, Didier Marteau und Jérôme de Bontin in erschöpfender Weise die institutionellen und technischen Aspekte des Optionsmarktes sowie die Anwendung dieses Finanzinstrumentes bei der Handhabung von Wechselkursrisiken.

Arnold F. Staloff
Präsident der Philadelphia Board of Trade

Inhalt

Einleitung

Das internationale Finanzgeschehen ist heute geprägt durch äußerst starke Schwankungen der Wechselkurse, historisch begründet durch die Aufgabe des Bretton-Wood-Systems am 15. August 1971. Die Einführung der neuen amerikanischen Geldpolitik durch Paul Volcker im Oktober 1979 hat zweifellos zu höheren Kursschwankungen zusätzlich beigetragen: Mit der Entscheidung, die Geldmenge durch die Geldbasis, das heißt durch das dem Bankensystem angebotene Refinanzierungsvolumen zu kontrollieren, verfolgte der Präsident der Fed das Prinzip der Zinsangleichung an das gewünschte Liquiditätsniveau. Als unmittelbare Folge dieser Politik traten Zinssteigerungen auf; die Federal Funds Rate (Leitzins des Geldmarktes) stieg im Januar 1981 auf über 20 % an. Zusätzlich kam es zu großen Schwankungen im Zinsniveau. Das Zusammenwirken dieser beiden Phänomene erklärt gleichzeitig die ab 1980 einsetzende starke Dollar-Aufwertung (der Dollar stieg von 1,74 DM Ende 1979 auf 3,44 DM am 5. März 1985) sowie die hohe Volatilität der amerikanischen Währung, wobei die Wechselkursveränderungen teilweise die Zinssatzveränderungen widerspiegelten.

Die Volatilität der Wechselkurse und der Zinssätze stellt sowohl Banken als auch die Finanzabteilungen der Unternehmen vor neue Probleme, die mit den traditionellen zur Absicherung verwendeten Finanzierungsinstrumenten nur ungenügend gelöst werden können.

Sobald ein Unternehmen ein in Fremdwährung valutiertes Geschäft zusagt, ist es dem Wechselkursrisiko ausgesetzt. Das Ausmaß des Risikos bemißt sich nach der Höhe der Fremdwährungsposition, wobei Forderungen und Schulden, die in einer Fremdwährung valutiert sind, gegeneinander aufgerechnet werden. Schon lange haben Unternehmen die Möglichkeit, sich gegen ungünstige Wechselkursentwicklungen durch Abschluß eines Devisentermingeschäftes abzusichern, soweit dies aufgrund der devisenwirtschaftlichen Bestimmungen der jeweiligen Währung möglich ist. Dabei wird eine Fremdwährungsposition glattgestellt, und somit ist ein Devisenkursrisiko ausgeschlossen. Besteht eine Long-Position – die Forderungen übersteigen hierbei die Verbindlichkeiten in der jeweiligen Währung – kann der Finanzverantwortliche den dadurch entstehenden Devisenüberschuß per Termin verkaufen; das bedeutet, er tauscht ihn gegen einheimische Währung zu einem vorher festgelegten Kurs ein. Umgekehrt kann bei einer Short-Position in Fremdwährung ein Devisenterminkauf vorgenommen werden, wobei der jeweilige Kurs von vornherein festgelegt wird. In beiden Fällen ist der Wert der Fremdwährungsposition des jeweiligen Unternehmens völlig unabhängig von der Höhe des Kassa-Wechselkurses. Aufgrund der Schwankungen der Wechselkurse ist aber gerade dies von den Marktteilnehmern kaum erwünscht. Durch die Absicherung per Termin wird ein Kurs nämlich endgültig festgeschrieben. Im Falle einer günstigen Entwicklung des Devisenkurses entstehen hohe Opportunitätskosten: Der Exporteur hat keinen Vorteil, wenn der Kurs der jeweiligen Fremdwährung den Terminkurs übersteigt, und der Importeur hat nichts davon, wenn der Marktkurs der Devise unter den Terminkurs sinkt. Als Alternative hierzu kam bisher nur in Frage, Wechselkursrisiken überhaupt nicht abzusichern, das heißt offene Devisenpositionen zu halten. Mit dieser Entscheidung wird allerdings ein extrem hohes Risiko in Kauf genommen. Die Gewinnmarge eines Außenhandelsgeschäftes kann im Falle einer ungünstigen Kursentwicklung möglicherweise ganz aufgezehrt werden, es kann sogar ein Verlust entstehen. Andererseits kann bei einer günstigen Kursentwicklung die Anwendung einer solchen Strategie zusätzlich gewinnbringend sein.

Die Devisenoption löst in idealer Weise dieses Problem der Finanzverantwortlichen, da sie die Unzulänglichkeiten der erwähnten Alternativen ausgleicht. Devisenterminabsicherung oder Nichtabsicherung einbeziehend, bietet die Devisenoption dem Marktteilnehmer mit offener Devisenposition die Garantie eines Mindestverkaufskurses (bzw. Höchstkaufkurses) seiner Devise; gleichzeitig kann er von einer günstigen Marktentwicklung profitieren. Sie verknüpft die Möglichkeit einer Absicherung per Termin, bei der ein Mindest- oder Höchstkurs festgelegt ist, mit einer ungedeckten Position, wobei der Finanzverantwortliche die Wahl hat, auf sein Recht auf Ausübung zu verzichten und, sofern die Marktbedingungen interessanter sind, Devisen zum Kassakurs zu kaufen oder zu verkaufen. Das Recht auf Ausübung der Option hat selbstverständlich einen Preis, der vom Optionskäufer bezahlt werden muß, die sogenannte Prämie.

Die erste Optionsbörse wurde im Dezember 1982 in Philadelphia eröffnet und an vielen anderen Finanzplätzen gibt es heute organisierte Optionsmärkte, so unter anderem in Chicago, Toronto, Vancouver, Amsterdam und neuerdings auch in London als Teil der Stock Exchange und der L.I.F.F.E. Abgesehen von diesen Märkten, an denen Geschäfte börsenmäßig abgewickelt werden, besteht ein ungeregelter Markt, wo Banken untereinander oder mit Unternehmen Optionsgeschäfte per Telefon durchführen. Zum reibungslosen Funktionieren der börsenmäßig organisierten Märkte ist ausreichende Liquidität erforderlich, die sicherstellt, daß jeder Marktteilnehmer jederzeit einen Kontraktpartner zum Eingehen oder Glattstellen einer Position findet. Die hohen Liquiditätserfordernisse des Marktes machen zwangsläufig eine Standardisierung und zahlenmäßige Begrenzung der Kontrakte erforderlich. Die an der Börse gehandelten Optionen sind nach Kontraktgröße und Verfalltag präzise genormt. Kann jedoch der Marktteilnehmer nicht die seinen Erfordernissen entsprechende Risikoabdeckung an der Börse finden, wendet er sich an seine Hausbank, die ihm im ungeregelten Handel einen brauchbaren Kontrakt anbietet. Diese deckt sich möglicherweise an der Börse ein mit einem Kontrakt, der diesem möglichst nahe kommt. Es besteht für sie jedoch ein Restrisiko, das bei Festsetzung der Prämie berücksichtigt wird. Vergleichsweise könnte man sagen, an der Börse wird gewissermaßen die „Konfektionsware" gehandelt, während im Freihandel „maßgeschneidert" wird.

Die Marktteilnehmer am Optionsgeschäft können in drei Klassen eingeteilt werden: diejenigen, die eine offene Risikoposition ausgleichen wollen (Hedgers), Spekulanten (Traders) und Arbitrageure (Arbitragers). Die Option eignet sich ausgezeichnet sowohl zur Abdeckung eines bedingten Risikos, das Firmen bei der Abgabe von Angeboten oder bei Verkäufen nach Listenpreis eingehen, zur Risikoabsicherung im internationalen Handel (Export, Import) als auch bei einer in Fremdwährung zurückzuzahlenden Schuld. Die bedingte Ausübung des Optionskontraktes erlaubt einem Unternehmen im ersteren Fall durch die Möglichkeit der Nichtausübung eventuelle Wechselkursverluste zu vermeiden, wenn keine Zuteilung des Auftrages erfolgt. Im Falle von Kurssteigerungen wären bei einer Terminabsicherung durch den Zwang zum Rückkauf der Devise zu einem höheren Kurs Verluste entstanden. Zwar bietet die C.O.F.A.C.E. den Unternehmen die Möglichkeit, bei Kursverlusten einen Terminkontrakt nicht zu erfüllen. Aber der Kontrakt der C.O.F.A.C.E. ist nur eine Absicherung, und im Falle von Wechselkursgewinnen muß der Finanzverantwortliche hierauf zu deren Gunsten verzichten. Die Prämie der C.O.F.A.C.E. ist zwar wesentlich niedriger als die Optionsprämie, ihrem Wesen nach sind beide Kontraktformen allerdings völlig verschieden. In diesem Buch soll dargestellt werden, daß die Devisenoption keine Versicherung ist, denn sie bietet wesentlich mehr als eine Risikoabsicherung. Sie dient zwar primär der Risikoabsicherung, ist jedoch zusätzlich ein angemessenes Instrument, wenn Finanzverantwortliche in Erwartung von Kursveränderungen über offene Fremdwährungspositionen verfügen wollen, ohne dabei ein zu großes Risiko eingehen zu müssen. Durch die Festsetzung eines Niedrigst- oder Höchstkurses kann der Exporteur sein Risiko selbst begrenzen. Die Devisenoption ist Instrument eines dynamischen Wechselkursrisiko-Managements, das der Kurserwartung einen bedeutenden Stellenwert einräumt.

An den Optionsmärkten bilden die Spekulanten die bedeutendste Marktteilnehmergruppe; Schätzungen zufolge sind sie mit ca. 80 % an allen Umsätzen beteiligt. Dieser Prozentsatz überrascht nicht; er gilt auch für sämtliche anderen Terminmärkte (auf Zinsen, Rohstoffe und Agrargüter). Der Spekulant ist im Gegensatz zu anderen Optionskäufern bereit, ein Wechselkursrisiko zu tragen. Wir werden später ausführen, daß das Risiko des Optionsverkäufers theoretisch unbegrenzt ist und daß die Prämie als Preis für die Risikoübernahme verstanden werden muß. Andererseits ist der Spekulant ein ständig verfügbarer Kontraktpartner, der jedem Marktteilnehmer ein Optionsgeschäft ermöglicht (das heißt Leerkauf oder -verkauf von Optionen oder Glattstellen offener Optionspositionen). Der spekulative Umfang des Optionsmarktes wird durch zwei Merkmale vergrößert: Der Optionsverkäufer erhält umgehend die Prämie – ein nicht gering einzuschätzender psychologischer Vorteil; der endgültige Gewinn der Prämie bei Nichtausübung der Option bedeutet zusätzlich für den Spekulanten eine unbegrenzt hohe Rendite: Gewissermaßen handelt es sich dabei um die Extremform einer Hebelwirkung!

Im übrigen trägt das Vorhandensein einer Vielzahl von Spekulanten dazu bei, den „gerechten“ Preis der Option zu bestimmen. Davon profitieren wiederum diejenigen Marktteilnehmer, die Risiken absichern wollen.

Die Arbitrageure schließlich versuchen ständig, risikolose Gewinne zu erzielen, indem sie gleichzeitig auf mehreren Märkten tätig sind. Kapitel 5 befaßt sich mit Arbitragestrategien zwischen Options- und Devisenterminmärkten: Gewisse Kombinationen von Optionen stellen nämlich nichts anderes als ein Termingeschäft dar. So gibt es Händler, die sich den geringsten auftretenden Preisunterschied zwischen einem über Optionen synthetisch erstellten Terminkurs und dem Terminkurs des Marktes sofort zunutze machen. Sie tragen zur Beseitigung der Preisunterschiede bei und wirken somit in Richtung auf eine marktgerechte Bewertung der Prämie.

Die Entstehung der Märkte für Devisenoptionen ist nur ein Teil der riesigen Finanzinnovations-Welle, die zu Beginn der 70er Jahre im Finanzbereich einsetzte. Die ersten Märkte für Devisenterminkontrakte (Financial Futures) entstanden 1972 am International Monetary Market von Chicago, ein Jahr vor dem Übergang des Weltwährungssystems zu flexiblen Wechselkursen im März 1973 (mit dem Ausscheiden der Europäischen Währungsschlange aus dem „Tunnel", der die Schwankungsgrenzen gegen den Dollar vorgab). Der erste Zinsterminkontrakt wurde an der Chicago Board of Trade im Oktober 1975 eingeführt. Er lautete auf G.N.M.A., also langfristige Hypothekenpfandbriefe. Ihm folgten weitere Kontrakte, u.a. auf Eurodollar-Zinsen, die es den Finanzverantwortlichen in Unternehmen erlaubten, sich gegen kurzfristige Zinsschwankungen abzusichern. Da Zinstermingeschäfte den bereits erwähnten Nachteil haben, Positionen festzuschreiben und somit den Nutzen aus einer günstigen Zinsentwicklung auszuschließen, wurde das Prinzip der Devisenoption auch auf das Basisgut „Zinssatz" angewandt. Zinsoptionen entstanden in den Vereinigten Staaten – im Bankgeschäft werden sie in den kommenden Jahren an Bedeutung gewinnen.

Auch am Devisenoptionsmarkt wird es neue Entwicklungen geben: Die Börsen werden Kontrakte anbieten, die besser auf die Bedürfnisse der Nutzer abgestimmt sind (mehr Fälligkeitstermine, längere Laufzeiten, Optionen auf Cross Rates). Im Interbankenhandel wird es vielleicht Langzeitoptionen, ja sogar Daueroptionen geben, die jederzeit ausgeübt werden können.

Der bemerkenswerte Aufschwung im Geschäft der Risikoabsicherung von Wechselkurs- und Zinsschwankungen darf uns dennoch nicht davon abhalten, kritische Fragen nach der zukünftigen Entwicklung zu stellen. Was würde zum Beispiel aus Chicago, der zur Zeit größten internationalen Börse für Financial Futures und Optionen, wenn durch internationale Abkommen über die maximalen Kursschwankungen das Währungsrisiko, durch welches eine ganze Finanzindustrie entstanden ist, nicht mehr bestünde? Es ist durchaus denkbar, daß diese Stadt dann in kurzer Zeit von der Landkarte der amerikanischen Finanzzentren verschwinden könnte.

Die Ungewißheit über die weitere Entwicklung des Wechselkurssystems verleiht auch dem Schicksal des vorliegenden Werkes eine gewisse Unsicherheit. So hätten wir zu unserer eigenen „Risikoabsicherung" gleichzeitig ein Buch über Bretton Woods schreiben können, aber wir haben uns entschlossen, „unsere offene Position beizubehalten".

1. Prinzip und Verfahrensweisen bei der Verwendung von Optionen

Die Devisenoption ist eine Vereinbarung, die dem Käufer oder Verkäufer das Recht einräumt, Kassa- oder Termindevisen bis zu (oder an) einem zukünftigen Zeitpunkt – dem sogenannten Verfalltag (oder Ausübungstag) – zu einem vorab festgelegten Preis – dem sogenannten Basispreis – zu beziehen oder zu verkaufen.

Als Devisenoptionen werden daher alle Devisenkontrakte bezeichnet, die auf dem Prinzip bedingter Ausübung basieren. Dies umfaßt eine Vielzahl von Finanzinstrumenten: Optionskontrakte unterscheiden sich durch die zugrundeliegende Währung, durch die Art des vereinbarten Geschäftes (Kauf- oder Verkaufsoption) sowie durch die Ausübungsmodalitäten (Ausübung zu einem festen Verfalldatum oder jederzeit während des Zeitraums zwischen Kaufdatum und Verfalltag des Kontraktes). Der Darstellung der Grundlagen und Verfahrensweisen bei der Verwendung von Optionsgeschäften muß daher eine Beschreibung der verschiedenen Arten von Optionskontrakten vorangestellt werden.

1.1 Definitionen und Terminologie

1.1.1 Calls und Puts

Eine Devisenoption unterscheidet sich von einem Devisentermingeschäft insofern, als sie ein Recht, aber keine Verpflichtung beinhaltet: Der Optionsverkäufer erwirbt das Recht, nicht aber die Verpflichtung, Devisen zu einem festgesetzten Kurs zu kaufen (bzw. zu verkaufen). Er wird dieses Recht nur ausüben, wenn er hieraus einen Gewinn erzielen kann. Demgegenüber ist der Käufer oder Verkäufer von Devisen per Termin gezwungen, das eingegangene Geschäft durch effektive Lieferung, also durch Anschaffung der Devisen, zu erfüllen.

Das Recht, eine Devise A zu kaufen, wird als „Call auf A", und das Recht, eine Devise A zu verkaufen, wird als „Put auf A" bezeichnet. Ein Call ist also eine Kaufoption, ein Put ist eine Verkaufsoption. Wir warnen aber den Leser und möglichen Verwender von Optionen vor der Zweideutigkeit dieser Begriffsbestimmung: Der Kauf einer Devise geht immer mit dem Verkauf einer anderen Devise einher. So kann man einen über den Optionsmarkt in Philadelphia erworbenen Call auf Französische Franc auch als einen Put auf Dollar gegen Französische Franc verstehen.

Optionskontrakte, die auf geregelten Märkten, also börsenmäßig, gehandelt werden, sind standardisiert. Es werden dort zum Beispiel nur Kauf- oder Verkaufsoptionen gegen Dollar gehandelt. Möchte also ein deutscher Exporteur eine Long-Position in Dollar glattstellen, so wird er einen Call auf Deutsche Mark kaufen. Er hat somit das Recht, zu einem vorab festgelegten Kurs Deutsche Mark gegen Dollar zu kaufen, also Dollar gegen Deutsche Mark zu verkaufen. Im Freihandel unter Banken sind bei Optionsgeschäften Kombinationen sämtlicher Devisen untereinander möglich. Hierbei finden am häufigsten britische Pfund gegen Deutsche Mark und britische Pfund gegen Schweizer Franken Verwendung.

1.1.2 Basisgut

Als Basisgut bezeichnet man das zugrundeliegende Aktivum, das im Falle einer Ausübung der betreffenden Option geliefert werden muß. Zumeist handelt es sich hierbei um Kassadevisen oder Futures-Kontrakte; darüber hinaus können Banken jedoch im nicht standardisierten Handel Optionen auf Devisentermingeschäfte anbieten.

1.1.2.1 Optionen auf Kassadevisen

Die Ausübung einer Devisenoption auf Kassadevisen (Option auf Spotkurse) erfolgt durch Tausch der Basisdevise gegen die Devise des Kontraktpartners. Der Käufer eines Calls auf A erhält die Devise A und liefert dagegen die vertraglich vereinbarte Währung. Die Lieferung erfolgt per Kassa, d. h. innerhalb von zwei Valutatagen nach dem Tag der Ausübung der Option. Selbstverständlich erfolgt dies zu dem bei Abschluß des Kontraktes vereinbarten Wechselkurs.

Nehmen wir den Fall eines amerikanischen Exporteurs, der in drei Monaten eine Zahlung in Deutsche Mark erwartet. Er hat eine Long-Position in DM, die er auf drei verschiedene Arten handhaben kann:

- keine Glattstellung und Inkaufnahme des Währungsrisikos;
- Terminverkauf seiner DM zum Kurs von 1 $ = 3,20 DM (Terminkurs drei Monate zum Entscheidungszeitpunkt);
- Kauf einer Verkaufsoption auf DM zum Basispreis von zum Beispiel 1 $ = 3,20 DM mit einem Fälligkeitsdatum, das entweder zeitgleich mit oder nach dem Zeitpunkt der Fälligkeit seiner Forderung liegt.

Liegt bei Begleichen der Forderung der Kassakurs bei 2,95 DM/$ und hat das Unternehmen diese per Termin abgesichert, so kann es keinesfalls von der Aufwertung der DM profitieren, da sich der Finanzverantwortliche auf den Verkauf von DM zum Kurs von 1 $ = 3,20 DM festgelegt hat. Durch die Terminabsicherung bleibt das Unternehmen bei Schwankungen der Wechselkurse vollkommen unbeteiligt. Wurden hingegen Verkaufsoptionen erworben, besteht die Möglichkeit, Deutsche Mark zum Kurs von 2,95 DM/$ am Kassamarkt zu verkaufen und die Optionen weiterzuveräußern (die jedoch mit Sicherheit an Wert verloren haben werden). Wenn die Kurssteigerung der DM größer ist als der Preisverfall der Option, erzielt das Unternehmen einen Nettogewinn.

1.1.2.2 Optionen auf Futures

Ein Futures-Kontrakt ist eine Vereinbarung über die Lieferung von Devisenbeständen zu einem zukünftigen Zeitpunkt und zu einem anfänglich festgelegten Kurs. Diese Kontrakte sind hinsichtlich ihres Umfangs und ihrer Fälligkeiten standardisiert und werden an der Börse gehandelt. Sie sind das börsenmäßige Gegenstück zu Termingeschäften im Interbankenhandel.

Bei Ausübung einer Option auf Futures wird ein Devisenkontrakt geliefert, der wiederum die Anschaffung eines Devisenbestandes zu einem zukünftigen Fälligkeitszeitpunkt vorsieht.

Optionen auf Futures müssen zwangsläufig an der gleichen Börse gehandelt werden, an der auch die zugrundeliegenden Terminkontrakte notiert sind. Zur Zeit wird nur über die Börse von Chicago diese Optionsart angeboten. Nach den dortigen Bestimmungen verfällt der Optionskontrakt einige Tage vor Fälligkeit des zugrundeliegenden Futureskontraktes.

1.1.2.3 Optionen auf Devisentermingeschäfte

Bisher wenig angewandt, dürfte diese Optionsart unseres Erachtens auf großes Interesse stoßen, und man wird in den kommenden Jahren ihre Verbreitung mitverfolgen können. Die Option auf ein Termingeschäft beinhaltet das Recht, zu einem (bzw. bis zu einem) bestimmten Fälligkeitszeitpunkt einen Devisenterminkauf oder -verkauf vorzunehmen. Die Anschaffung der Devisen erfolgt also erst zu einem späteren Zeitpunkt. Gegenstand der Kontraktvereinbarung sind sowohl die Laufzeit der Option als auch das Fälligkeitsdatum des Termingeschäftes.

So bietet eine Option auf ein Devisentermingeschäft beispielsweise einem Exporteur, der ein Angebot aufgrund einer Ausschreibung abgegeben hat, Absicherung gegen Schwankungen des Devisenterminkurses zwischen dem Zeitpunkt der Abgabe seines Angebotes und dem Datum der Auftragszuteilung. Gleichzeitig hat er die Möglichkeit, von einer für ihn vorteilhaften Kursentwicklung zu profitieren.

Im Bemühen um eine klare Darstellung basieren alle weiteren Ausführungen ausschließlich auf Währungsoptionen auf Kassakurse. Selbstverständlich gelten sie analog für Optionen auf Futures und auf Devisentermingeschäfte, denen überdies im Kapitel über die Absicherung von Währungsrisiken durch Optionen eine gesonderte Beschreibung gewidmet ist.

1.1.3 Ausübungsmodalitäten und Verfalldatum

Eine Option wird „europäisch“ genannt, wenn das Devisenkauf- oder -verkaufsrecht nur zu einem festen Datum, dem sogenannten Verfalltag ausgeübt werden kann oder aber verfällt. An der Börse gibt es innerhalb eines Jahres vier Verfalltage: im März, Juni, September und Dezember (die genauen Daten sind nicht an allen Börsenplätzen einheitlich). Diese werden in Kapitel 2 behandelt.

Eine Option wird „amerikanisch“ genannt, wenn sie bis zu ihrem Verfalltag jederzeit ausgeübt werden kann. Sie bietet also wesentlich mehr Flexibilität als die europäische Option, ihr Preis ist jedoch entsprechend höher.

1.1.4 Käufer und Verkäufer von Optionen

Der Käufer einer Option besitzt das Kauf- oder Verkaufsrecht der Devise zu einem im Kontrakt festgelegten Kurs. Der Verkäufer der Option hat folglich der Entscheidung des Käufers zu entsprechen. Die potentiellen Gewinne und Verluste des Käufers und des Verkäufers sind also keinesfalls identisch: Der Optionskäufer geht ein begrenztes Risiko ein, seine Gewinnaussicht ist jedoch theoretisch unbegrenzt; umgekehrt hat der Optionsverkäufer ein unbegrenztes Risiko bei limitierter Gewinnmöglichkeit.

Das Recht, die Option auszuüben, wird vom Käufer unmittelbar nach Vertragsabschluß bezahlt. Den Preis für die Option nennt man Prämie. An den Börsen wird die Prämie in Dollar bezahlt. Im Freihandel unter Banken jedoch kann die Währung frei gewählt werden. In den meisten Fällen handelt es sich dabei um die Währung des Kontraktpartners (zum Beispiel den Dollar im Falle eines Optionsgeschäftes DM gegen Dollar).

Folgende Gründe können zum Kauf oder Verkauf von Optionen veranlassen:

- Risikoabsicherung bei Handels- und Finanztransaktionen;
- Währungsoption als besonderes Anlageinstrument zur Gewinnerzielung;
- Arbitrage zwischen dem Optionsmarkt und dem Markt der zugrundeliegenden Aktiva.

Im ersten Fall werden wir im vorliegenden Werk von „Glattstellen eingegangener Positionen“ oder „Hedging“ sprechen; im zweiten Fall werden wir die Bezeichnungen „Spekulanten“ bzw. „Optionskäufer“ oder „Optionsverkäufer“ verwenden; im letzten Fall werden wir von „Arbitrageuren“ sprechen.

1.1.5 Basispreis

Der Optionskäufer kann bei Vertragsabschluß den eventuellen Kauf- oder Verkaufskurs der Devise bestimmen: Dieser Kurs nennt sich Basispreis. Selbstverständlich schwankt der Preis der Option in Abhängigkeit vom gewählten Basispreis. An der Börse sind die Basispreise standardisiert. Die jeweiligen Preisdifferenzen weisen immer die gleiche Höhe aus. Beispielsweise werden in Philadelphia die Basispreise für Optionen auf Französische Francs mit Preisabständen von 5/10 Cents pro 1 Franc angeboten. Man kann den Franc zu 100/10, 105/10,110/10, 115/10 etc. Cents einkaufen, das heißt den Dollar zu 10, 9,52, 9,09, 8,69 etc. FF verkaufen. Allerdings kann der Basispreis im Freihandel frei gewählt werden, und der Optionskäufer kann einen Call auf Französische Francs zu 111,11/10 Cents erwerben, den Dollar also für 9 FF verkaufen.

Wenn der Basispreis mit dem Kassakurs der zugrundeliegenden Devise identisch ist, sagt man, die Option ist „at the money" – eine Bezeichnung, die von allen Marktteilnehmern, die Franzosen eingeschlossen, verwendet wird. Es gibt Übersetzungsversuche ins Französische: „à parité", „au prix", oder „à l'argent".[1]

Ist der Basispreis eines Call geringer als der Kassakurs der zugrundeliegenden Währung, sagt man, die Option ist „in the money". Einige französische Experten gebrauchen für einen Call den Ausdruck „au-dessus du prix" oder „en-dedans", womit sie darauf hinweisen, daß man mit dem Call eine Währung zu einem niedrigeren Kurs als dem Kassakurs erwerben kann (es wird jedoch eine Prämie bezahlt, die mindestens der Differenz zwischen dem Basispreis und dem Kassakurs entspricht). Analog dazu kann bei einem Put „in the money" eine Devise zu einem vorteilhafteren Kurs als dem Kassakurs verkauft werden (hier ist ebenfalls eine Prämie zu zahlen, die mindestens der Kursdifferenz entspricht).

Wenn der Basispreis eines Calls höher ist als der Kassakurs der Währung der zugrundeliegenden Devise, spricht man von einer Option „out of the money". Der Ausdruck „au-dessus du prix" oder „en-dehors" wird manchmal von französischen Experten bei einem Call gebraucht; damit wird angezeigt, daß mit einer Option „out of the money" eine Devise zu einem höheren Kurs als dem Kassakurs eingekauft werden kann. Ebenso kann bei einem Put „out of the money" eine Devise zu einem weniger vorteilhaften Preis als dem Kassakurs verkauft werden. Der Käufer einer Option „out of the money" handelt dennoch nicht irrational: Er hofft, die Option teurer weiterverkaufen zu können oder aber einen Stop-Loss-Kurs zu schaffen, der im Falle der Begleichung einer Forderungs- oder Schuldposition seine Verluste begrenzt.

Die Wahl des Basispreises ist von zentraler Bedeutung im Optionsgeschäft. Sie wird in Kapitel 7 ausführlich behandelt. Es sei hier nur kurz erwähnt, daß ein Anleger, der sich durch Optionen absichert, eine umso geringere Gewinnchance hat, je mehr die von ihm erworbene Option „out of the money" ist. Unter dieser Voraussetzung profitiert er jedoch in hohem Maße von einer günstigen Kursentwicklung, denn er kann seine Position glattstellen, indem er eine nur geringe Prämie bezahlt. Der von ihm abgesicherte Kurs entspricht um so mehr dem Terminkurs, als die Option „in the money" ist; in diesem Fall jedoch kann der Anleger aus einer günstigen Kursentwicklung keinen vollen Nutzen ziehen, da er eine hohe Optionsprämie gezahlt hat. Der Kassakurs, von dem an er einen Absicherungsgewinn (im Vergleich zu einem Termingeschäft) zum Zeitpunkt der Glattstellung der Position erzielt, ist um so mehr vom Terminkurs entfernt, je mehr die Option, die er verkauft „in the money" ist.

Ein Spekulant, der Kurssteigerungen der zugrundeliegenden Devise erwartet, muß sich beim Kauf einer Option auch für einen bestimmten Basispreis entscheiden. Erwartet er

---

1 Anmerkung des Übersetzers:
Die deutschen Bezeichnungen lauten für „in the money": im Geld, „at the money": am Geld, „out of the money": aus dem Geld.

zum Beispiel eine Dollar-Hausse gegenüber dem Französischen Franc, so wird er Puts auf Französische Francs kaufen, also das Recht erwerben, Französische Francs gegen Dollar zu verkaufen. Er wird diese Puts ausüben bzw. weiterverkaufen, falls die Marktentwicklung seinen Erwartungen entspricht. Wenn die Puts, die er kauft, „in the money" sind, ist seine Einlage und somit sein Risiko anfänglich hoch, aber er wird aus einem Kursverlust des Französischen Franc (bzw. Kursgewinn des Dollar) bald Gewinn erzielen. Sofern er Optionen „out of the money" kauft (zum Beispiel das Recht, Dollar zu 11 FF zu kaufen, wenn der Kassakurs bei 9 FF liegt), ist sein Engagement begrenzt. Er kann jedoch nur Gewinn erzielen, wenn der Dollar kräftig (das heißt mindestens auf 11 FF zuzüglich Prämie) steigt. Manche Finanzexperten vertreten die Auffassung, es sei einfacher, Optionen „at the money" zu kaufen, da der Vergleich zwischen den Kosten (also der Prämie) und dem zu erwartenden Gewinn (der Kassakursveränderung) unmittelbar nachvollziehbar ist. Diese Überlegungen sind richtig, aber sie führen zur Vernachlässigung des wichtigsten Vorteils der Option, nämlich der freien Wahl des Risiko- und Ergebnisprofils hinsichtlich der Absicherung einer Position bzw. spekulativer Optionsanlagen.

1.1.6 Preis der Option: die Prämie

Der Preis der Option hängt von deren Basispreis und deren Laufzeit ab. Eine Option „in the money", die dem Käufer das Recht einräumt, zu einem niedrigeren (höheren) Preis als dem Kassakurs zu kaufen (verkaufen), muß teurer sein, als eine Option „at the money" oder eine Option „out of the money".

Im übrigen ist eine Option um so teurer, je länger der Zeitraum bis zu ihrem Verfalltag ist. Die Wahrscheinlichkeit, durch Ausübung einer amerikanischen Option Gewinn zu erzielen, ist um so größer, je länger deren Laufzeit ist. Ebenso ist – Kurssteigerungen vorausgesetzt – die Wahrscheinlichkeit, eine europäische Option am Verfalltag mit Gewinn auszuüben, um so höher, je länger deren Laufzeit ist.

Die Differenz zwischen dem Basispreis und dem Kassakurs einerseits und die Wahrscheinlichkeit der gewinnbringenden Ausübung oder des Weiterverkaufs der Option andererseits sind zwei Faktoren, die die Prämie entscheidend beeinflussen.

1.1.6.1 Innerer Wert und Zeitwert

1.1.6.1.1 Innerer Wert

Für die amerikanische Option bestimmt sich der innere Wert eines Calls aus der Differenz zwischen dem Kassakurs des zugrundeliegenden Aktivums und dem Basispreis. Bei Optionen „in the money" ist dieser positiv, bei Optionen „at the money" ist er gleich Null, und bei Optionen „out of the money" ist er theoretisch negativ. In der Praxis ist für eine Option „out of the money" der innere Wert gleich Null, nicht aber negativ. Das

Recht, 1 FF zu 105/10 Cents zu kaufen (1 $ zu 9,52 FF zu verkaufen), wenn der Franc am Devisenmarkt mit mindestens 107,05/10 Cents (9,32 FF) notiert, kostet mindestens (107,05–105) = 2,05/10 Cents (20 Centimes pro Dollar). 2,05/10 Cents beträgt der innere Wert des Calls FF 105, September 1985.

Der innere Wert des Call FF 110, September 1985, „out of the money“, beträgt dagegen Null.

Umgekehrt ist der innere Wert eines Put die Differenz zwischen dem Basispreis und dem Kassakurs. Hat die Differenz ein negatives Vorzeichen, ist der innere Wert gleich Null.

Den inneren Wert der europäischen Option definieren wir im Falle eines Call als Differenz zwischen dem Terminkurs und dem Basispreis. Dem liegt die Annahme zugrunde, daß der Käufer einer europäischen Option, die ja nicht vor dem Verfalltag ausgeübt werden kann, den Basispreis mit dem Terminkurs am Verfalldatum vergleicht. Bei einem Call ist der innere Wert positiv, wenn der Basispreis niedriger ist als der Terminkurs; dies gilt auch dann, wenn bei mit Aufschlag gehandelten Devisen der Basispreis höher liegt als der Kassakurs. In allen anderen Fällen beträgt der innere Wert Null. Nehmen wir den Fall eines Put: Der innere Wert ist positiv, wenn der Basispreis höher als der Terminkurs ist (selbst wenn der Basispreis tiefer liegt als der Kassakurs von mit Abschlag gehandelten Devisen).

Der innere Wert kann folgendermaßen dargestellt werden:

Innerer Wert eines Call = Max [0, max (S – E,F – E)]

S = Kassakurs der zugrundeliegenden Devise
F = Terminkurs der zugrundeliegenden Devise
E = Basispreis.

Der Preis eines Call, dessen Basiswährung per Termin mit einem Aufschlag (Report) gehandelt wird, muß mindestens dem Report entsprechen, andernfalls kommt es zu Arbitragegeschäften zwischen dem Optionsmarkt und dem Terminmarkt (Kauf von Calls, Verkauf per Termin), was durch die Preissteigerung des Call zu einer Preisangleichung führen würde.

Die eigentliche Definition des inneren Wertes einer europäischen Option wäre der aktuelle Wert des Gewinns bei Ausübung, ausgedrückt durch die Differenz zwischen Terminkurs und Basispreis. So entspricht der innere Wert eines Call einer mit Aufschlag gehandelten Währung:

$$\text{Max}\left(0, \frac{F - E}{(1 + i)^t}\right)$$

1.1.6.1.2 Zeitwert

Der Zeitwert ist das vom Käufer erworbene Recht, die Option auszuüben und dabei einen Gewinn zu erzielen. Er errechnet sich aus der Differenz zwischen Prämie und innerem Wert.

Die Wahrscheinlichkeit der Ausübung (oder des Weiterverkaufs) mit Gewinn vermindert sich, je näher der Fälligkeitstermin der Option heranrückt. Folglich verringert sich der Zeitwert mit der Verringerung der Laufzeit.

Je mehr im übrigen die Option „out of the money" ist, desto geringer ist ihr Zeitwert, der jedoch niemals negativ sein kann. Der Zeitwert befindet sich auf seinem höchsten Niveau, wenn die Option „at the money" ist, und er schwächt sich ab, je mehr sie in den „in the money"-Bereich kommt.

In Abbildung 1 ist die Zerlegung einer Kaufoption in ihren inneren Wert und ihren Zeitwert dargestellt.

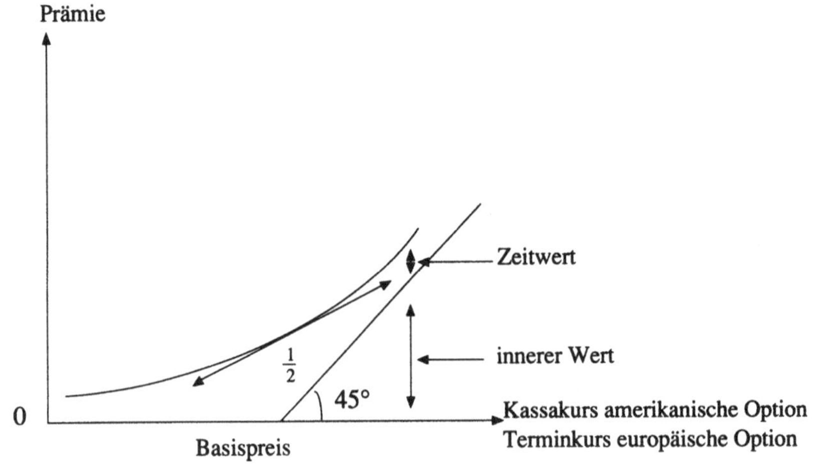

Abbildung 1: Zerlegung der Prämie eines Call

Fall einer amerikanischen Option:

Die Wahrscheinlichkeit, daß der Käufer eines Call „out of the money" diesen gewinnbringend ausübt oder weiterverkauft, ist um so geringer, je größer der Abstand zwischen Basispreis und Kassakurs ist. Die Wahrscheinlichkeit tendiert gegen Null, je größer dieser Abstand wird. Die Steigung der graphischen Darstellung der Prämie, bezogen auf den Kassakurs, strebt infolgedessen ebenfalls gegen Null.

In dem Maße, wie die Option einen Wert „in the money" annimmt, spiegeln Änderungen in der Höhe der Prämie Veränderungen des inneren Wertes wider. Der Steigungsverlauf der Prämienfunktion in der obigen Abbildung 1 strebt deshalb gegen Eins und der Zeitwert tendiert wiederum gegen Null. Betrachten wir zum Beispiel einen Marktteilnehmer, der eine Long-Position in Dollar absichert, indem er Call-Optionen auf Französische Francs zum Ausübungspreis von 1 $ = 11 FF kauft, wobei zu gleicher Zeit der Kassakurs des Dollars (in Paris) bei 9 FF notiert. Nur die recht unwahrscheinliche Einschätzung, daß die US-Devise auf dem Markt über 1 $ = 11 FF steigen könnte, würde den Finanzmanager dazu bewegen, die Option nicht auszuüben. Weil die Ausübung also so gut wie sicher ist, wird der Optionskäufer allenfalls bereit sein, einen sehr geringen Zeitwert zu zahlen. Die Abnahme des Zeitwertes einer Option, die dann eintritt, wenn die Option einen Wert „in the money" annimmt, kann in gleicher Weise durch das Verhalten eines Spekulanten veranschaulicht werden. Die Wahrscheinlichkeit, einen Call auf Französische Francs gewinnbringend auszuüben oder zu verkaufen, ist nämlich – wenn der Call „at" oder „in the money" notiert – verbunden mit einer Abwertung des Dollars (in Paris) schätzungsweise 1/2 (der Kurs kann mit gleicher Wahrscheinlichkeit steigen oder fallen). Folgerichtig zieht der Spekulant es vor, eine Option „at the money" zu kaufen, was ihm die Finanzierungskosten für den inneren Wert erspart; er ist um so weniger an Optionen interessiert, je höher diese einen Wert „in the money" annehmen. Das Marktgleichgewicht verlangt also eine Verringerung des Zeitwertes in dem Maße, wie die Option „in the money" kommt, was eben genau der Erhöhung der Finanzierungskosten des inneren Wertes entspricht.

Fall einer europäischen Option:

Ausgehend von der Hypothese, daß der Terminkurs der beste Schätzwert für den zukünftigen Kassakurs ist, läßt sich behaupten, daß mit 50prozentiger Wahrscheinlichkeit der Kassakurs bei Fälligkeit der Option über, bzw. mit 50prozentiger Wahrscheinlichkeit unter dem jetzigen Terminkurs liegt. Folglich ist die Gewinnwahrscheinlichkeit für den Käufer eines ungedeckten Call, der also über keine Short-Position in der zugrundeliegenden Devise verfügt, gleich 1/2, wenn die Option „at"[1] oder „in the money" ist. Aus den im vorigen Abschnitt erläuterten Gründen ergibt sich der maximale Zeitwert dann, wenn der Basispreis dem Terminkurs entspricht, und nimmt in dem Maße ab, wie die Option „in the money" oder „out of the money" ist.

1.1.6.2 Veränderung der Prämie gegenüber dem Wechselkurs: der Delta-Koeffizient

Die Kurvensteigung, die das Verhältnis zwischen Prämie und Kassakurs oder Terminkurs ausdrückt, ist das Verhältnis zwischen der Veränderung von Optionspreis und Wechselkurs. Es wird in der Fachterminologie Delta genannt, und seine Kenntnis ist außerordentlich wichtig. Wenn nämlich ein Anwender eine bestimmte Fremdwährungsposition durch den Verkauf von Optionen absichern oder aber ein Stillhalter seine offene Optionsposition auf dem Devisenmarkt abdecken möchte, wird das Verhältnis der optimalen Absicherung durch den Delta-Koeffizienten bestimmt. Es gilt:

$$\Delta = \frac{\text{Veränderung der Prämie}}{\text{Veränderung des Wechselkurses}}$$

1 Zur Erinnerung: Eine europäische Option ist „at the money", wenn der Basispreis gleich dem Terminkurs ist.

Absicherung einer Devisen-Long-Position in Dollar durch Optionsverkauf „at the money“:

Ein Finanzverantwortlicher, der eine aktivische Dollar-Position hält, weiß, daß diese an Wert verliert, wenn die US-Devise im Kurs sinkt. Deshalb verkauft er Puts auf Französische Francs, die er zu niedrigeren Preisen zurückkauft, wenn der Dollarkurs fällt. Wenn die Wertänderung seiner Optionsposition diejenige seiner Devisen-Kassaposition ausgleichen soll, muß er ein Optionsvolumen verkaufen, das dem zugrundeliegenden Fremdwährungsvolumen, multipliziert mit dem Kehrwert des Delta-Koeffizienten, entspricht. Es gilt:

$$\frac{1}{\Delta} = \frac{\text{Wechselkursveränderung}}{\text{Veränderung der Prämie}}$$

Wenn er etwa Optionen „at the money“ kauft ($\Delta = 1/2$), so ist er dann vollkommen abgesichert, wenn das Volumen der dem Optionsgeschäft zugrundeliegenden Fremdwährung das Doppelte seiner Kassaposition ausmacht.

Absicherung einer Optionsposition auf dem Kassa-Devisenmarkt:

Eine Bank, die Calls auf Französische Francs „at the money“ mit einem Volumen von 1 Mio. Dollar verkauft hat, kann sich über den Kassamarkt absichern, wenn sie 0,5 Mio. Dollar verkauft. Wenn sie die Call-Optionen zu einem hohen Wert „deep in the money“ gekauft hätte, wäre sie bei einem gleichzeitigen Verkauf von fast 1 Mio. Dollar am Kassamarkt abgesichert, weil der Käufer die Option mit hoher Wahrscheinlichkeit ausgeübt hätte.

1.1.6.3 Näherungsverfahren zur Berechnung der Prämie

Die Prämie einer Option, die sich analytisch in den inneren Wert und den Zeitwert aufgliedern läßt, wird am Markt entsprechend dem Gesetz von Angebot und Nachfrage bewertet. Weil der innere Wert eine beobachtbare und sicher vorgegebene Größe ist, muß der Zeitwert tatsächlich als eigentlich wichtigste Komponente im Optionshandel angesehen werden. Nun hat der bisher von uns verfolgte Ansatz, bei dem der Zeitwert durch die Differenz zwischen Prämie und innerem Wert bestimmt ist, keinen Erklärungswert. Dagegen kann man mit Hilfe mathematischer Modelle, die auf theoretischen Hypothesen über das Kursverhalten basieren, versuchen, eine Formel für den Zeitwert zu entwickeln. Diese Modelle, die im 2. Kapitel vorgestellt werden, lenken unsere Aufmerksamkeit auf die drei Variablen, welche deren Grundbestandteil bilden: die Differenz der Zinssätze zwischen den beiden beteiligten Währungen, der Fälligkeitszeitpunkt der Option und die erwartete Kursvolatilität der zugrundeliegenden Währung.

Die von Keynes entwickelte Zinsparitätentheorie besagt, daß die Änderung des Wechselkurses innerhalb einer vorgegebenen Periode das Zinssatzgefälle zwischen zwei Währungen genau ausgleichen muß. In diesem Modell, dem theoretischen Fundament zur Berechnung von Report-/Deportsätzen aufgrund von Zinsdifferenzen, wird argumentiert, daß beim vorgegebenen Stand an verfügbarer Information der jeweilige Terminkurs den besten Indikator für den zukünftigen Kassakurs darstellt. Folglich kann man sagen, daß am Markt eine Aufwertung für Währungen, die mit Report (Aufschlag) gehandelt werden und eine Abwertung für Währungen, die mit Deport (Abschlag) gehandelt werden, erwartet wird. Der Inhaber einer Put-Option Französische Franc gegen Dollar wird diese mit einer um so höheren Wahrscheinlichkeit ausüben können (indem er FF auf dem Kassamarkt zu niedrigeren Preisen einkauft als er sie weiterverkauft), je größer der Französische Franc-Deport ist. Die Put-Optionen auf Devisen gegen Dollar sind demnach um so teurer, je höher der Report des Dollar ist, und Call-Optionen auf Devisen sind um so teurer, je höher der Deport des Dollar ist. Im Falle einer amerikanischen Option ist der Zeitwert eines Call (Put), bei dem die zugrundeliegende Währung mit Report (Deport) gehandelt wird, mindestens gleich dem Zinsgefälle zwischen den beiden zugrundeliegenden Währungen. Anderenfalls würde es nämlich zu Arbitrage-Transaktionen zwischen Termin- und Optionsmarkt kommen (Kauf eines Call und Terminverkauf der zugrundeliegenden Devise bzw. Kauf eines Put und Terminkauf der zugrundeliegenden Fremdwährung), wodurch dann wieder die Gleichgewichtsbeziehung hergestellt würde.

Der Verfalltag der Option bildet das zweite tragende Element zur Bestimmung des Zeitwertes. Je länger die Laufzeit der Option ist, um so größer ist die Chance, die Option gewinnbringend auszuüben; der Preis der Option wird sich entsprechend erhöhen. Dies wird durch die Kurstabelle (Tabelle 1) veranschaulicht, aus der ersichtlich wird, daß die Preise von Calls und Puts bei gegebenem Basispreis mit der Länge der Laufzeit zunehmen. Ein Call DM 33 kostet 0,92 Cents mit Verfalltag September 1985 und 1,50 Cents mit Verfalltag Dezember 1985.

Die erwartete Volatilität des Kurses der zugrundeliegenden Währung, das letzte tragende Element des Zeitwertes, ist die einzige nicht beobachtbare Variable der Zeitwertformel. Sie spielt eine entscheidende Rolle bei der Bestimmung des Optionspreises.

1.1.7 Volatilität

Die Volatilität stellt die Amplitude und die Frequenz der Kursbewegung um deren Mittelwert während eines vorgegebenen Beobachtungszeitraumes dar. Je größer die erwartete Volatilität des Devisenkurses bis zum Verfalltag ist, um so höher ist der Preis der Option. So ist gegenwärtig die Prämie einer Option auf £/$ höher als die Prämie einer Option auf DM/FF. Die Berechnung der erwarteten Volatilität wirft heikle theoretische Probleme auf, die im nächsten Kapitel behandelt werden. Wir sollten aber betonen, daß die Volatilität als einzige nicht beobachtbare Variable der Zeitwertgleichung und letztlich des Optionspreises die wichtigste Komponente eines Optionskontraktes ist; die übrigen bekannten Größen sind nämlich Parameter, wie beispielsweise Preis und Verfalltag, oder beobachtbare Variable, wie Zeitdauer, Zinssatzgefälle und Kassakurs. Der Optionsmarkt kann als ein Markt für Volatilität angesehen werden, genau genommen ein Markt, auf dem erwartete Kursschwankungen gehandelt werden.

Wenn die Marktteilnehmer beispielsweise eine Steigerung der Volatilität der zugrundeliegenden Währung erwarten, wird der Preis von Calls und Puts sich durch Erhöhung angleichen. Umgekehrt wird die Erwartung einer höheren Kursstabilität der zugrundeliegenden Währung sich in einer Senkung der Optionspreise niederschlagen.

1.1.8 Systeme der Optionspreisnotierung

Der unten abgebildete Auszug aus dem Wall Street Journal gibt die Notierungen der Optionen wieder, die am 21. Juni 1985 in Philadelphia und Chicago gehandelt wurden.

Tabelle 1: Kurstabelle aus dem Wall Street Journal

Currency Options

Chicago Mercantile Exchange

British Pound (CME) 25.000 pounds; cents per ib.

Strike	Calkls-Settle			Puts-Settle		
Price	Sep-C	Dec-C	Mr-C	Sep-P	Dec-P	Mar-P
1225	7.30	....	....	2.50	5.00	....
1250	5.80	7.000	....	3.45	6.05	....
1275	4.50	5.90	....	4.70	....	....
1300	3.40	4.95	....	6.10	....	....
1325	2.50	4.10	....	....	....	....
1350	1.85	....	....	....	....	....

Est. vol. 3.682; Mon vol. 1.476 callss; 1.787 puts
Open interest Mon; 9.687 calls; 9.045 puts

W. German Mark (CME) 125,000 marks, cents per mark

Strike	Calls-Settle		Puts-Settle	
Price	Sep-C	Dec-C	Sep-P	Dec-P
31	2.07	2.60	0.28	0.62
32	1.37	1.94	0.57	0.92
33	0.84	1.38	1.01	1.44
34	0.51	1.04	1.66	1.96
35	0.28	0.74	2.42	2.62
36	0.13	0.47	3.25	3.33

Est. vol. 2,726, Mon vol. 1,864 calls, 1,811 puts
Open interest Mon; 23,228 calls, 15,802 puts

Swiss Franc (CME) 125,000 francs

Strike	Calls-Settle			Puts-Settle		
Price	Sep-C	Dec-C	Mar-C	Sep-P	Dec-P	Mar-P
37	2.53	3.12	....	0.35	0.69	0.95
38	1.81	2.46	2.95	0.63	1.01	1.29
39	1.23	1.90	2.41	1.03	1.42	....
40	0.82	1.46	1.95	1.60	1.93	....
41	0.52	1.10	....	2.29	....	....
42	0.32	0.82	....	....	3.24	....

Est. vol. 561, Mon vol. 156 calls, 124 puts
Open interest Mon; 7,680 calls, 4,865 puts

Currency Options

Philadelphia Exchange

Option & Underlying	Strike Price	Calls-Last Jun	Sep	Dec	Puts-Last Jun	Sep	Dec
12.500 British Pounds-cents per unit.							
8 Pound	105	s	23.00	22.70	s	r	0.65
128.68	.115	s	r	r	s	1.10	2.80
128.68	.120	s	9.30	9.85	s	2.00	4.30
128.68	.125	s	6.25	r	s	3.80	r
128.68	.130	s	r	5.40	s	r	r
128.68	.135	s	2.20	3.70	s	r	r
50.000 Canadian Dollars-cents per unit.							
C Dollar	...71	s	r	r	s	r	0.58
73.22	...74	s	r	r	d	1.42	r
62.500 West German Marks-cents per unit.							
DMark	...29	s	r	r	s	0.07	r
32.63	...30	s	r	r	s	0.17	0.45
32.63	...31	s	2.13	r	s	0.37	0.66
3264	...32	s	1.43	r	s	0.68	r
32.64	...33	s	0.92	1.50	s	r	r
32.64	...34	s	0.53	r	s	1.76	r
32.64	...35	s	0.34	0.75	s	2.52	r
125.000 French Francs-10ths of a cent per unit.							
FFranc	.105	s	3.80	r	s	r	r
107.05	.110	s	1.80	r	s	r	r
6.250.00 Japanese Yen-100ths of a cent per unit.							
JYen	...37	s	3.35	r	s	r	r
40.32	...38	s	r	r	s	0.12	r
40.32	...40	s	1.07	1.45	s	0.63	r
40.32	...41	s	0.60	r	s	r	r
40.32	...42	s	0.30	r	s	r	r
62.500 Swiss Francs-cents per unit.							
SFranc	..35	s	4.20	r	s	r	r
39.03	...36	s	r	r	s	0.22	r
39.03	...37	s	r	r	s	0.42	0.76
39.03	...38	s	1.77	2.41	s	0.69	r
39.03	...39	s	1.32	2.00	s	1.12	r
39.03	...40	s	0.95	r	s	r	r
39.03	...41	s	1.30	r	s	r	r

Total cal vol. 2,825 Call open int. 155,731
Total put vol. 1,507 Put open int. 90,550
r – Not traded. s – No option offered. o - Old.
Last is premium (purchase price).

Im folgenden werden wir hauptsächlich die Notierung von Optionen auf Kassakurse Philadelphia erläutern. Die Notierung von Optionen auf Futures in Chicago beruht auf denselben Grundsätzen.

1.1.8.1 Kassakurs der zugrundeliegenden Devise

Die Rubrik „Option & Underlying" gibt die verschiedenen notierten Optionen an und weist den Kassakurs der zugrundeliegenden Währung aus.

In Philadelphia werden Optionen auf sechs verschiedene Kassa-Devisen gehandelt: Pfund Sterling, Yen, Kanadischer Dollar, Französischer Franc, Deutsche Mark und Schweizer Franken. Die Ausübung einer Option auf Kassa-Devisen hat deren physische Lieferung zur Folge. In Chicago werden drei Optionen auf Fremdwährungskontrakte gehandelt: Deutsche Mark, Pfund Sterling und Schweizer Franken. Die Ausübung einer Futures-Option führt zur Lieferung des Futures-Kontraktes auf die zugrundeliegende Währung.

Die Kassakurse sind in Dollar pro Fremdwährungseinheit ausgedrückt. In Philadelphia geschieht dies folgendermaßen:

- Der Kassakurs, der Basispreis und die Prämien von Optionen auf Französische Francs werden in Zehntel Cents pro FF ausgedrückt.
- Der Kassakurs, der Basispreis und die Prämien von Optionen auf Pfund Sterling, Kanadische Dollar, Deutsche Mark und Schweizer Franken werden als Cents pro Deviseneinheit notiert.
- Der Kassakurs, der Basispreis und die Prämien von Optionen auf Yen sind in Hundertstel Cents pro Deviseneinheit ausgedrückt.

Wenn der Kassakurs des Französischen Franc also bei 107,05 Zehntel Cents liegt, so entspricht dies einem Dollarkurs gegen FF von 1000/107,05 = 9,32 FF. Dementsprechend notierte der Dollar zur DM am 21. Juni 1985 bei 100/32,65 = 3,06 DM.

1.1.8.2 Basispreis

Für jede Option gibt es mehrere Basispreise (strike price) zur Auswahl. Diese sind in der zweiten Spalte aufgeführt. Es ist ersichtlich, daß sie wesentlich zahlreicher bei Optionen mit hohem Umsatzvolumen sind als beispielsweise beim Französischen Franc, der erst im September 1984 als Kontraktwährung eingeführt wurde und dessen Transaktionsvolumen somit noch recht niedrig ist. Am 21. Juni 1985 wurden nur zwei Basispreise auf Französische Francs gehandelt: 105 und 110 (1/10 Cent) also 1 $ = 9,52 FF und 1 $ = 9,09 FF.

1.1.8.3 Prämien

Die Prämien der Calls und Puts sind den beiden rechten Spalten der Tabelle zu entnehmen und sind nach Ausübungsdaten und -preis angeordnet. An den organisierten Märkten beträgt der längste Zeitraum bis zum Verfall der Option neun Monate. Natürlich kann man auf den nicht organisierten Märkten jedes beliebige Fälligkeitsdatum aushandeln, wenn man dafür nur einen Kontraktpartner findet. In Philadelphia kostet ein Call DM 33 Dezember 1985 1,50 Cents; ein Put SFR 37 September 1985 kostet 0,42 Cents.

Liest man die Spalte senkrecht, so stellt man fest, daß der Preis der jeweiligen Calls um so höher ist, je niedriger der Basispreis, und daß umgekehrt die Prämien der Puts um so teurer sind, je höher der Basispreis liegt. Im übrigen kann man auf der Horizontalen ablesen, daß die Preise von Calls und Puts bei gegebenem Basispreis steigen, je länger die Restlaufzeit der Option ist.

1.1.8.4 Handelsvolumen und Open Interest

Das Handelsvolumen gibt die Anzahl der Kontrakte an, die im Laufe eines Tages gekauft bzw. verkauft werden. Der Open Interest mißt die Anzahl der Optionskontrakte, die noch nicht ausgeübt wurden. Das Verhältnis zwischen Handelsvolumen und Open Interest gibt die Umschlagshäufigkeit der Optionskontrakte an und ist ein guter Indikator für die Aktivität des Marktes.

So lag etwa am 21. Juni 1985 die Anzahl der gehandelten Call-Optionen bei 2825 – bei einem Open Interest von 155 731 Kontrakten. Das Verhältnis zwischen Handelsvolumen und Open Interest ist zwar mit 2825/155731 sehr niedrig, wobei die mittlere Lebensdauer eines Optionskontraktes fast zwei Monate betrug. Diese Ziffer gibt zu erkennen, daß Optionen in den meisten Fällen bis zu ihrem Verfallszeitpunkt gehandelt werden und daß die spekulative Marktaktivität noch nicht stark ausgeprägt ist.

Es bleibt anzumerken, daß diese Zahlen sich in Philadelphia auf die Summe aller Kontraktarten beziehen, während sie in Chicago für jede Kontraktart gesondert veröffentlicht werden.

1.1.9 Konzept zur Ermittlung des garantierten Effektivkurses

Der Käufer einer Option sichert sich einen bestimmten Ankaufs- bzw. Verkaufs-Devisenkurs für eine bestimmte Laufzeit bzw. zu einem bestimmten Fälligkeitsdatum. Er wird aber sein Recht nur ausüben, wenn er damit einen Gewinn erzielen kann. Den Kurs, den er garantiert haben möchte, kann er selbst bestimmen, indem er einen Basispreis auswählt. Es ist allerdings offensichtlich, daß dieser Basispreis nach Zahlung der Prämie in keinem Falle für den Optionsinhaber günstiger sein kann als der Terminkurs, auch wenn er diesem angenähert sein mag.

1.1.9.1 Berechnung des garantierten Effektivkurses

Kommen wir auf die Notierungen von Seite 30 zurück:

Der Käufer eines Call FF 105 September 1985 erwirbt mit 3,80 Zehntel Cents das Recht, 1 FF zu 105 Zehntel Cents zu kaufen. Der garantierte Effektivkurs des Französischen

Franc beträgt 105 + 3,80 = 108,80 Zehntel Cents, somit beträgt der garantierte Effektivkurs des Dollar 1000/108,80 = 9,16 FF.

Ein französischer Exporteur, der über den Kauf des Call FF 105 eine Long-Position in Dollar absichern möchte, erreicht somit einen effektiven Minimalkurs für seine Forderung von 9,16 FF. Dieser Kurs muß als Mindestkurs für den Verkauf von Dollar angesehen werden. Liegt bei Fälligkeit der Forderung der Kurs des Dollar bei 1 $ = 10 FF, so wird der Exporteur seine Option nicht ausüben, sondern seine Devisenbestände mit Gewinn verkaufen und maximal den für die Option bezahlten Prämienbetrag verlieren. Der effektive Verkaufskurs des Dollar bestimmt sich wie folgt:

Ankaufskurs des FF am Devisenmarkt:	100	Zehntel Cents
Prämie:	3,80	Zehntel Cents
Effektiver Ankaufskurs des FF:	103,80	Zehntel Cents

(ohne Berücksichtigung einer Aufzinsung der Prämie).

Der Käufer eines Calls FF 110 September 1985 zahlt 1,80 Zehntel Cents für das Recht, 1 FF zu 110 Zehntel Cents zu kaufen. Der effektive Ankaufskurs des Französischen Franc ist (110 + 1,80) = 111,80 Zehntel Cents, was einem effektiven Verkaufskurs des Dollar von 1000/111,80 = 8,95 FF entspricht.

Von diesen Überlegungen ausgehend, ist es möglich, für jede Option eine Liste der garantierten Effektivkurse zu erstellen: Auf diese Weise kann ein französischer Exporteur, der eine Long-Position in Dollar absichern möchte, die verschiedenen minimalen Verkaufskurse des Dollar je nach Basispreis des gekauften FF-Calls festlegen. Analog kann ein Importeur die maximalen Ankaufkurse des Dollar je nach Basispreis des gekauften Put bestimmen (Tabelle 2).

Tabelle 2 : Garantierte Effektivkurse

	Garantierte Export-Kurse		Garantierte Import-Kurse	
	Sept.	Dez.	Sept.	Dez.
FF	9,16	–	–	–
Kassa-Kurs 9,32	8,95	–	–	–
DM	3,01	–	3,45	–
Kassa-Kurs 3,06	2,99	–	3,35	3,38
	2,95	2,90	3,26	3,30
	2,90	–	3,19	–
	2,83	2,80	3,10	–
SFR	2,55	–	3,08	–
Kassa-Kurs 2,56	2,51	2,47	2,80	–
	2,48	2,44	2,74	2,76
	2,44	–	2,68	–
	2,46	–	2,64	–

1.1.9.2 Terminkurs unter Banken und durch Option garantierter Effektivkurs

Der durch den Kauf von Optionen garantierte Effektivkurs ist nie günstiger als der Terminkurs. Er liegt immer unter dem Termin-Verkaufskurs und über dem Termin-Ankaufskurs. Wie wir bereits erwähnt haben, würden anderenfalls Arbitragegeschäfte durchgeführt, die die Rangordnung der Kurse umgehend wiederherstellen würden. Der theoretische Vergleich von Währungsoption und Terminabsicherung erlaubt es, das Verhältnis von garantiertem Effektivkurs und Terminkurs anders als über das Spiel der Arbitragekräfte zu erklären. Der Optionskäufer verfügt über einen sehr wichtigen Vorteil gegenüber dem Marktteilnehmer, der Positionen am Terminmarkt absichert: Wie dieser schreibt er von Anfang an einen Kurs fest, zu dem er seine Devisenbestände kaufen oder verkaufen kann; er behält sich jedoch die Möglichkeit vor, seine Position am Kassamarkt zu veräußern, wenn die Wechselkursentwicklung dies als günstiger erscheinen läßt. In diesem Sinne kann eine Option als bedingte Terminabsicherung angesehen werden – die Prämie ist der Preis für eine bedingte Ausübung der Option.

Die eigentliche Neuerung, die durch Währungsoptionen erreicht wurde, ist die Möglichkeit eines flexibleren Währungsrisikomanagements. Diese neue Flexibilität zeigt sich auf zwei Ebenen:

- Das Risiko- und Ergebnisprofil[1] einer Absicherung durch Kauf von Optionen liegt grundsätzlich zwischen dem einer Terminabsicherung und dem einer ungedeckten Position. Die Absicherung durch Optionen beseitigt die Unbeweglichkeit einer Absicherung per Termin und beläßt dem Finanzverantwortlichen die Möglichkeit, im Falle einer vorteilhaften Kursentwicklung die gesicherte Position am Kassamarkt zu veräußern. In diesem Falle ist das Ergebnis der Absicherung gleich dem Ergebnis einer offenen Position, auch wenn hiervon die Kosten der Prämie abgezogen werden müssen. Im Falle einer ungünstigen Kursentwicklung wird der Finanzverantwortliche seine Option ausüben und seine Position zu einem Kurs glattstellen, der zwar weniger interessant ist als der Terminkurs; ohne Absicherung wären jedoch Verluste entstanden.

  Die Option ist nicht nur ein besonders geeignetes Instrument zur Absicherung eines bekannten Risikos (Exporte, Importe), sondern – da der Zufallscharakter von Währungspositionen eine flexible Handhabung erfordert – auch zur Absicherung von bedingten Risiken (öffentliche Ausschreibungen, Verkauf nach Katalog, Repatriierung von Dividenden aus Niederlassungen im Ausland).
- Durch die Wahl des Basispreises kann der Finanzmanager ein gewünschtes Risiko- und Ergebnisprofil selbst bestimmen. Der Kauf von Optionen „out of the money“ ergibt eine Position, die einer Nicht-Absicherung nahekommt; Optionen, die weit „in the money“ liegen, garantieren einen dem Terminkurs sehr nahen Effektivkurs.

So gesehen, sind Optionen neuartige Instrumente zur Absicherung von Kursrisiken. Sie werden jedoch auch zu spekulativen Zwecken verwandt, das heißt ihnen steht keine De-

1 Wir bezeichnen als Risiko- und Ergebnisprofil einer Optionsstrategie die potentiellen Gewinne und Verluste der Marktteilnehmer, gemessen am Wechselkurs bei Fälligkeit des Kontraktes.

visenposition gegenüber. Strategien, die hierauf abstellen, beruhen auf der Erwartung einer Veränderung der zugrundeliegenden Devisenkurse oder der Erwartung einer Veränderung der Volatilität. Die gängigsten Strategien sind in diesem Kapitel als Einführung zu den Anwendungsmöglichkeiten von Optionen beschrieben.

1.2 Grundstrategien

Es gibt vier verschiedene Grundstrategien, die dem ungedeckten Kauf oder Verkauf der beiden Optionsarten Call und Put zuzuordnen sind. Diese lassen sich in folgendem Schema zusammenfassen:

Die vier Basispositionen:

Erwartung einer Kurssteigerung	Kauf eines Call (Kaufoption) Verkauf eines Put (Verkaufsoption)
Erwartung einer Kurssenkung	Verkauf eines Call (Kaufoption) Kauf eines Put (Verkaufsoption)

Ein Marktteilnehmer, der ungedeckt eine der beschriebenen Optionspositionen eingeht, spekuliert also auf eine bestimmte Kursbewegung der der Option zugrundeliegenden Währung.

Bei Erwartung einer Devisenkurssteigerung werden Calls gekauft oder Puts verkauft. Eine erwartete Devisenkurssenkung führt zum Kauf von Puts oder zum Verkauf von Calls.

1.2.1 Kurssteigerungserwartung der zugrundeliegenden Währung

1.2.1.1 Kauf eines Call

Erwirbt ein Marktteilnehmer einen Call zum Basispreis E durch Zahlung einer Prämie C, so erwirtschaftet er einen Gewinn, wenn er die Option zu einem höheren Preis als C weiterveräußern kann oder wenn er nach Ausübung seines Optionsrechtes die ihm gelieferten Devisen am Devisenmarkt zu einem höheren Kurs als (E + C) verkauft.

1.2.1.1.1 Kauf und Wiederverkauf einer Option

Der Käufer eines Call veräußert sein Optionsrecht dann gewinnbringend, wenn der Anstieg des inneren Wertes größer ist als die Verminderung des Zeitwertes. Hält er die Option bis zu deren Fälligkeit, so besteht wegen der Verringerung des Zeitwertes zwischen deren Weiterverkauf und Ausübung im Ergebnis kein Unterschied.

Vor Fälligkeit der Option läßt sich das Ergebnis (R) eines Weiterverkaufs folgendermaßen darstellen:

Optionsprämie zum Zeitpunkt t – ursprüngliche Optionsprämie
= Innerer Wert zum Zeitpunkt t + Zeitwert zum Zeitpunkt t – ursprünglicher innerer Wert – ursprünglicher Zeitwert
= – Basispreis + Kassakurs zum Zeitpunkt t + Zeitwert zum Zeitpunkt t + Basispreis – ursprünglicher Kassakurs – ursprünglicher Zeitwert.

Ergebnis[1] = Veränderung des Kassakurses – Verringerung des Zeitwertes.

$$(1) \quad \boxed{R = S_t - S_0 - V_0 - V_t}$$

S_t = Kurs der zugrundeliegenden Devise zum Zeitpunkt t
S_0 = ursprünglicher Kurs der zugrundeliegenden Devise
V_0 = ursprünglicher Zeitwert der Option
V_t = Zeitwert der Option zum Zeitpunkt t

1.2.1.1.2 Ausübung der Option

Der Käufer eines Call erzielt einen Gewinn, wenn bei Ausübung der Option der Kurs der zugrundeliegenden Devise höher als der Basispreis zuzüglich der gezahlten Prämie ist: In diesem Fall wird der Käufer seine Option ausüben, das heißt er kauft Devisen zum Kurs E und verkauft diese am Devisen-Kassamarkt zum Kurs S_t. Er erzielt Gewinn, wenn $S_t > E + C$.

Da $C = S_0 - E + V_0$, kann man auch schreiben: $S_t - E - C = S_t - E - S_0 + E - V_0$

$$(2) \quad \boxed{R = S_t - S_0 - V_0}$$

Die Weiterveräußerung einer Option ergibt ein um V_t höheres Ergebnis als deren Ausübung.

Ein Vergleich der Gleichungen (1) und (2) zeigt, daß es für den Inhaber eines Optionsrechtes günstiger ist, dieses zu verkaufen statt es auszuüben; beim Verkauf erhält er zusätzlich den verbliebenen Zeitwert, auf den er bei Ausübung vollständig verzichten muß.

1.2.1.1.3 Risiko- und Ergebnisprofil beim Kauf eines Call

Das Risiko- und Ergebnisprofil des Kaufs eines DM/$-Call, Basispreis 32, Fälligkeit September 1985, stellte sich beispielsweise am 21. Juni 1985 wie folgt dar:

---

1 Wir bieten hier die vereinfachte Darstellung des Ergebnisses von Kauf und Wiederverkauf eines Call, der sowohl ursprünglich wie auch zum Zeitpunkt t „in the money“ liegt. Zur ausführlichen Erläuterung der Ergebnisse bei Optionen „in, at“ und „out of the money“ verweisen wir auf Abschnitt 1.2.2.2.

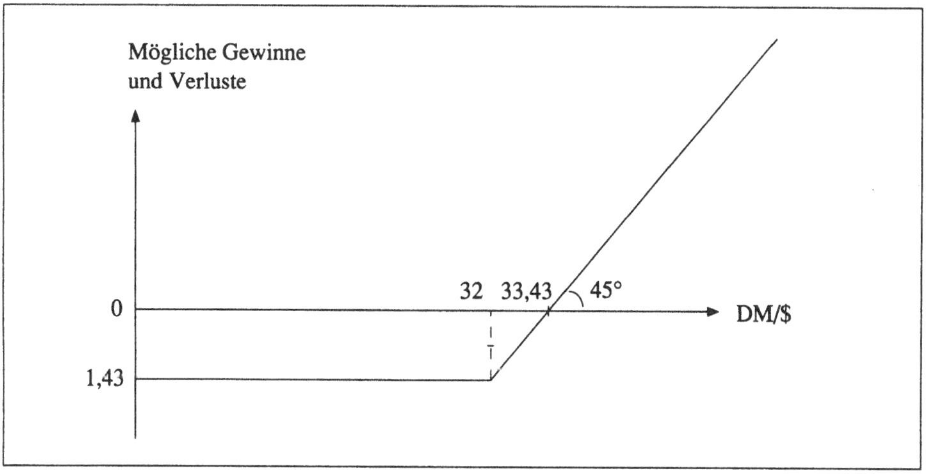

Abbildung 2: Risiko- und Ergebnisprofil beim Kauf eines Call

Das Gewinnpotential ist für den Käufer eines Call theoretisch unbegrenzt – sein Risiko ist hingegen begrenzt.

1.2.1.1.4 Wahl des Basispreises

Ein Marktteilnehmer, der eine Kurssteigerung der zugrundeliegenden Devise erwartet, erzielt einen um so höheren Gewinn, je mehr sich der Call, den er kauft, „in the money" befindet. Er profitiert auf diese Weise von einem sehr niedrigen Kaufkurs der Devise. Sein Risiko ist hingegen sehr hoch – eine für ihn ungünstige Devisenmarktentwicklung führt zum Verlust einer hohen Prämie (die einen hohen inneren Wert widerspiegelt).

Ein Hausse-Spekulant wird einen Devisen-Call „at" (2) oder „in the money" (4) wählen ; der mit dem Kauf eines Call „out of the money" (3) zu erwirtschaftende potentielle Gewinn ist sehr viel geringer und kann nur im Falle außerordentlicher Kurssteigerungen der zugrundeliegenden Devise erzielt werden. Je mehr die Option „in the money" ist, desto mehr ähnelt das Risiko- und Ergebnisprofil dem eines ungedeckten Terminkaufs.

Das Risiko- und Ergebnisprofil zum Fälligkeitszeitpunkt sieht je nach Basispreis folgendermaßen aus:

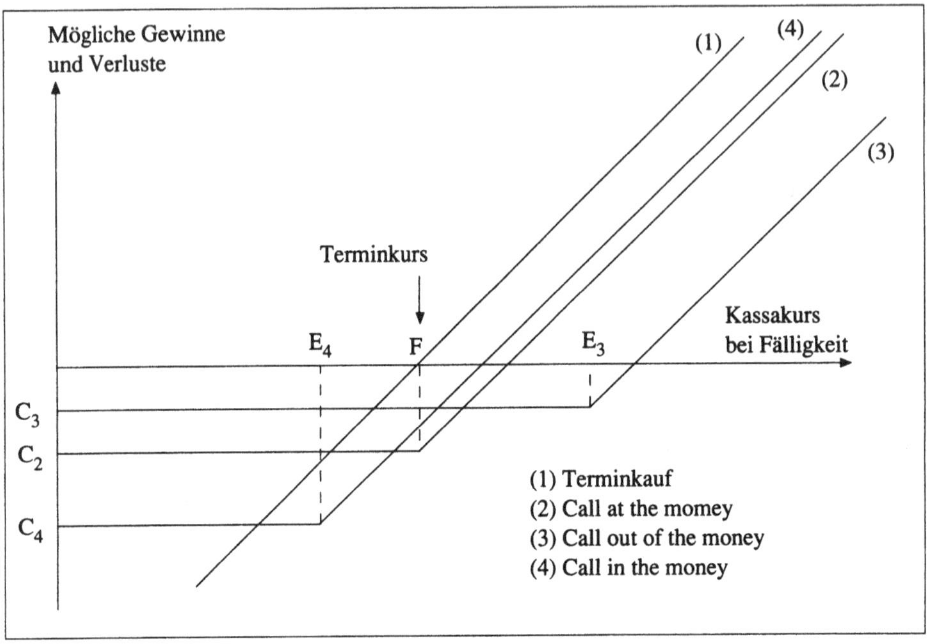

Abbildung 3: Kauf eines Call bei verschiedenen Basispreisen

1.2.1.2 Verkauf eines Put

Ein Marktteilnehmer, der Kurssteigerungen einer Währung erwartet, kann auch Put-Optionen verkaufen. Er hofft, diese später zu einem tieferen Preis zurückkaufen zu können (indem er aus der Verminderung des Zeitwertes Nutzen zieht) oder auch seine Optionsposition bis zu deren Fälligkeit halten und die gesamte Prämie einbehalten zu können, wenn keine Ausübung erfolgt.

1.2.1.2.1 Verkauf und Rückkauf eines Put

Der Put-Verkäufer kauft diesen vorteilhaft zurück, wenn der durch den Zeitwert erzielte Gewinn nicht durch den Anstieg des inneren Wertes der Option kompensiert wird. Das Ergebnis des zum Zeitwert t zurückgekauften, ursprünglich verkauften Put bestimmt sich wie folgt:

R = ursprünglich erhaltene Prämie – zum Zeitpunkt t gezahlte Prämie
= ursprünglicher innerer Wert + ursprünglicher Zeitwert – innerer Wert zum Zeitpunkt t – Zeitwert zum Zeitpunkt t
= Basispreis – ursprünglicher Kassakurs + ursprünglicher Zeitwert – Basispreis + Kassakurs zum Zeitpunkt t – Zeitwert zum Zeitpunkt t

R = Veränderung des Kassakurses + Verminderung des Zeitwertes

$$R = S_t - S_0 + V_0 - V_t$$

Im Falle einer Kurssenkung der zugrundeliegenden Devise wird ein Gewinn erzielt, sofern $(S_t - S_0) < (V_0 - V_t)$.

1.2.1.2.2 Ausübung der Option

Der Verkäufer eines Put behält die gesamte zu Beginn vereinnahmte Prämie, wenn keine Ausübung der Option erfolgt, das heißt wenn der Kassakurs nicht unter den Basispreis gesunken ist. Unter dieser Voraussetzung entspricht sein Gewinn der Prämie P.

1.2.1.2.3 Risiko- und Ergebnisprofil eines Put-Verkaufs

Wie beschrieben, wird ein Verkäufer Gewinn in Höhe der Prämie P erzielen, wenn sich der Kurs der zugrundeliegenden Devise bei Fälligkeit über dem Basispreis befindet.

Ein Put-Käufer wird seine Option ausüben, wenn bei Fälligkeit der Kassakurs unter dem Basispreis liegt und auf diese Weise den Verkäufer zwingt, die erhaltenen Devisen zu einem tieferen Kurs abzugeben.

Das Ergebnis stellt sich dar als $S_t - E + P$, dessen graphische Darstellung eine Gerade mit der Steigung + 1 ergibt.

Das Risiko- und Ergebnisprofil des Put-Verkaufs Can$ Sept.85 mit Basispreis 74 sah am 21. Juni 1985 folgendermaßen aus (siehe Abbildung 4):

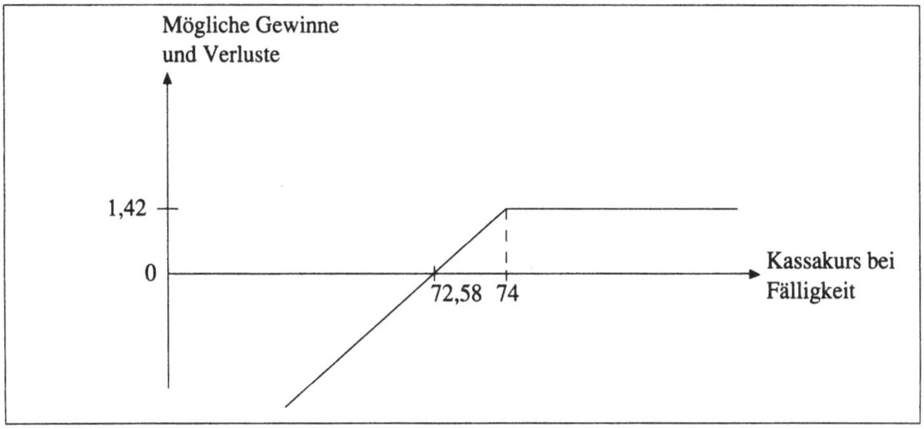

Abbildung 4: Risiko- und Ergebnisprofil eines Put-Verkaufs

Der Gewinn des Put-Verkäufers ist begrenzt, das potentielle Risiko jedoch sehr hoch. Eine geringe Kurssteigerung der zugrundeliegenden Devise führt jedoch bereits zu einem Nettogewinn. Im Falle eines Call-Käufers würde sie nur zu einer Amortisierung der Prämie beitragen. Der Käufer dagegen zieht großen Nutzen aus einer nachhaltigen Kurssteigerung der zugrundeliegenden Währung. Die Verkäufer von Puts (oder Calls) versuchen letztlich, aus der Abnahme des Zeitwertes statt aus Kurssteigerungen Gewinn zu erzielen.

1.2.1.2.4 Wahl des Basispreises

Der Verkäufer eines Put „out of the money" erhält eine sehr geringe Prämie; die Wahrscheinlichkeit jedoch, daß der Put ausgeübt wird, ist sehr gering.

Nur bei einer sehr ausgeprägten Kurssenkung der zugrundeliegenden Devise wird der Put-Käufer sein Recht ausüben. Umgekehrt erhält der Käufer eines Put „in the money" eine hohe Prämie (worin der innere Wert enthalten ist); höchstwahrscheinlich wird dieser jedoch ausgeübt werden.

Die folgende Abbildung 5 veranschaulicht die Risiko- und Ergebnisprofile bei einem Put-Verkauf mit verschiedenen Basispreisen.

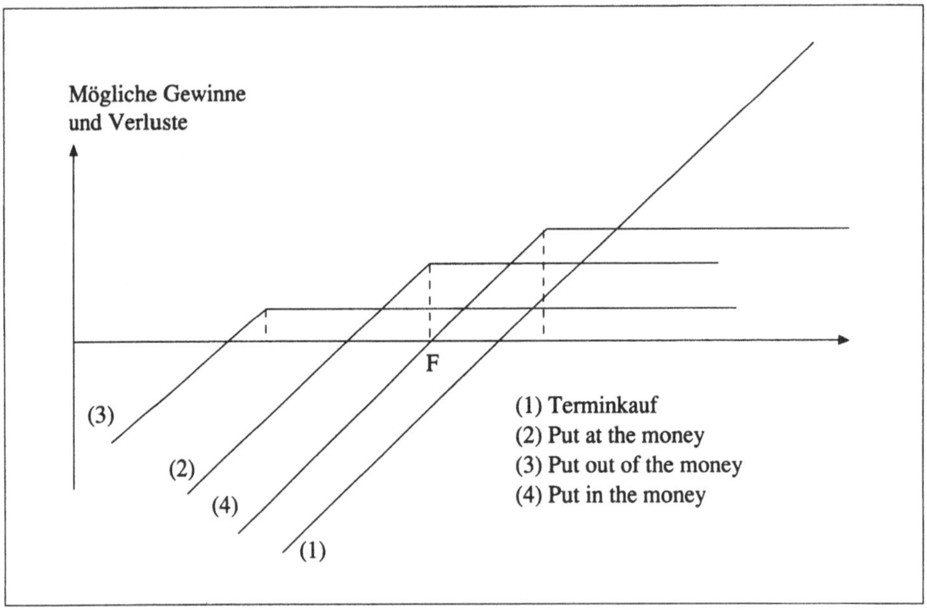

Abbildung 5: Verkauf eines Put bei verschiedenen Basispreisen

1.2.2 Kurssenkungserwartung der zugrundeliegenden Devise

1.2.2.1 Kauf eines Put

Der Käufer eines Put macht Gewinn, wenn er den Put während der Laufzeit teurer verkauft, als er ihn gekauft hatte, oder aber wenn er bei Ausübung die zu liefernden Devisen zu einem Preis am Markt kaufen kann, der zumindest tiefer als der Basispreis abzüglich der Prämie ist.

1.2.2.1.1 Kauf und Wiederverkauf der Option

Analog zum Kauf eines Call ist unschwer zu erkennen, daß der Put-Käufer Gewinn erzielt, wenn die Abnahme des Zeitwertes mindestens durch die Zunahme des inneren Wertes ausgeglichen wird.

Das Ergebnis der Optionsposition lautet:

Ergebnis = Senkung des Kassakurses – Verringerung des Zeitwertes

also

$$(1) \quad \boxed{R = S_0 - S_t - (V_0 - V_t)}$$

1.2.2.1.2 Ausübung der Option

Nur wenn der Kurs der zugrundeliegenden Devise tiefer liegt als der Basispreis, wird der Käufer den Put ausüben: Unter dieser Voraussetzung kauft er am Markt Devisen und liefert diese zu einem höheren Kurs. Ist der Unterschied zwischen Basispreis und Kassakurs höher als die Prämie, erzielt der Käufer einen Nettogewinn. Fällt also der Kassakurs unter den Basispreis, lautet das Ergebnis des Put-Käufers folgendermaßen:

$$(2) \quad \boxed{R = S_0 - S_t - V_0}$$

Wiederum kann man beim Vergleich der beiden Gleichungen (1) und (2) feststellen, daß beim Weiterverkauf einer Option mehr Gewinn zu erzielen ist als bei deren Ausübung, weil sich der noch vorhandene Zeitwert gewinnsteigernd auswirkt.

1.2.2.1.3 Risiko- und Ergebnisprofil beim Kauf eines Put

- Wenn der Kassakurs bei Fälligkeit höher als der Basispreis ist, wird der Käufer sein Recht nicht ausüben und die Prämie verlieren. Der Verlust ist also auf P begrenzt.
- Wenn der Kassakurs bei Fällligkeit jedoch tiefer als der Basispreis ist, wird der Käufer sein Recht ausüben und ein Ergebnis erzielen, das $S_0 - S_t - V_0$ entspricht.

Graphisch dargestellt ist das Ergebnis eine Gerade mit Steigung –1.

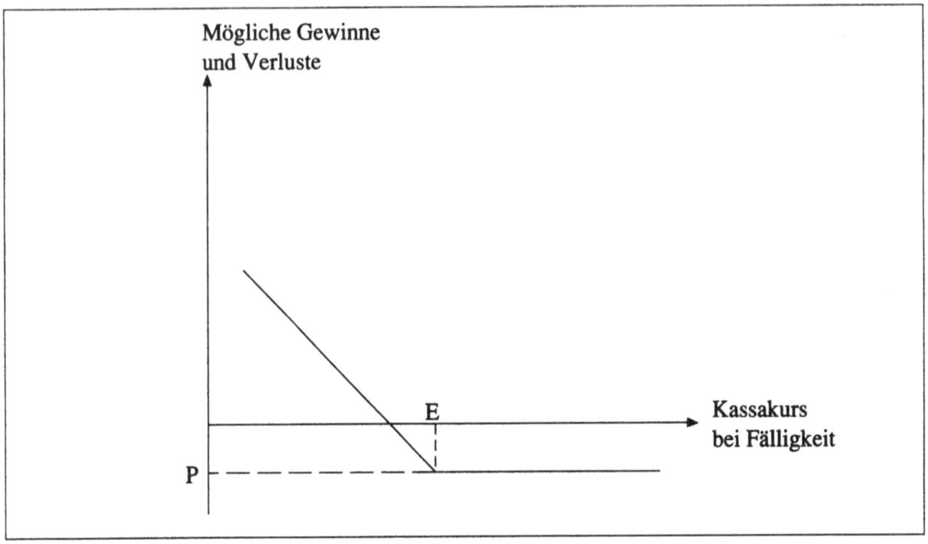

Abbildung 6: Risiko- und Ergebnisprofil beim Kauf eines Put

1.2.2.2 Verkauf eines Call

Wenn ein Marktteilnehmer bei einem Kassakurs von S_0 einen Call mit Basispreis E verkauft, erhält er sofort die Prämie C. Er erzielt einen Nettogewinn, wenn der Wechselkurs der zugrundeliegenden Währung bis zur Fälligkeit der Option tiefer liegt als (S_0 + C).

- Wenn der Wechselkurs tiefer liegt als S_0, wird der Käufer des Call diesen nicht ausüben, und dem Verkäufer bleibt die gesamte Prämie.
- Wenn der Wechselkurs höher als S_0 steigt, kann der Käufer seinen Call ausüben, und zwingt somit den Verkäufer, die zu liefernden Devisen am Kassamarkt zu beschaffen.

Das Ergebnis des Verkäufers lautet:

R = – Kassakurs der Devise + Basispreis + Prämie

Dieses Ergebnis wird negativ, sobald der Kassakurs der Devise höher als E + C ist. Ein positives Ergebnis wird erreicht, wenn der Kassakurs zwischen E und (E + C) liegt; in diesem Falle wird der Verkäufer jedoch einen Teil der erhaltenen Prämie verlieren.

1.2.2.2.1 Risiko- und Ergebnisprofil beim Verkauf eines Call

Beim obigen DM/$- Beispiel sind mögliche Gewinne und Verluste des Verkäufers absolut symmetrisch zu denen des Käufers: Den Verkäufer erwartet begrenzter Gewinn und unbegrenztes Risiko.

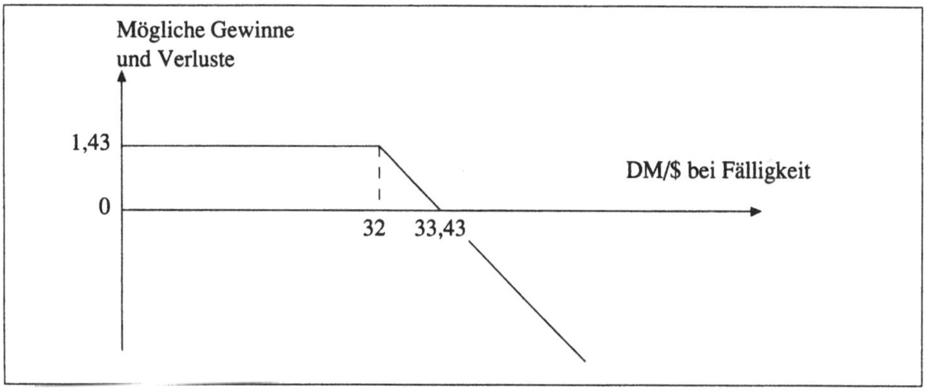

Abbildung 7: Risiko- und Ergebnisprofil beim Verkauf eines Call

1.2.2.2.2 Verkauf und Rückkauf eines Call

Der Marktteilnehmer hofft, daß die anfänglich vereinnahmte Prämie höher als die beim Rückkauf zu zahlende Prämie ist. Er erwartet somit folgendes Ergebnis:

R = anfänglich erhaltene Prämie – beim Rückkauf des Call zum Zeitpunkt t gezahlte Prämie
= anfänglicher innerer Wert + anfänglicher Zeitwert – innerer Wert zum Zeitpunkt t – Zeitwert zum Zeitpunkt t
= $\text{Max}\,[0, S_0 - E] + V_0 - [\text{Max}\,0, S_t - E\,] - V_t$

Bei der Interpretation dieser Ergebnisgleichung sind vier Fälle zu unterscheiden :

Fall 1:

Von Beginn an und während der gesamten Laufzeit ist der innere Wert des Call gleich 0: Bei Calls „deep out of the money", von denen erwartet wird, daß sie während der gesamten Laufzeit „out of the money" bleiben (Kurssenkungserwartung der Devise) trifft dies zu. Calls „out of the money" sind typisch für mit Abschlag gehandelte Devisen – wie hoch auch immer $E > S_0$ sein mag – bzw. für mit Aufschlag gehandelte Devisen, wenn E höher ist als der Terminkurs.

Das Ergebnis lautet wie folgt:

$$\boxed{R = V_0 - V_t}$$

Bei einer höheren Wahrscheinlichkeit, Gewinn zu erzielen, ist der Marktteilnehmer bereit, seinen Gewinn auf die Abnahme des Zeitwertes zu limitieren.

Fall 2:

Der innere Wert des Call ist anfänglich gleich Null und positiv beim Rückkauf: Hier handelt es sich um Calls „out of the money" auf eine Währung mit Kurssteigerungserwartung. Dieser Fall ist typisch für Calls „out of the money" auf mit Report gehandelte Devisen, deren Basispreis höher als der Kassakurs und tiefer als der Terminkurs gewählt wurde.

Das Ergebnis lautet wie folgt:

$$\boxed{R = V_0 - (S_t - E) - V_t}$$

Der Marktteilnehmer erhält den verbliebenen, um die Differenz zwischen Kassakurs und Basispreis verminderten Zeitwert. Wenn der Kassakurs den Basispreis übersteigt, verringert sich der Gewinn aus dem Zeitwert, und das Ergebnis kann negativ ausfallen. Die Gewinnmöglichkeit ist höher, das Risiko jedoch ist ebenfalls höher.

Fall 3:

Der innere Wert des Call ist von Beginn bis Ende der Laufzeit positiv. Hier handelt es sich um Calls „in the money" auf eine Devise mit Kurssteigerungserwartung: Dieser Fall ist typisch für Calls „in the money" auf mit Report gehandelte Devisen, deren Basispreis tiefer als der Kassakurs liegt.

Das Ergebnis lautet wie folgt:

$$R = (S_0 - E) + V_0 - (S_t - E) - V_t$$

$$\boxed{R = (V_0 - V_t) - (S_t - S_0)}$$

Steigt der Devisenkurs, so vermindert sich der Zeitwert: Diese Hypothese dürfte bei mit Report gehandelten Devisen aufgestellt werden können. Ein Marktteilnehmer, der auf eine Kurssenkung spekuliert, denkt analog: Er nutzt die Verminderung sowohl des Zeitwertes als auch des Devisenkurses. Wie in Fall 2 ist die Gewinnmöglichkeit hoch, jedoch ist das Risiko noch höher, denn der Marktteilnehmer spekuliert gegen die Erwartungen des Marktes.

Fall 4:

Der innere Wert des Call ist anfänglich positiv und fällt bis auf Null. Hier handelt es sich um Calls „in the money" auf Devisen mit erwarteter Kurssenkung: Dies ist typisch für Calls „in the money" auf mit Abschlag gehandelte Devisen.

$$\boxed{R = (S_0 - E) + V_0 - V_t}$$

Der Marktteilnehmer nutzt die Abnahme des Zeitwertes, der anfängliche innere Wert der Option bleibt erhalten – sofern sich die Erwartung der Marktentwicklung bestätigt. Diese Marktsituation ist für den Verkäufer des Call die günstigste, denn er konnte einen inneren Wert verkaufen, den er nicht zurückkaufen muß – ein Wunschtraum aller Verkäufer von Calls!

2. Theoretische Bestimmung des Optionspreises

Der Preis einer Option kann analytisch in den inneren Wert und in den Zeitwert zerlegt werden. Der innere Wert im Falle eines Call – ermittelt als Differenz zwischen Kurs und Basispreis[1] – ist eine meßbare, am Markt zu beobachtende Größe. Der Zeitwert wird somit oft als Restgröße zwischen Prämie und innerem Wert verstanden.

Dieser Erklärungsansatz beinhaltet jedoch zwei wichtige Schwachpunkte: Einerseits erklärt er nicht die Höhe des Zeitwertes, andererseits gibt er den Marktteilnehmern keine konkreten Hinweise zur Marktbewertung der Option zum „richtigen Preis".

Die Ermittlung des Optionspreises ist somit die Ermittlung eines Zeitwertes und macht die Einführung theoretischer Hypothesen im Hinblick auf Kursschwankungen der zugrundeliegenden Devise und auf das Verhalten der Marktteilnehmer notwendig.

Es gibt zwei Kategorien von Modellen zur Ermittlung der Prämie der Option: Modelle mit Gleichungssystemen, die zwar oft sehr komplex sind, jedoch umgehend Ergebnisse liefern, und Modelle, die auf der Bildung von Algorithmen beruhen, deren Auflösung langwierige und schwierige numerische Berechnungen erfordert. Die Bewertungsmodelle sind selbstverständlich je nach Art der Option (europäisch oder amerikanisch) und nach Art des zugrundeliegenden Aktivums (Kassakurs, Terminkurs, Futures-Kontrakt) voneinander verschieden.

Da die Ermittlung des Optionspreises heute ein in der Fortentwicklung befindliches Forschungsgebiet ist, möchten wir in diesem Kapitel nur die den wichtigsten Modellen zugrundeliegenden theoretischen Hypothesen darlegen. Ebenso werden wir nur die wichtigsten methodologischen Schritte bei der Erstellung dieser Modelle erläutern.

2.1 Hypothese einer risikofreien Absicherung: Garman-Kohlhagen-Modell

Die beiden amerikanischen Wirtschaftswissenschaftler Garman und Kohlhagen legten 1982 als erste ein Modell zur Ermittlung des Preises von Devisenoptionen vor. Dabei handelt es sich eigentlich um die Übertragung des seit 1973 gebräuchlichen Black-Scholes-Modells für Wertpapieroptionen auf den Bereich der Devisenoptionen.

Dieses Modell, das auch heute noch Ausgangspunkt theoretischer Überlegungen zum Preis einer Option (unabhängig von deren Basisgut) ist, beruht auf einer konkreten Annahme über das Verhalten der Marktteilnehmer: Diese verwenden eine Option zur Absi-

1 Präziser: das Maximum zwischen Null und dieser Differenz

cherung einer Position in dem zugrundeliegenden Basisgut, ohne Absicht, hieraus ein anderes Ergebnis zu erzielen, als aus einer Absicherung per Termin.

Wir denken, daß diese grundsätzliche Annahme nicht die Gegebenheiten des Marktes widerspiegelt: Zum einen spielen dort nämlich Spekulanten, die bereitwillig offene Positionen eingehen, eine große Rolle. Andererseits wird der Markt von Finanztransaktionen der Unternehmen beeinflußt, die Positionen eher mit Hilfe von Kaufoptionen statt Verkaufsoptionen glattstellen, um eben gerade von einer für sie günstigen Kursentwicklung profitieren zu können und somit ihr Endergebnis – verglichen mit einem einfachen Termingeschäft – zu verbessern.

Mithin beinhaltet eine Absicherung per Kaufoption ein gewisses, der Prämie gleichzusetzendes Risiko, das bei dem von Garman-Kohlhagen überarbeiteten Black-Scholes-Modell nicht berücksichtigt wurde. Neben der grundsätzlichen Annahme zur Zielsetzung der Marktteilnehmer werden in diesem Modell verschiedene Hypothesen, insbesondere hinsichtlich der Wechselkursschwankungen und der Änderung der Zinssätze, getroffen.

Es wird angenommen, daß Wechselkursveränderungen während eines Zeitraumes logarithmisch-normalverteilt sind.

Dies wird wie folgt formalisiert:

$$\log S_t + \Delta t - \log S_t \text{ folgt der Normalverteilung } \tilde{N}(\mu, \sigma)\text{, also}$$

$$\log \left[\frac{S_t + \Delta t}{S_t} \right] \text{ folgt der Normalverteilung } \tilde{N}(\mu, \sigma)$$

S_t = Wechselkurs der zugrundeliegenden Devise in t
$\tilde{N}$ = Normalverteilung
μ = Erwartungswert der Verteilung
σ = Standardabweichung

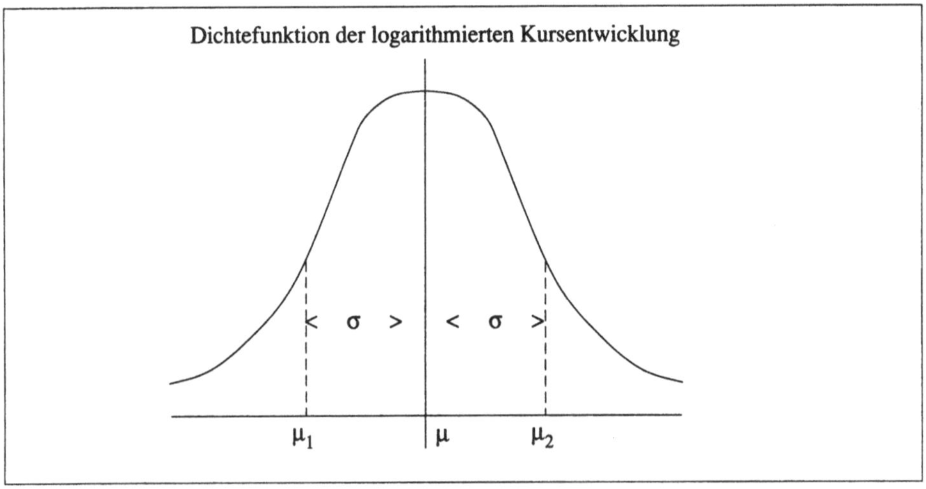

Abbildung 8: 66 % der logarithmischen Kursänderungen liegen zwischen μ_1 und μ_2

Der stochastische Prozeß, dem diese Kursänderungen folgen, ist also ein Ito-Prozeß, der durch eine Kurstendenz (der Erwartungswert μ der Normalverteilung) und einen von den Wirtschaftssubjekten nicht antizipierbaren Zufallsschock (welcher die Standardabweichung von der Normalverteilung erklärt) gekennzeichnet ist. Formal läßt sich der Ito-Prozeß folgendermaßen darstellen:

$$\log \frac{(S_t + \Delta t)}{S_t} = \mu \, \Delta t + \sigma \, \Delta t \, Z$$

Z = Wiener-Zufallsvariable (Mittelwert 0 und Standardabweichung 1)

Die Hypothese der log-Normalverteilung der Wechselkursänderungen wird heute von mehreren Optionspreistheoretikern überprüft. So konnte festgestellt werden, daß die empirische Verteilung von Wechselkursänderungen nicht genau dem Gesetz der log-Normalverteilung folgt. Die Anzahl der beobachteten Werte jenseits von μ_1 und μ_2 unserer Abbildung stellen in Wirklichkeit mehr als 34 % aller Werte dar. Die wachsende Volatilität der Wechselkurse läßt diese Hypothese der log-Normalverteilung, die zu Anfang der siebziger Jahre offensichtlich akzeptabel war, zweifelhaft erscheinen. Diese Feststellung muß allerdings je nach zugrundeliegender Währung und Zeitspanne differenziert werden. Die Abbildungen zeigen beispielsweise, daß die wöchentlichen Kursschwankungen des Dollar gegenüber dem Französischen Franc und des Dollar gegenüber der Deutschen Mark im Zeitraum Januar 1983 bis November 1984 eine Verteilung aufweisen, die sich von der einer log-Normalverteilung nur wenig unterscheidet. Die Kurve einer log-Normalverteilung weicht geringfügig von der in den Abbildungen dargestellten einfachen Normalverteilung ab und gibt die empirische Verteilung der $/FF- und $/DM-Wechselkursänderungen sogar noch verbessert wieder. Einerseits ist die Kurve der log-Normalverteilung „platter" als die Normalverteilung: Da die log-Funktion eigentlich konkav ist, werden starke Kursausschläge, die in der graphischen Darstellung einer Normalverteilung unterbewertet werden, bei der Darstellung der log-Normalverteilung durch einen an den Rändern flacheren Kurvenverlauf wiedergegeben. Wenn zum anderen der Durchschnitt der Kursveränderungen (wie im Falle $/DM und $/FF) positiv ist, werden bei der Normalverteilung die positiven Abstände nicht hinreichend berücksichtigt, während die log-Normalverteilung etwas unsymmetrisch ausfällt und der Durchschnitt der Kursveränderungen sich etwas nach rechts verlagert.

Es muß mit Nachdruck festgestellt werden, daß die empirische Verteilung von $/DM und $/FF flacher ausfällt, als das Gesetz der Normalverteilung dies vorschreibt und daß der Mittelwert nachhaltig nach rechts verlagert ist, was die Hypothese der log-Normalverteilung im Garman-Kohlhagen-Modell bestätigt. Zwar kann man feststellen, daß die Ränder der Verteilung keinen abnehmend fallenden Verlauf aufweisen (Kursveränderungen von beispielsweise 43 % haben bei beiden Devisen eine höhere Wahrscheinlichkeitsdichte als diejenigen von mehr als 2 %), aber es scheint ausgeschlossen, eine empirische Verteilung vollständig einer bekannten Verteilung anzupassen, solange die Hypothese der Stabilität der Verteilung angezweifelt werden kann.

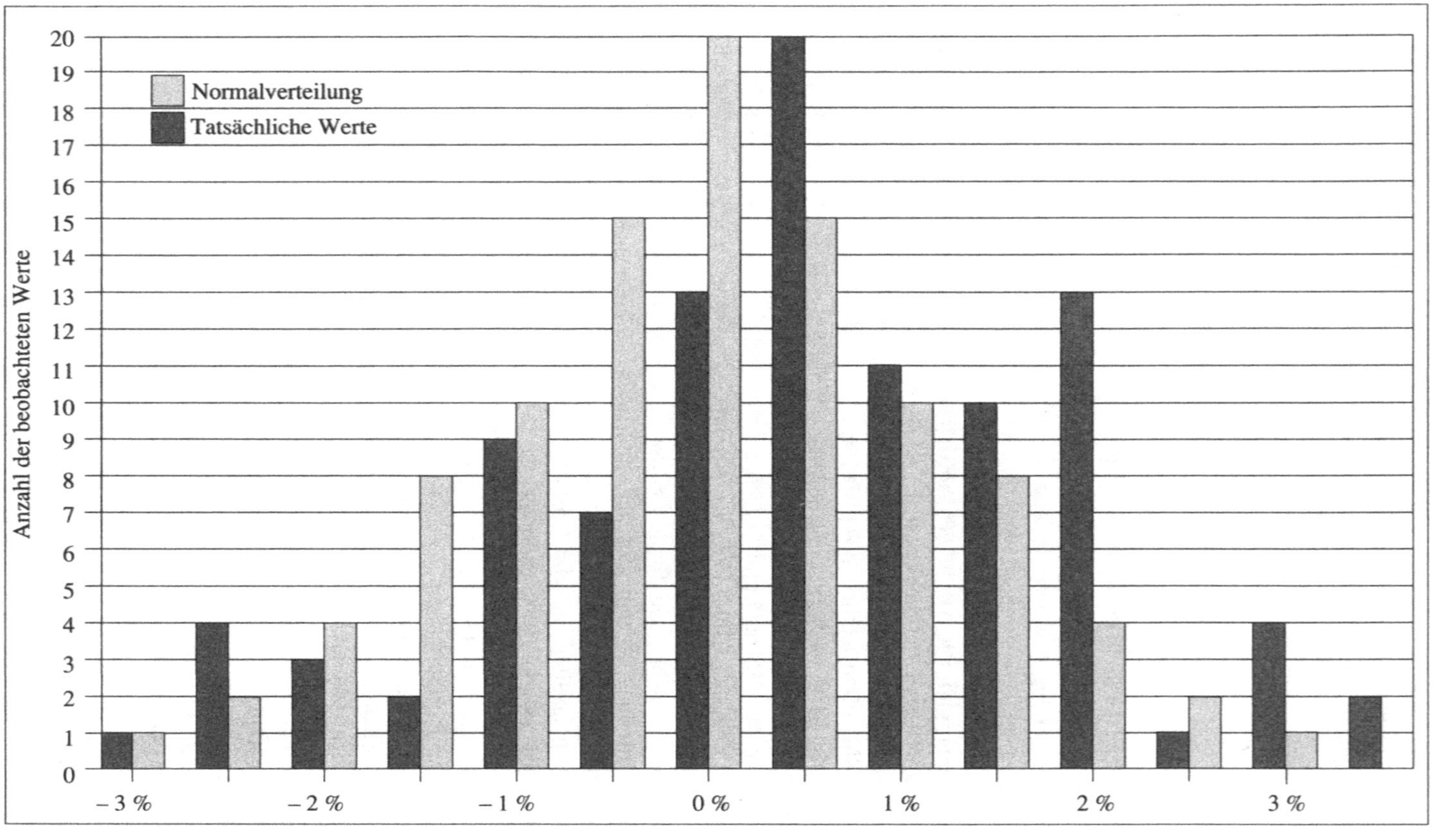

Quelle: Banque Indosuez 1983/1984

Abbildung 9: Wöchentliche Kursschwankungen $/DM

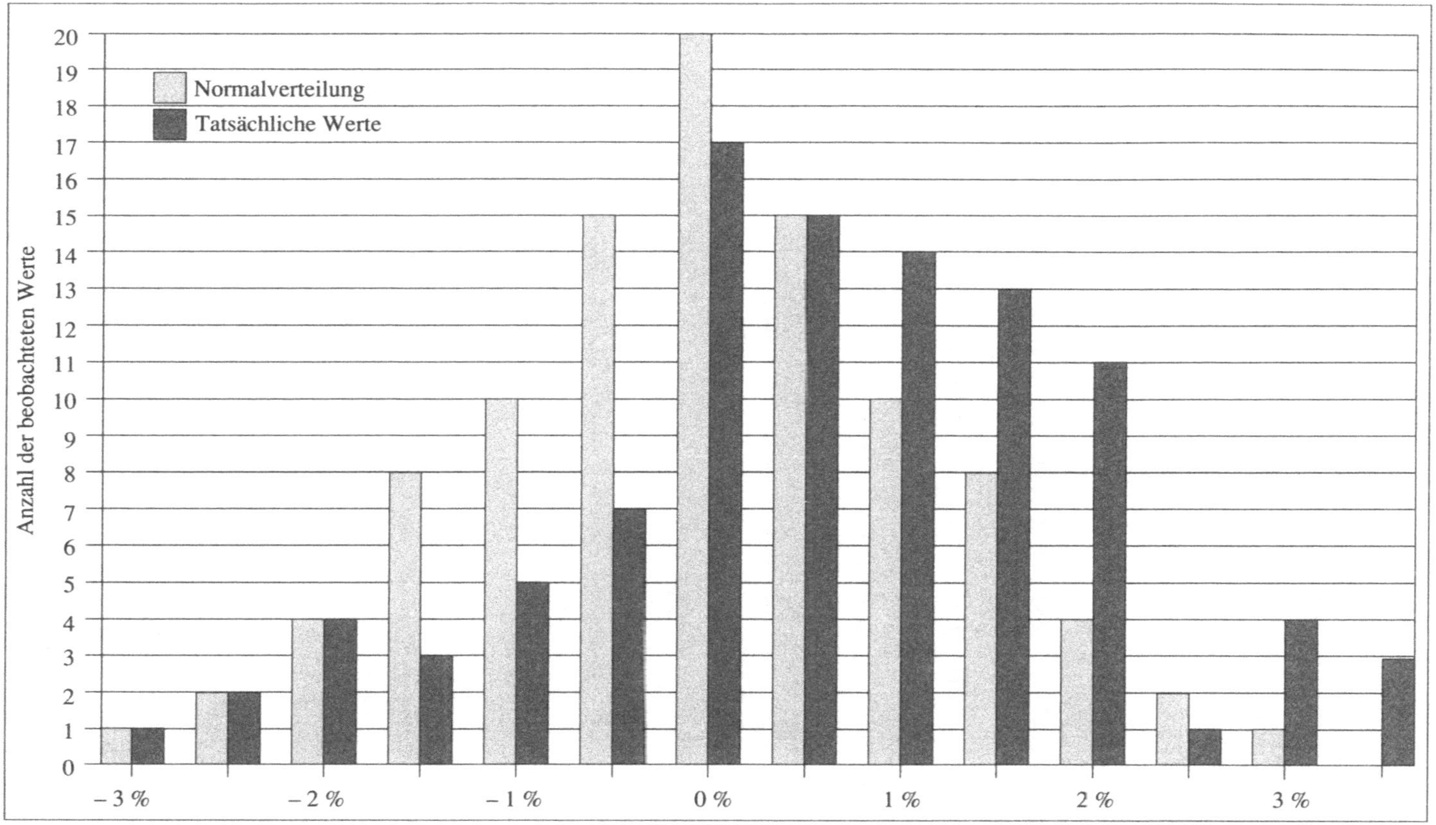

Quelle: Banque Indosuez 1983/1984

Abbildung 10: Wöchentliche Kursschwankungen $/FF

Eine zweite, sehr wichtige Hypothese des German-Kohlhagen-Modells ist die Konstanz der Zinsen während der Laufzeit der Option. Verschiedene Experten verwenden heute stochastische Zinsänderungsprozesse, die von Wechselkursschwankungen entweder abhängig oder unabhängig sind. Allerdings steht der größeren Komplexität des Modelles oft nur eine geringe Erhöhung des wissenschaftlichen Nutzens entgegen, was den Schluß nahelegt, daß die Annahme konstanter Zinsen die Aussagekraft des Garman-Kohlhagen-Modells nicht nachhaltig einschränkt.

Ebenso sind in diesem Modell Transaktionskosten sowie Kosten zur Finanzierung der vom Optionskäufer zu leistenden Einschüsse unberücksichtigt. Schließlich handelt es sich um europäische Optionen, die nicht ausgeübt werden. Diese finden Verwendung, um Wertschwankungen einer Kassaposition aufzufangen.

Die methodologische Vorgehensweise des Garman-Kohlhagen-Modells läßt sich folgendermaßen verdeutlichen:

Angenommen, ein Finanzverantwortlicher hat eine Long-Position in Devisen: Da das Risiko einer Abwertung der Devise besteht, verkauft er gerade so viele Kaufoptionen, daß die Wertänderung seiner Kassaposition durch die Wertänderung seiner Optionsposition kompensiert wird. Wenn der Wechselkurs tatsächlich genügend sinkt, verringert sich der Preis der verkauften Calls, und der Finanzverantwortliche kann auf seiner Position insgesamt einen Gewinn verbuchen. Steigt dagegen der Devisenkurs, wird zwar mit der Devisenposition Gewinn erzielt, bei der Optionsposition kommt es jedoch zu einem Verlust, da die Calls zu einem höheren Preis zurückgekauft werden müssen.

Die Absicherung einer Devisen-Long-Position durch Verkauf von Calls kann nur dann vollkommen sein, wenn dem Finanzverantwortlichen das Ausmaß der Korrelation zwischen Devisenkurs und Optionsprämie bekannt ist. Kennt er das Verhältnis zwischen der Veränderung der Prämie und der Veränderung der zugrundeliegenden Devise – kennt er also den Deltawert – muß er Optionen mit dem Wert verkaufen, der dem Produkt aus dem Kehrwert des Delta und dem Wert der abzusichernden Position entspricht.

Beispiel:

Ein amerikanischer Exporteur möchte eine Long-Position von 1 Mio. FF absichern. Der Kassakurs des Dollar in Paris liegt bei 8,33 FF, also 12 Cents pro FF. Er weiß, daß der Deltawert einer amerikanischen Option „at the money" 1/2 beträgt: Er verkauft somit in Philadelphia

$$\frac{1\,000\,000}{125\,000} \times 2 = 16 \text{ Calls } 120 \text{ FF.}$$

Bevorzugt er, Optionen „in the money" zu verkaufen, haben diese einen höheren Deltawert, und die Zahl der Kontrakte errechnet sich wie folgt:

$$\frac{1\,000\,000}{125\,000} \times \frac{1}{0{,}94} = 8{,}51 \text{ ; also 9 Kontrakte.}$$

Der Deltawert einer Option, die weit im Geld ist, liegt nahe 1, da ein Käufer diese mit hoher Wahrscheinlichkeit ausüben wird. Der Zeitwert der Option ist sehr gering; somit entspricht ihr Preis praktisch der Veränderung des inneren Wertes, also der Veränderung des Kassakurses. Eine Veränderung des FF-Kurses um X Cents führt simultan zu einer entgegengesetzten Veränderung der Bewertung der Prämie um x Cents. Der amerikanische Exporteur, der Optionen verkauft, die „deep in the money" liegen, weiß, daß sie mit großer Wahrscheinlichkeit ausgeübt werden und daß er seine Francs zum Basispreis abgeben muß. Somit sichert er sich durch Verkauf einer Anzahl von Kontrakten ab, deren zugrundeliegender Devisenbetrag seiner eigenen Kassaposition entspricht. Die Absicherung durch Verkauf von Optionen „deep out of the money" führt hingegen zu einer beträchtlichen Erhöhung der Anzahl von Kontrakten. Wenn das Delta des Call FF 130 (1$ = 7,69 FF) zum Beispiel 0,13 beträgt, verkauft der Exporteur

$$\frac{1\,000\,000}{125\,000} \times \frac{1}{0{,}13} = 61{,}54, \text{ also 62 Kontrakte.}$$

Die Position eines Finanzverantwortlichen, der eine deltaneutrale Absicherung vornimmt, kann folgendermaßen dargestellt werden:

$V = S - C/C_1$

V = wertmäßiger Betrag der Position

S = Devisen-Long-Position am Kassamarkt

C = Prämie des Call

C_1 = erste Ableitung der Gleichung der Prämie nach dem Kassakurs, also „Delta"

Die Veränderung der Devisen- und Optionsposition in einem infinitesimalen Zeitraum lautet:

$$(1)\quad \Delta V = \Delta S - \Delta C/C_1 + r_F\, S\, \Delta t$$

r_F = Zinssatz der zugrundeliegenden Währung

Wird berücksichtigt, daß die Prämie des Call eine Funktion des Kassakurses und der Zeit ist, kann die Annahme einer Wechselkursveränderung gemäß des Ito-Prozesses wie folgt formalisiert werden:

$$(2)\quad \Delta C = C_1\, \Delta S + C_2\, \Delta t + \frac{1}{2}\, C_{1,1}\, \sigma^2\, S^2\, \Delta t$$

C_2 = erste Ableitung der Gleichung der Prämie nach der Zeit

$C_{1,1}$ = zweite Ableitung der Gleichung der Prämie nach dem Kassakurs

σ = Standardabweichung des Logarithmus der Wechselkursänderungen

Faßt man die Gleichungen (1) und (2) zusammen, so erhält man:

$$\Delta V = -\left(\frac{1}{2}\, C_{1,1}\, \sigma^2\, S^2 + C_2 - r_F\, S\, C_1\right) \frac{\Delta t}{C_1}$$

Hier erkennt man ein sehr wichtiges Zwischenresultat:

Die Veränderung der Gesamtposition des Finanzverantwortlichen hängt nicht von der Veränderung des Wechselkurses (ΔS) ab.

Ferner verlangt dieser, daß seine globale Position den heimischen Geldmarkt-Zinssatz r bringt :

$$\text{Daraus folgt: } -\left(\frac{1}{2}\, C_{1,1}\, \sigma^2 S^2 + C_2 - r_F\, S\, C_1\right) \frac{\Delta t}{C_1}$$

$$= (S - C/C_1)\, r\, \Delta t$$

$$= r\, C + (r_F - r)\, S\, C_1 - \frac{1}{2}\, C_{1,1}\, \sigma^2 S^2 - C_2 = 0$$

Diese Differentialgleichung mit der Nebenbedingung $C_t = \max\, [(S_t - S^*), 0]$, mit S^* = Basispreis und T = Fälligkeit der Option, führt zu einer eindeutigen Lösung:

$$C\,(S, t) = e^{-r_F\,(T-t)}\, SN\,(d_1) - e^{-r\,(T-t)}\, S^*\, N\,(d_2)$$

$$\text{mit } d_1 = \frac{\log \dfrac{S}{S^*} + (r - r_F + \dfrac{1}{2}\,\sigma^2)\,(T-t)}{\sigma\,\sqrt{T-t}}$$

$$d_2 = d_1 - \sigma\,\sqrt{T-t}$$

N = kumulierte Dichtefunktion (= Verteilungsfunktion) der Normalverteilung.

Es ist festzustellen, daß der Preis einer Option auf Kassadevisen von fünf bestimmbaren Variablen abhängig ist: Kassakurs, Basispreis, Fälligkeitsdatum, heimischer Geldmarktzinssatz, ausländischer Zinssatz sowie von einer einzigen Schätzgröße: der Volatilität.

Somit kann der Optionsmarkt als Markt zur Bewertung der Volatilität verstanden werden. Der Optionskontrakt setzt das Bestehen von Kursschwankungen voraus. Die Gleichung von Garman-Kohlhagen erlaubt es, den Zeitwert, der $C\,(S,t) - \max\,[(S - S^*), 0\,]$ entspricht, zu isolieren. Im Falle einer Option „in the money“ entspricht er:

$$e^{-r_F\,(T-t)}\, SN\,(d_1) - e^{-r\,(T-t)}\, S^*\, N\,(d_2) - (S - S^*)$$

Diese Formalisierung zeigt, daß der Zeitwert nicht nur eine Funktion der Volatilität und der Laufzeit der Option ist, was einer teilweise verbreiteten Vorstellung widerspricht!

Die Gleichung von German-Kohlhagen ist die bekannteste der zur Preisfindung europäischer Devisenoptionen herangezogenen Formeln, und bei den meisten von professioneller Seite verwendeten Modellen fußen die Lösungen auf dieser Beziehung.

Das Modell hat gewissermaßen selbst bestätigt, daß das Marktgeschehen auf die von ihm beschriebene Weise abläuft: Der theoretisch „richtige“ Preis („fair value“) europäischer Devisenoptionen wird durch die Marktteilnehmer unter Verwendung der Formel von Garman-Kohlhagen bestimmt. Bei der Suche nach über- oder unterbewerteten Optionen wird nämlich der tatsächliche Marktwert der Option mit dem aufgrund des vorherrschenden Optionspreismodells ermittelten „fair value" verglichen. Somit können Forschungsarbeiten, die eine objektivere Bewertung der Optionspreise zum Ziel haben, nur dann den Marktteilnehmern bei ihren Optionsgeschäften weiterhelfen, wenn sie in professionellen Kreisen weitgehend anerkannt sind. So stark das Garman-Kohlhagen-Modell in seinen Annahmen auch angezweifelt werden kann, ist es demnach für einen Anwender europäischer Devisenoptionen nicht weniger entbehrlich. Es ist übrigens möglich, die Bestimmungsgleichung der Prämie zum Beispiel in einen HP 12 C-Rechner einzuprogrammieren.

2.2 Abhängigkeit des Optionspreises von den fünf erklärenden Variablen

Das Ergebnis einer Optionsposition hängt von der Entwicklung der fünf Preisbestimmungsvariablen ab. Ein Finanzverantwortlicher muß deshalb die Sensitivität seines Portefeuilles hinsichtlich der erwarteten Veränderungen jeder einzelnen Variablen ermessen, wenn er eine Optionsposition eingeht. Wir müssen diesbezüglich die Zweischneidigkeit einer Optionspreisbewertungsmethode betonen, die auf der Vorstellung beruht, daß nur der Kassakurs und die Laufzeit der Option die Höhe der Prämie beeinflussen. Hierdurch fußen Optionsstrategien oft nur auf folgenden beiden Vorstellungen:

- Der Preis eines Call steigt, wenn der Kurs der zugrundeliegenden Devise steigt; er fällt im Falle einer Abwertung der Devise. Analog verhält sich der Preis eines Put bei entgegengesetzter Devisenkursentwicklung.
- Die Verringerung der Laufzeit einer Call- oder Put-Option führt zu einer Verringerung der Höhe der Prämie: Der Optionsverkäufer zieht Nutzen aus dem Verlust an Zeitwert.

Bei diesen logischen Beziehungen wird implizit eine konstante Volatilität und eine konstante intervalutarische Zinsdifferenz angenommen, wie dies auch in den heute führenden Optionspreismodellen der Fall ist. Jede Änderung bei einer der genannten Variablen kann jedoch das Ergebnis der Optionsposition in seiner absoluten Höhe und manchmal auch in seiner Richtung zweifelhaft erscheinen lassen. So kann eine erratisch und manchmal unregelmäßig erfolgende Abwertung der zugrundeliegenden Devise paradoxerweise zu einem Anstieg der Preise für Calls führen, weil die Verringerung des inneren Wertes der Option mehr als kompensiert wird durch den Anstieg des Zeitwertes, der auf den Anstieg der Volatilität zurückzuführen ist. Ähnlich führt ein Anstieg des Report der zugrundeliegenden Devise zu einem Preisanstieg der Calls, da die Erhöhung des Terminkurses Hausse-Erwartungen des zukünftigen Kassakurses widerspiegelt. Der Anwender von Optionen muß sich bewußt sein, daß Änderungen im Wert seiner Optionen das Ergebnis des Zusammenwirkens der verschiedenen preibestimmenden Variablen sind, deren Auswirkung daher besonders schwierig meßbar ist, weil bestimmte Korrelationsphänomene bestehen (zum Beispiel Zinsdifferenz und Kassakurs). Diese lassen die Erfassung der Veränderung einer Optionsposition innerhalb eines Modells sehr komplex werden. Aus diesem Grund begnügen sich die bestehenden Modelle mit der Erstellung eines Risiko- und Ergebnisprofils in Abhängigkeit nur von Kassakursänderungen und Zeitablauf. Volatilität und intervalutarische Zinsdifferenz werden während der Laufzeit als konstant angenommen.

Im übrigen ist es nicht sicher, ob eine größere Verfeinerung der Modelle, die auf der Berücksichtigung weiterer theoretischer Annahmen basiert, viel zu einer größeren Aussagekraft beitragen kann.

2.2.1 Reagibilität der Prämie hinsichtlich Kassakursveränderungen: die deltaneutrale Absicherung

Die Sensitivität der Prämie bezüglich Veränderungen des Kassakurses wird im Rahmen der Optionspreistheorie durch die erste Ableitung der Prämie nach dem Kassakurs gemessen.

Bei einem Call wird dies formal folgendermaßen dargestellt:

$$\text{Delta} = \frac{dC}{dS} = e^{-rF\,(T-t)}\, N\,(d_1)$$

Sie ist graphisch betrachtet der Anstieg der Kurve, die die Funktion der Prämie darstellt und hat einen Wert zwischen 0 und 1. Wie wir bereits im ersten Kapitel feststellten, ist die Kenntnis des Deltawertes für den Optionsverkäufer, der eine offene Position absichern möchte, unbedingt erforderlich. Gleiches gilt für Banken, von denen die Unternehmen eher Optionen kaufen als sie ihnen diese verkaufen.

Delta gibt bei Annahme konstanter Volatilität sowie konstanter intervalutarischer Zinsdifferenz zu einem bestimmten Zeitpunkt die wertmäßige Veränderung der Optionsposition und der zugrundeliegenden Devisenposition an: Ein Deltawert von 0,65 für einen Call £/$ bedeutet, daß eine Kurssteigerung des Pfund um 5 Cents zu einer Kurssteigerung der Option um 3,25 Cents führt. Eine Bank, die einen auf 50 000 £ lautenden Call £/$ verkauft hat, sichert diesen also durch den Kauf von 0,65 x 50 000 £ ab. Wertänderungen der Optionsposition werden also durch Wertänderungen der Devisenposition vollständig kompensiert. Theoretisch besteht für die Bank kein Risiko.

Tatsächlich kann die Bank jedoch aus folgenden beiden Gründen ihr Risiko nicht vollständig absichern:

- Das Delta selbst ist eine Funktion der vier Variablen: Zinsdifferenz, Volatilität, Kassakurs und Laufzeit der Option; im Zeitablauf schwankt es ständig. Nur mit einem Programm, das fortlaufend den Wert des Delta errechnet, kann ein Optionsverkäufer Positionen optimal absichern, sofern er kontinuierlich seine Devisenposition neu anpaßt. Im vorliegenden Beispiel muß jeder Anstieg des Deltawertes zu einem weiteren Kauf von Britischen Pfund führen. Wenn kurz vor Fälligkeit der Option der Deltawert nahe 1 liegt (Option „in the money"), muß der Optionsverkäufer am Devisenmarkt Britische Pfund gekauft haben, die er dem Optionskäufer bei Ausübung liefern muß.

Da eine Neuanpassung der Devisenposition aus praktischen Gründen und auch wegen der Transaktionskosten nicht ständig erfolgen kann, führen Optionsverkäufer Anpassungen im Hinblick auf eine deltaneutrale Absicherung nur zu bestimmten Zeitpunkten durch. Sie legen Grenzen für die Kursschwankungen fest, bei deren Über- oder Unterschreitung die Höhe der Absicherung neu überdacht wird. Ihre Positionen sind also nicht ständig völlig abgedeckt.

- Diese normalerweise verwendete Methode beinhaltet implizit, daß der Kassakurs die einzige Bestimmungsgröße des Delta ist. Im Falle stabiler Kurse wird die Devisenposition nicht angepaßt.

  Erhöht sich jedoch die Volatilität einer Devise bei gleichbleibendem inneren Wert des betreffenden Call, führt dies zu einer Verschlechterung der Gesamtposition (Optionen und Devisenposition), die vom Finanzverantwortlichen deltaneutral abgesichert wurde: Die von ihm verkauften Optionen sind teurer geworden, während seine Devisenposition im Wert unverändert geblieben ist.

Der fortschreitende Zeitablauf, der die Wahrscheinlichkeit einer Optionsausübung gegen 0 oder 1 gehen läßt, verändert nachhaltig den Deltawert, was bei einer graphischen Darstellung der Prämie, je nach der Höhe des Kassakurses, zu einer zunehmenden Wölbung der Prämienkurven führt (siehe Abbildung 11).

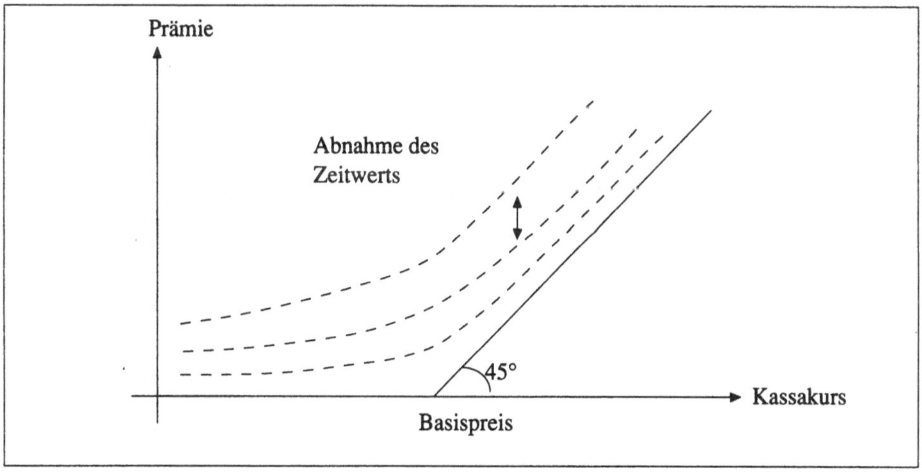

Abbildung 11: Das Verhältnis Prämie – Kassakurs im Zeitverlauf (im Falle eines Call)

Einige Optionskäufer fragen nach der Veränderung in Abhängigkeit des Kassakurses und berechnen das Gamma – die zweite Ableitung der Prämie nach dem zugrundeliegenden Devisenkurs, wie sie sich aus der Optionspreisfunktion ergibt. Gamma ist ein Maß für das Risiko der Position des Optionsverkäufers. Ein Gammawert nahe 0 weist im Gegensatz zu einem hohen Gammawert aus, daß die ursprüngliche Absicherung im Zeitablauf nicht wesentlich geändert werden muß. Der Wert des Gamma vermittelt eine Vorstellung über die Konkavität der Kurve. Er tendiert um so mehr gegen 0, je näher das Fälligkeitsdatum der Option rückt.

2.2.2 Reagibilität der Prämie hinsichtlich der Volatilität

Die als Vega bezeichnete Veränderlichkeit (Reagibilität) der Prämie bezüglich der Volatilität wird durch die Ableitung der Prämie nach der Standardabweichung der Kursveränderung im Rahmen der Preisgleichung gemessen. Im Falle eines Call läßt dies sich formal folgendermaßen darstellen:

$$\text{Vega} = \frac{dC}{d\sigma} = e^{-r\,(T-t)}\, S^* \sqrt{T-t}\;\; N\,(d_2) \;\; \text{immer} > 0$$

Jeder Anstieg der Volatilität erhöht den Preis der Option. Diese Aussage erklärt, daß manche Marktteilnehmer – sofern sie eine größere Stabilität der Kurse erwarten – bei Erwartung einer höheren Volatilität Put- oder Call-Optionen kaufen, (Long-Position bezüglich der Volatilität) bzw. ungedeckt Puts oder Calls verkaufen (Short-Position bezüglich der Volatilität).

Damit stellt sich die Frage nach der Meßbarkeit der erwarteten Volatilität während der Laufzeit der Option.

2.2.2.1 Schätzung der zukünftigen Volatilität anhand der in der Vergangenheit beobachteten Volatilität

Manche Marktteilnehmer schätzen die Volatilität der Devisenkurse während der Laufzeit der Option anhand der in der Vergangenheit beobachteten Volatilität. Dem liegt die Vorstellung zugrunde, daß sich Kursschwankungen der Vergangenheit in gleichem Ausmaß wiederholen. Wir werden im folgenden diese sehr anfechtbare Vorgehensweise sowohl theoretisch als auch empirisch erörtern:

- Theoretisch läßt sich die Wiederkehr bereits beobachteter Kursschwankungen nicht rechtfertigen. Nur eine statistische Untersuchung, die die Erklärung der Volatilität im Zeitraum t anhand der beobachteten Volatilität im Zeitraum (t – 1) (t – 2)...(t – n) zum Inhalt hat, könnte dieser Vorgehensweise eine gewisse Berechtigung verschaffen, was der in der Vergangenheit festgestellten Volatilität eine gewisse Aussagekraft vermitteln würde. Unseres Wissens hat jedoch keine derartige Arbeit, bei der beispielsweise eine lineare Regression zugrunde gelegt wird, zu einem signifikanten Ergebnis geführt.
- Die Berechnung einer in der Vergangenheit beobachteten Volatilität stößt im übrigen auf schwierige empirische Probleme, die unsere Vorbehalte gegenüber der Nützlich-

keit einer solchen Vorgehensweise nur noch erhöhen. Diese beziehen sich hauptsächlich auf die drei folgenden Argumente:

- Welcher Beobachtungszeitraum in der Vergangenheit soll zugrunde gelegt werden? Hierzu werden normalerweise zwei sich widersprechende Thesen vorgestellt: Einerseits wird die Auffassung vertreten, daß ein der Laufzeit der Option entsprechender Zeithorizont gewählt werden muß: Damit entspricht die geschätzte Volatilität einer Option mit einer Laufzeit von 3 Monaten der Volatilität der letzten 3 Monate. Andererseits besteht die Vorstellung, daß ein genügend langer Zeitraum (zum Beispiel 1 Jahr) zugrunde gelegt werden muß, um eine repräsentative Schätzung zu ermöglichen.
- Soll die Volatilität täglich, wöchentlich oder sogar mehrmals pro Tag ermittelt werden? Unsere Erkenntnisse zeigen, daß die Ergebnisse für unterschiedlich abgegrenzte Zeiträume und unterschiedlich häufig ermittelte Werte zu gegensätzlichen Ergebnissen führen.
- Wie soll die ermittelte Standardabweichung auf Jahresbasis umgerechnet werden? Soll ein Jahr mit 365 Tagen angesetzt werden, oder sollen nur 260 Tage zugrundegelegt werden, wobei nur die Arbeitstage einbezogen sind? Bei letzterem wird implizit angenommen, daß eine Kursänderung zwischen 2 Arbeitstagen innerhalb einer Woche einer Kursänderung zwischen einem Freitag und einem Montag gleichzusetzen ist. Die große Mehrheit der Professionellen legt ihren Berechnungen 260 Tage zugrunde.

Unterstellt man, daß relative Wechselkursänderungen (S_{t+1}/S_t) dem Gesetz einer log-Normalverteilung folgen, mißt sich die Volatilität anhand der Standardabweichung der Logarithmen der Kursänderungen:

$$\text{Volatilität} = \sigma\,[\log (S_{t+1}/S_t)] = \sigma\,[\log S_{t+1} - \log S_t]$$
$$= \frac{1}{n} \sum_{t=1}^{n} [(\log S_{t+1} - \log S_t) - M]^2$$

n = Erhebungszeitraum
M = Mittelwert der Logarithmen der Wechselkursänderungen

Die methodologische Vorgehensweise zur Berechnung der historischen Volatilität läßt sich damit anhand von sechs verschiedenen Schritten aufzeigen:

1. Division aller Wechselkurse S_t durch den vorherigen Wechselkurs und Berechnung der Logarithmen der so erhaltenen Verhältniszahlen.
2. Ermittlung der Differenzwerte zwischen den einzelnen Logarithmen und dem Mittelwert dieser Logarithmen.
3. Quadrierung der Zahlen der so berechneten Reihe.
4. Ermittlung des Mittelwertes dieser neuen Reihe. Hierbei wird manchmal ein gewichteter Mittelwert errechnet, indem zeitnahe Daten höher gewichtet werden.

5. Multiplikation der so ermittelten Varianz mit 365 oder 260, um den Wert auf Jahresbasis umzurechnen.
6. Berechnung der Quadratwurzel dieses Wertes zur Ermittlung der Standardabweichung der Kursänderungen.

Zur Erläuterung sei die beobachtete Volatilität des $/FF-Kurses (berechnet jeweils für drei Monate) angeführt: Zu Anfang des Jahres 1985 lag sie etwa bei 16 %. Sie verringerte sich jedoch nachhaltig während des Monats Oktober, nachdem am 22. September die fünf großen Industrienationen in New York dem Vernehmen nach eine „sanfte Landung" des Dollar abgestimmt und prinzipielle Übereinkunft über eine Rückkehr zum System fester Wechselkurse erzielt hatten. Ende Oktober 1985 betrug die Volatilität nur noch 13 %!

2.2.2.2 Implizite Volatilität

Die von H. Latane und R. Rendleman[1] vorgestellte Methode zur Berechnung der Volatilität führt zu einer Umkehrung der gängigen Optionspreismodelle, weil hier angenommen wird, daß die am Markt notierten Prämien den theoretischen Preisen ohnehin entsprechen. Bei dieser Annahme ist die Volatilität die Unbekannte der Bestimmungsgleichung der Prämie und kann hieraus leicht ermittelt werden. Diese „implizite" Volatilität spiegelt die Erwartungen des Marktes wider. Sie ist gerade die Volatilität, die es erlaubt, Angebot und Nachfrage nach Optionen auszugleichen – also die Volatilität, die den Vorstellungen der Marktteilnehmer entspricht.

Die implizite Volatilität einer Option in bezug auf eine bestimmte Devise sollte somit unabhängig von Basispreis und Fälligkeitsdatum immer die gleiche sein. Insbesondere gibt es keinen Grund, der die Annahme rechtfertigen würde, daß die Berechnung der Volatilität nicht völlig unabhängig von der Höhe des Basispreises wäre. Man beobachtet jedoch manchmal, daß Optionen , die weit „in the money" oder weit „out of the money" sind, eine geringfügig höhere implizite Volatilität aufweisen als Optionen „at the money": Wenn diese Optionen begehrt sind, verlangen die Verkäufer einen „Prämienzuschlag" der sich auf die Volatilität auswirkt. Ebenso kann festgestellt werden, daß die implizite Volatilität steigt, je ferner der Ausübungszeitpunkt liegt: Manche Professionelle ermitteln sogar eine Volatilitätsstrukturkurve, die auf dem Konzept der Renditestrukturkurve („yield curve") beruht.

Folgendes scheint hierzu die Erklärung zu sein: Optionen werden oft von Unternehmen gekauft, die sich auf einen längeren Zeitraum absichern wollen (6 Monate, 9 Monate usw.); sie treffen dabei auf Marktteilnehmer, die mit unbegrenztem Risiko spekulieren und folglich kurze Laufzeiten bevorzugen. Diese fordern als Ausgleich eine Liquiditätsprämie, die bei jeweils längerer Laufzeit ansteigt.

1 H. Latane und R. Rendleman : Standard deviations of stock prices ratios implied in option prices. Journal of Finance, Mai, 1976.

Die Volatilität scheint letzlich eine Variable zu sein, die alle bei der Gleichung zur Preisfestsetzung nicht berücksichtigten Parameter vereinigt; sie kann nicht eindeutig ohne Korrektur der zu erwartenden Kursschwankungen identifiziert werden.

2.2.3 Reagibilität der Prämie hinsichtlich der Laufzeit der Option

Je näher der Verfalltag rückt, um so mehr vermindert sich bei ansonsten unveränderten Gegebenheiten der Optionspreis. Diese Beziehung drückt aus, daß die Eigenschaft des Optionskontraktes als bedingter Kaufvertrag an Bedeutung verliert. Die Ausübungswahrscheinlichkeit einer Option „out of the money" strebt um so mehr gegen 0, je näher der Verfalltag rückt, also zahlt der Käufer nur eine um so geringere Prämie. Umgekehrt tendiert die Ausübungswahrscheinlichkeit einer Option „in the money" gegen 1, je näher der Verfalltag rückt; die Transaktion des Käufers ähnelt einem Devisenterminkauf oder -verkauf. Er wird also nur einen immer geringer werdenden Zeitwert zahlen, der bei Fälligkeit gegen 0 tendiert. Der Optionsverkäufer wird die mit dem Zeitablauf verbundene Preissenkung nutzen in der Hoffnung, seine Position durch Rückkauf der verkauften Kontrakte zu niedrigerem Preis glattstellen zu können. Der Verkäufer profitiert also von der Abnahme des Zeitwertes. Diese Feststellung bedarf einer Präzisierung: Die Laufzeit der Option bestimmt nicht allein den Zeitwert; dieser wird ebenfalls von der Zinsdifferenz und der Volatilität beeinflußt. Diese beiden Variablen unterliegen einer vom Zeitablauf unabhängigen Entwicklung, und ihr Verhalten kann das Konzept der Abnahme des Zeitwertes völlig in Frage stellen. Dieses hat nur Gültigkeit bei Annahme konstanter Zinsen und konstanter Volatilität.

2.2.4 Reagibilität der Prämie hinsichtlich der Zinssätze

Nimmt man an, daß die Veränderung der Zinssätze keinen unmittelbaren Einfluß auf die Kassakurse hat, so ist die Sensitivität der Prämie hinsichtlich der Zinssätze durch die erste Ableitung der Preisgleichung meßbar:

Sensitivität hinsichtlich der heimischen Zinssätze: $$\frac{dC}{dr} = (T-t)\, e^{-r(T-t)}\, S\, N(d_2) > 0$$

Sensitivität hinsichtlich der ausländischen Zinssätze: $$\frac{dC}{dr_F} = -\ (T-t)\, e^{-r(T-t)}\, S\, N(d_1) < 0$$

- Eine Steigerung der heimischen Zinssätze verursacht eine Preissteigerung der Calls. Durch den höheren Report (tieferen Deport) der zugrundeliegenden Devise verursacht die Zinsbewegung ein Ansteigen des inneren Wertes (berechnet im Verhältnis zum Terminkurs) oder des Zeitwertes der Option.
- Eine Steigerung der ausländischen Zinssätze hat entgegengesetzte Auswirkung: Durch die Verminderung des Report (Steigerung des Deport) der zugrundeliegenden Devise nehmen die Preise der Calls ab.

– Bei Verwendung von Puts sind selbstverständlich die entgegengesetzten Schlußfolgerungen gültig.

2.3 Elementare Prinzipien zur Optionsbewertung mit Hilfe der binomialen Methode

Das Modell Garman-Kohlhagen bezieht sich auf europäische Optionen. Es beruht auf der stochastischen Differentialrechnung, einem abgegrenzten und komplexen Gebiet der statistischen Analyse. Es besteht die Möglichkeit der Anwendung einer alternativen, mathematisch einfacheren, methodischen Vorgehensweise, die auf dem binomialen Gesetz basiert und auf europäische wie auf amerikanische Optionen anwendbar ist.

Ursprünglich entwickelt von Cox, Ross und Rubinstein[1], ist diese Methode pädagogisch wertvoll, aber hinter der relativ einfachen Vorgehensweise verbirgt sich bei Anwendung der Methode ein schwerfälliger numerischer Rechenprozeß.

Wir verweisen den interessierten Leser auf schon veröffentlichte theoretische Arbeiten zu diesem Thema[2] und stellen im Rahmen dieses Werkes nur die Grundprinzipien, die zum Verständnis dieser Methode notwendig sind, vor.

Die Hypothese von der Absicherung einer Devisenposition durch Optionskauf wird auch hier unterstellt, sie wird jedoch leicht abgewandelt. Ausgehend von einer vorhandenen Devisenposition und einer Position in heimischer Währung kann eine Option erstellt werden. Eine optimale Absicherung ist gegeben, wenn das Zahlungsprofil der Optionsposition vollkommen symmetrisch zu dem Zahlungsprofil dieser beiden zusammengefaßten Kassapositionen ist.

Die Vorgehensweise bei der Vorhersage zukünftiger Wechselkurse ist dagegen anders. Nach folgendem Schema errechnen die Marktteilnehmer die Eintrittswahrscheinlichkeit zweier verschiedener Kurse:

$S_{t+1} =$ → $S_t e^u$ mit einer Wahrscheinlichkeit von q
→ $S_t e^v$ mit einer Wahrscheinlichkeit von $(1-q)$

Die erwartete relative Kursschwankung des Wechselkurses S_{t+1}/S_t ist e^u mit einer Wahrscheinlichkeit q und e^v mit einer Wahrscheinlichkeit $(1-q)$.

Für die relative Kursschwankungserwartung zwischen t und (t + 1) gilt:

$$E\,[S_{t+1}/S_t] = qe^u + (1-q)\,e^v$$

Wenn man diesen Schwankungsprozeß als unveränderlich über die Zeit hinweg betrachtet, kann die Erwartung von S_{t+2} folgendermaßen dargestellt werden:

1 Cox, Ross und Rubinstein: Option Pricing: A Simplified Approach. Journal of Financial Economics, September 1979.

2 Besonders: Binomial Option Pricing. In: Jarrow und Rudd: Option Pricing; R.Geske und K.Shastri: Valuation by Approximation. Working Paper, 13.82 U.C.L.A; Robert Merten: Theory of Rational Pricing. B.J.E.M.S., 4/1973.

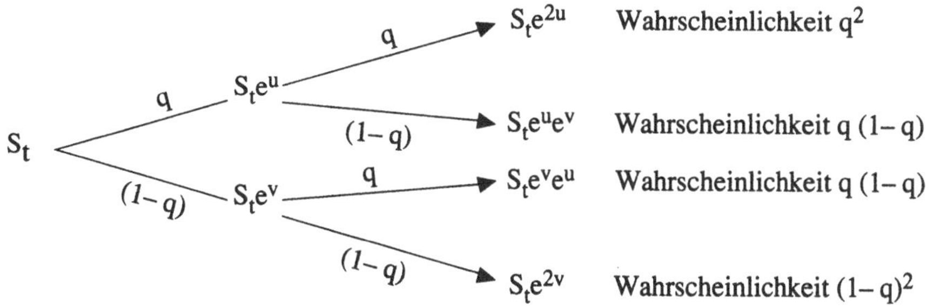

Bei einer risikolosen Absicherung muß die Position in Devisen und heimischer Währung immer der Optionsposition entsprechen. Diese Gleichheitsbeziehung stellt sich im Zeitpunkt T folgendermaßen dar:

$$m_{T-1}\, S_{T-1}\, e^u + n_{T-1} \cdot B_T = V_T{}^u$$

$$m_{T-1}\, S_{T-1}\, e^v + n_{T-1} \cdot B_T = V_T{}^v$$

Wobei m_{T-1} : Anzahl festverzinslicher ausländischer Wertpapiere
n_{T-1} : Anzahl festverzinslicher inländischer Wertpapiere
B_T : Preis eines festverzinslichen Aktivums in heimischer Währung

Hierbei handelt es sich um zwei Gleichungen mit zwei Unbekannten, die die optimale Kombination von Devisen und heimischer Währung ergeben $[m_{T-1}, n_{T-1}]$

$$m_{T-1} = \frac{V_T{}^u - V_T{}^v}{(e^u - e^v)\, S_{T-1}}$$

$$n_{T-1} = \frac{V_T{}^v e^u - V_T{}^u e^v}{(e^u - e^v)}$$

Die Bestimmung der Kombination (m_{T-1}, n_{T-1}) ergibt den Wert der Option bei $T-1$, V_{T-1} nach folgender Berechnung:

$$V_{T-1} = m_{T-1}\, S_{T-1} + n_{T-1}\, B_{T-1}$$

Auf gleiche Weise kann für jede erwünschte Laufzeit und jeden möglichen Wechselkurs vorgegangen werden: Den theoretischen Preis der Option erhält man durch Iteration. Diese Berechnungen sind jedoch nur mit Hilfe eines computerisierten Optionsmodells möglich.

Der Preis einer amerikanischen Option entspricht bei gleicher Laufzeit und gleichem Basispreis mindestens dem einer europäischen Option. Die Prämie eines amerikanischen Call im Hinblick auf den Kassakurs, also den inneren Wert, ist immer mindestens so hoch wie die Prämie einer entsprechenden europäischen Option.

Es gilt :

Prämie eines amerikanischen Call ≥ Max [Prämie des entsprechenden europäischen Call, $S_t - S^*$]

Prämie eines amerikanischen Put ≥ Max [Prämie des entsprechenden europäischen Put, $S^* - S_t$]

Zum Zeitpunkt der Eröffnung der Börse von Philadelphia haben allerdings Experten unter Anwendung europäischer Modelle – oft vom Modell Garman-Kohlhagen abgeleitet – Preise für amerikanische Optionen gestellt. Nur wenn die zugrundeliegende Devise mit Report gehandelt wird, ist eine solche Annäherung im Falle eines Call zu vertreten; bei einem Put ist eine mit Deport gehandelte Devise hierzu Voraussetzung.

In beiden Fällen ist die intervalutarische Zinsdifferenz in die europäische Prämie einbezogen, und die erwartete vorzeitige Ausübungswahrscheinlichkeit ist sehr gering: Das europäische Modell, dessen Verwendung schneller zu Ergebnissen führt, hat eine leichte Unterbewertung der Prämie amerikanischer Optionen zur Folge. Die Calls auf Yen, Schweizer Franken und Deutsche Mark waren folglich ihrem Wert entsprechend notiert.

Umgekehrt: Je höher (tiefer) der Zinssatz der zugrundeliegenden Devise im Vergleich zu dem der heimischen Währung, um so größer ist der Preisunterschied zwischen amerikanischen Calls (Puts) und entsprechenden europäischen Optionen.

3. Die verschiedenen Optionsmärkte

Devisenoptionen werden sowohl an der Börse (Wertpapierbörsen oder Warenbörsen) als auch unter Banken gehandelt. Im folgenden Beispiel seien kurz die Zusammenhänge, die zwischen diesen zwei Märkten bestehen können, sowie die Rolle der verschiedenen Akteure dargestellt. Ende März 1985 beschließt ein international tätiger deutscher Nahrungsmittelkonzern, seine 15 Mio. $-Forderung für die nächsten sechs Monate durch Optionskauf abzusichern. Der Finanzverantwortliche fragt bei seiner Bank an, ob sie ihm einen Kurs von 3,10 DM/$ für diesen Zeitraum garantieren kann. Der Kassakurs liegt zu diesem Zeitpunkt bei 3,15 DM/$. Der vom Optionshändler gestellte Preis wird angenommen. Unverzüglich deckt dieser sich mit Calls auf DM an der Börse von Chicago ein. Sein Auftrag wird sofort im Börsensaal ausgeführt, und der Optionshändler fügt diese Calls den übrigen Optionspositionen, für deren Verwaltung der Händler verantwortlich ist, hinzu.

In diesem Beispiel bedienen sich zwei Marktteilnehmer, eine Geschäftsbank und ein multinationaler Konzern, beider Märkte.

Zunächst kauft ein Unternehmen von seiner Hausbank eine Option. Die Bank verpflichtet sich, gemäß den entsprechenden Vertragsvereinbarungen für das Unternehmen jederzeit 15 Mio. $ zum Kurs von 3,10 DM/$ einzukaufen, unabhängig von der Entwicklung der Kassakurse innerhalb der sechs Monate.

Sollte der Dollar unter 3,10 DM/$ fallen, kann das Unternehmen seine Option ausüben und für seine 15 Mio. $ einen Wechselkurs von 3,10 DM/$ erhalten.

Der Vertrag ist nur für die Bank und die multinationale Firma bindend. Die Prämie ist von beiden Parteien im voraus vereinbart worden und im allgemeinen wird sie beim Kauf bezahlt. Es handelt sich hierbei um ein typisches Optionsgeschäft im Interbankenhandel.

Daraufhin versucht der Optionshändler, der seinem Kunden eine Devisenoption verkauft hat, die Gewinnmarge der Bank abzusichern. Er kann sich auf zweifache Weise eindekken: entweder auf dem Devisenmarkt durch eine deltaneutrale Absicherung (s. Kapitel 2) – dies erfordert eine ständige Überwachung – oder im Optionshandel an der Börse oder zwischen Banken. Er muß sich unverzüglich um Vertragspartner bemühen, denen er das gesamte oder teilweise Risiko, welches er nicht mehr tragen will, überlassen kann. Um dies zu erreichen, nimmt der Händler in unserem Falle mit der Chicago Mercantile Exchange Kontakt auf, wo jeden Tag für mehrere hundert Mio. $ standardisierte DM-Optionen gehandelt werden.

In diesem Kapitel beschreiben wir die Optionsmärkte (Börsen und Interbankenhandel), die dem Marktteilnehmer offenstehen; alsdann befassen wir uns mit den Transaktionsmotiven der Anleger.

3.1 Börsen

Bis heute (September 1985) gibt es in der Welt sieben Börsen, an denen regelmäßig Devisenoptionen gehandelt werden. Das Volumen der beiden amerikanischen Börsen von Chicago und Philadelphia übersteigt jedoch erheblich das Volumen ihrer Schwesterinstitutionen, mit Ausnahme der zwei Londoner Börsen, L.I.F.F.E.[1] und L.S.E.[2], deren erste Erfolge sehr vielversprechend sind.

Das schwache Volumen von Vancouver, Toronto oder Amsterdam erlaubt es diesen Börsen noch nicht, den spezifischen Ansprüchen eines breiten potentiellen Börsenpublikums zu genügen. Die Börsen von Chicago und Philadelphia haben also den größten Anteil an börslich gehandelten Optionen. Gegenwärtig sind dies fast 85 % des Gesamtvolumens; der übrige Teil wird hauptsächlich in London gehandelt. Deshalb widmen wir unsere Ausführungen ausschließlich den folgenden drei Börsen: die Philadelphia Stock Exchange, die sich seit Dezember 1982 mit dem Devisenoptionshandel befaßt, die Chicago Mercantile Exchange, die den Optionshandel im Januar 1984 aufnahm, sowie die L.I.F.F.E. in London, die seit Mai 1985 Optionen auf das Britische Pfund anbietet.

Nicht befassen werden wir uns mit der London Stock Exchange, die als Ableger der Philadelphia Stock Exchange angesehen werden kann.

3.1.1 Devisenoptionen der Philadelphia Stock Exchange

3.1.1.1 Entstehung

Die Börse von Philadelphia, die älteste amerikanische Wertpapierbörse überhaupt (gegründet 1790), erhielt erstmals 1975 die Genehmigung zum Optionshandel. Notiert wurden damals ausschließlich Wertpapieroptionen. Während des ersten Jahres wurden 14 unterschiedliche Wertpapieroptionskontrakte mit einem Gesamtvolumen von 137 189 Transaktionen eingeführt. Im Laufe der Jahre entwickelten sich diese Märkte, neue Optionsvarianten entstanden und die Börse von Philadelphia erreichte einen bedeutenden Anteil am Gesamtvolumen der Wertpapieroptionen. Im Jahre 1984 standen 77 verschiedene Optionskontrakte zur Verfügung, und das Gesamtvolumen erreichte 16 530 206 Transaktionen, was fast 8 % aller in den USA börsenmäßig gehandelten Wertpapieroptionen ausmachte.

Ermutigt durch diesen Erfolg und im Vertrauen in die Zukunft dieser Produkte befaßte sich gegen Ende 1981 die Leitung der Philadelphia Stock Exchange mit der Anwendung des Optionsprinzips auf den Devisenmarkt. Es handelte sich damals um ein Finanzinstrument, dessen Entwicklung noch in den Anfängen war, es bestanden jedoch schon einige Devisenoptionsarten im Interbankenhandel. Die beiden Warenbörsen von Chicago, die

1 L.I.F.F.E. = London International Financial Futures Exchange

2 L.S.E. = London Stock Exchange

Chicago Board of Trade und die Chicago Mercantile Exchange, beabsichtigten, Optionen auf ihre Devisen- und Zinsterminkontrakte einzuführen; dies ermutigte zweifellos die Verantwortlichen der Börse von Philadelphia, erstmalig Devisenoptionen im Rahmen eines organisierten Marktes anzubieten. Letztlich profitierten diese von der Flexibilität der Securities and Exchange Commission, dem Aufsichtsorgan der amerikanischen Wertpapierbörsen, während die Chicago Mercantile Exchange und die Chicago Board of Trade bei der Commodity Futures Trading Commission, der Kontrollbehörde für die Terminmärkte, auf Widerstand stießen, da diese gegenüber dem neuen Produkt eine reservierte Haltung einnahm.

Die erste Option wurde im Dezember 1982 in Form eines Kontraktes auf Britische Pfund eingeführt. Seit Januar 1983 folgten Kontrakte auf Deutsche Mark, Schweizer Franken, japanische Yen, Kanadische Dollar und, seit September 1984, auf Französische Francs.

Von Beginn an waren diese Optionen den Wertpapieroptionen ähnlich. Sie wurden rechtlich der Securities and Exchange Commission unterstellt und der Öffentlichkeit in Form der heutigen standardisierten Kontrakte angeboten.

In Tabelle 3 sind die besonderen Merkmale dieser Devisenoptionskontrakte dargestellt.

Tabelle 3: Merkmale der Börse von Philadelphia

	DM	SFR	Can$	£	Yen	FF
Kontraktgröße	62 500	62 500	50 000	12 500	6 250 000	125 000
Abstand zwischen den Basispreisen	1 Cent	1 Cent	1 Cent	5 Cents	1/100 Cent	5/10 Cent
Notierung	Cents pro DM	Cents pro SFR	Cents pro Can$	Cents pro £	Cents pro Yen	1/10 Cent pro FF
Minimale Schwankungen der Prämie	1 Hundertstel Cent = 0,01 Cent Schwankung von 0,01 Cent pro Einheit von DM 62 500 ergibt 6,25 $	SFR 62 500 ergibt 6,25 $	Can$ 50 000 ergibt 5,00 $	5/100 =* 0,5 Cent pro Einheit £ 12 500 ergibt 6,25 $	1/100 =* 0,01 Cent pro Einheit Yen 6 250 000 ergibt 6.25 $	5/1000 =* 0,005 Cents pro Einheit FF 125 000 ergibt 6,25 $
Verfalltage:	Der Samstag vor dem dritten Mittwoch der Monate März, Juni, September und Dezember					

* Schwankung von

3.1.1.2 Besondere Merkmale der Kontrakte

Die Börse hat einen großen Vorteil: Sie bietet allen Anlegern standardisierte Produkte zu gleichen Konditionen an. Die Optionskontrakte von Philadelphia weisen diesen Erfordernissen entsprechend folgende Merkmale auf:

- Das zugrundeliegende Aktivum der Option ist ein Kassa-Devisenbetrag gegen Dollar (siehe Tabelle 3).
- Die Optionen lauten alle auf standardisierte Devisenbeträge: 62 500 DM, 62 500 SFR, 12 500 £, 125 000 FF usw.
- Die Basispreisnotierungen sind in US-Cents pro Devise ausgedrückt: Der Call DM 35 beinhaltet das Recht zum Kauf von 62 500 DM – zu einem Kurs von 35 Cents/DM , das heißt Verkauf des Dollar zu 100/35 = 2,8571 DM.
  Ein Put 110 FF beinhaltet das Recht, Französische Francs zu verkaufen und Dollar zu kaufen zu einem Kurs von 110/10 Cents pro FF bzw. 9,09 FF pro $.
- Die Höhe der Basispreise ist festgelegt. So werden standardisierte Basispreise für Französische Francs in Preisabständen von 5/10 US Cents angeboten.

  Beispiel:

  - 100/10 Cents pro FF = 10 FF pro $
  - 105/10 Cents pro FF = 9,52 FF pro $
  - 110/10 Cents pro FF = 9,09 FF pro $
  - 115/10 Cents pro FF = 8,6956 FF pro $.
- Zur Vereinfachung der Notierungen und zur besseren Marktübersicht dürfen die Prämien bei jedem Kontrakt nur in festgelegten Minimalabständen variieren. Im Falle des Französischen Franc ist dieser Abstand auf 0,05/10 Cent fixiert.
- Nur Optionen mit standardisierten Verfallterminen werden gehandelt. Verfalltage sind die Samstage vor dem dritten Mittwoch der Monate März, Juni, September und Dezember. Es können also nur Optionen gehandelt werden, die an diesen vier Samstagen fällig werden. Die Börse von Philadelphia führt jedoch im Oktober 1984 Optionen mit einer Laufzeit von ein und zwei Monaten ein.
- Jedes Optionsgeschäft wird durch die Option Clearing Corporation garantiert. Sie ist eine Verrechnungsstelle, die gewinnunabhängig arbeitet und von der Securities and Exchange Commission überwacht wird. Ihr Hauptziel besteht darin, die reibungslose Abwicklung jedes Optionsgeschäftes zu gewährleisten. Sie fungiert bei jedem Optionsgeschäft als Kontraktpartner und verpflichtet ihre Mitglieder zu einem Einschußsystem, welches unabhängig von der Bonität der Marktteilnehmer diesem Markt ein zuverlässiges Funktionieren garantiert. Während die Käufer die Prämien umgehend zu zahlen haben, müssen die Verkäufer anfänglich einen mindestens ebenso hohen Betrag hinterlegen, der jedoch durch Einschüsse erhöht werden muß, wenn sich bei der eingegangenen Position Verluste abzeichnen.

  Dieses System regelt ebenfalls die zuverlässige Abwicklung: An der Philadelphia Stock Exchange erfolgt bei der Ausübung einer Option eine Kassa-Lieferung der Devise, die zum jeweiligen Basispreis gegen eine andere Währung eingetauscht wird. Beim Tausch der Devisen handeln Käufer und Verkäufer jedoch nicht direkt: Die Option Clearing Corporation schaltet sich zwischen die beiden und garantiert die Erfüllung der finanziellen Verpflichtungen beider Partner.

Die Sicherheit dieser Verfahrensweise, die den risikofreien Übergang von der Optionsposition zur zugrundeliegenden Kassaposition erlaubt, erleichtert den Devisenhändlern die Teilnahme am Optionsmarkt und erklärt weitgehend seinen Erfolg.

3.1.2 Devisenoptionen der Chicago Mercantile Exchange

3.1.2.1 Entstehung

Dank des großen Erfolges von Zins- und Devisen-Futures der Chicago Board of Trade und der Chicago Mercantile Exchange ist heute Chicago das bedeutendste internationale Zentrum für Terminmärkte auf Finanzinstrumente. In den siebziger Jahren haben beide Börsen als erste ihre Erfahrungen mit Warenterminmärkten auf die Finanzmärkte angewandt.

Chicago war bereits seit langer Zeit Standort zahlreicher Terminmärkte für Agrarprodukte (Orangensaft, Schweinebäuche, Weizen etc.). Somit bestanden die besten Voraussetzungen zur Einführung von Optionen und Futures auf Finanzaktiva. Während am Chicago Board of Trade (C.B.T.) Futures auf langfristige Schuldverschreibungen gehandelt werden, hat sich die Chicago Mercantile Exchange (C.M.E.) über ihren Ableger, den International Monetary Market (I.M.M.) auf Futures auf Finanzaktiva mit kurzen Laufzeiten und auf Devisenoptionen spezialisiert.

Die schnelle Entwicklung der Zinstermin- und Devisenterminkontrakte der Chicago Mercantile Exchange förderte die Schaffung des Devisenoptionsmarktes in Chicago. So konnte die C.M.E. im Januar 1984 eine Devisenoptionsbörse eröffnen. Die ersten Kontrakte lauteten auf Deutsche Mark und hatten beim Publikum großen Erfolg. Daraufhin wurden im März 1985 Optionskontrakte auf Britische Pfund und auf Schweizer Franken eingeführt.

Obwohl der Handel ähnlich abläuft wie an der Börse von Philadelphia, weisen Devisenoptionen an der Chicago Mercantile Exchange besondere Merkmale auf.

3.1.2.2 Besondere Merkmale der Kontrakte

- Weil die Optionen auf Devisenfutures lauten, ist das zugrundeliegende Aktivum einer C.M.E.-Devisenoption keine Kassadevise, sondern eine Termindevise.

  Bei der Ausübung einer Devisenoption an der C.M.E. werden zwischen Käufer und Verkäufer keine Kassadevisen geliefert, sondern eine in bezug auf Größe und Fälligkeit standardisierte Terminposition auf Devisen in Form eines Future, der ebenfalls an der C.M.E gehandelt wird.

  Bei Ausübung eines Calls wird eine Long-Position in einem Future geliefert (Kauf des Future). Bei Ausübung eines Puts erfolgt die Lieferung einer Short-Position (Verkauf einer offenen Future-Position). Es bleibt anzumerken, daß bei der Ausübung der

Option Optionskäufer und -verkäufer dem Einschußsystem der Future-Börse unterliegen.[1]

Nach der Ausübung können die Marktteilnehmer entweder ihre Future-Positionen glattstellen (Weiterverkauf oder Rückkauf von Futures) oder diese bis zu deren Fälligkeitsdatum halten, an welchem die Kontrakte durch die Clearing-Stelle der Börse in Kassadevisen umgewandelt werden.

- Die Devisenbeträge, auf die Optionskontrakte lauten, sind standardisiert. Sie entsprechen den Beträgen der zugrundeliegenden Futures-Kontrakte (siehe Tabelle 4).
- Die Notierung der Kontrakte erfolgt in US-Cents pro Deviseneinheit.
- Wie in Philadelphia sind die Basispreise standardisiert: Mit Ausnahme der Basispreise des Britischen Pfund sind die Abstände zwischen den Basispreisen immer gleich groß.
- Wie in Philadelphia variieren die Prämien nur in festgelegten Minimalabständen, die auf beiden Märkten gleich sind.
- Die Verfallzeiten der Optionen sind standardisiert, da ihnen Futures mit festen Verfalldaten zugrundeliegen; der Verfalltag der Option liegt jeweils einige Tage vor dem Verfalltag des zugrundeliegenden Future. Er ist auf den Freitag vor dem dritten Mittwoch der Monate März, Juni, September und Dezember festgelegt.
- Die Optionsgeschäfte an der Chicago Mercantile Exchange sind nicht durch die Options Clearing Corporation, die für sämtliche an amerikanischen Wertpapierbörsen gehandelten Optionen zuständig ist, garantiert. Die Bestimmungen der Commodity Futures Trading Commision verpflichten nämlich jede Börse, die Dienstleistungen der ihr eigenen Abrechnungsstelle in Anspruch zu nehmen.

  Die Clearing-Stelle für die Optionsmärkte der Chicago Mercantile Exchange verpflichtet zu folgendem Einschußsystem: Der Käufer einer Devisenterminoption muß der Verrechnungsstelle den gesamten Wert seiner eingegangenen Position hinterlegen. Der Verkäufer erhält von der Verrechnungsstelle die ihm zustehende Prämie, er kann hierüber aber nur unter der Bedingung frei verfügen, daß er der Verrechnungsstelle einen Einschuß leistet, der das Risiko seiner Position abdeckt. Dieser Betrag, der sich je nach Kursentwicklung der Option täglich verändert, soll dem Käufer der Option bei deren Weiterverkauf oder Ausübung die reibungslose Abwicklung durch die Verrechnungsstelle garantieren.

1 Siehe C. Lubochinski und D. Marteau: Les marchés à terme d'instruments financiers. Editions Eska, Paris 1985.

Tabelle 4: Merkmale der Optionsbörse von Chicago

	DM	£	SFR
Kontraktgröße	Terminkontrakt über 125 000 DM	Terminkontrakt über 25 000 £	Terminkontrakt 125 000 SFR
Abstand zwischen den Basispreisen	1 Cent	2,5 Cents	1 Cent
Notierung	Notierung in Cents pro DM	Notierung in Cents pro £	Notierung in Cents pro SFR
Minimale Schwankungen der Prämie	1 hundertstel Cent =,01 Cent Schwankung von ,01 pro Einheit von 25 000 DM also 12,50 $	5 hundertstel Cent =,05 Cent Schwankung von ,05 pro Einheit von 25 000 £ also 12,50 $	1 hundertstel Cent =,01 Cent Schwankung von ,01 pro Einh. von 25 000 SFR also 12,50 SFR
Verfalltage	jeweils zweiter Freitag vor dem dritten Mittwoch der Monate März, Juni, September und Dezember.		

3.1.3 Devisenoptionen der London International Financial Futures Exchange (L.I.F.F.E.)

3.1.3.1 Entstehung

Der Londoner Terminmarkt für Finanzinstrumente – gegründet im September 1982 – hat seine Produktpalette durch die Einführung einer Devisenoptionsbörse erweitert. Dieser am 27. Juni 1985 eröffnete Markt hat seither stark expandiert. Schon am ersten Handelstag überstieg das Transaktionsvolumen 2000 Optionskontrakte und übertraf bereits nach einem Monat das Volumen der an der Chicago Mercantile Exchange gehandelten Optionen auf Britische Pfund.

Obwohl die Devisenoptionen der L.I.F.F.E. nur auf Britische Pfund begrenzt sind, muß ihnen wegen der besonderen Merkmale des Einschußsystems große Bedeutung beigemessen werden, da ihr Erfolg hauptsächlich hierauf beruht (siehe unten).

Der Londoner Optionsmarkt auf Britische Pfund hat vieles mit dem Optionsmarkt von Philadelphia gemeinsam. Die Optionen lauten auf Kassadevisen. Die Kontraktgröße ist auf 25 000 £ gegen $ festgelegt, bei Ausübung wird die Kassadevise geliefert. Die Kontrakte werden mit jährlich vier Fälligkeitsterminen gehandelt und sind in US-Cents pro £ notiert. Die Tabelle 5 zeigt die wichtigsten Merkmale des Londoner Optionskontraktes auf.

Tabelle 5: Merkmale des Devisenoptionskontraktes der L.I.F.F.E.

	Pfund Sterling
Kontraktgröße	25 000 £
Abstand zwischen den Basispreisen	5 Cents
Notierung	in Cents
Minimale Kursschwankung	1/100 Cent = ,01
Verfalltage	der dritte Mittwoch im März, Juni, September und Dezember

3.1.3.2 Besonderes Merkmal des Kontraktes

Die große Besonderheit des Londoner Marktes liegt in der Art der Berechnung der Einschüsse, die dem Verkäufer vorgeschrieben werden, sowie in der Art der Finanzierung der Option durch den Käufer. In Philadelphia und Chicago ist jeder Käufer zur Zahlung des gesamten Optionspreises verpflichtet, und jeder Verkäufer muß Einschüsse leisten, die sich entsprechend der notwendigen Risikodeckung täglich verändern.

Zur Berechnung der Einschüsse und der Optionsprämien hat die L.I.F.F.E. das „Delta" eingeführt.[1]

Täglich werden den Marktteilnehmern die Einschüsse mitgeteilt, so daß sie jeden Tag das Risiko ihrer Optionsposition neu kalkulieren können. Ein Marktteilnehmer, der eine Optionsposition mit einem Deltawert von 0,40 hält, hat im Falle einer Kursänderung der zugrundeliegenden Devise von 100 Einheiten das Risiko einer Optionsänderung von 40 Einheiten; ein Verkäufer einer Option mit einem Deltawert von 0,80 hat bei einer ebenso großen Kursänderung ein Risiko von 80 Einheiten.

Dieses gegenwärtig in London praktizierte System begrenzt die Zahlung der Prämie auf den um den Deltawert modifizierten Prämienpreis, womit die Optionskosten beträchtlich vermindert werden können. Eine Option, die bei einem Deltawert von 0,10 mit 200 notiert, ist in London nur mit 20 zu bedienen, in Chicago und Philadelphia dagegen wäre die gesamte Prämie, also 200, zu zahlen.

In ähnlicher Weise wird Delta zur Verringerung des Einschusses verwandt, der somit zu einer Funktion des Deltawertes der verkauften Option wird.

Diese Anwendungsweise begrenzt also die Kosten der Marktteilnehmer und fördert die Marktliquidität. Das große Wachstum der Börsentätigkeit seit dem 27. Juni 1985 bestätigt dies, und es scheint sich abzuzeichnen, daß bei Bewährung dieses Systems andere Börsen dem Beispiel Londons folgen und neue Anwendungsweisen zur Bestimmung der Einschüsse einführen werden.

1 Siehe Kapitel 2, Seite 54 f.: Methode zur Delta-Bestimmung

Im übrigen verweisen wir darauf, daß der Optionskontrakt auf Britische Pfund der L.I.F.F.E. ein direkter Konkurrent des Kontraktes auf Britische Pfund der London Stock Exchange ist, der wiederum in Zusammenarbeit mit der Philadelphia Stock Exchange angeboten wird.

3.2 Interbankenmarkt

Während viele Börsenstatistiken verfügbar sind, fehlen Statistiken über den Interbankenhandel.

Somit ist die Erfassung dieses Marktes schwieriger, denn die Marktteilnehmer sind im Freihandel nicht im geringsten verpflichtet, Angaben über ihre Positionen zu machen.

Bis zum heutigen Tag hat sich noch keine internationale Organisation mit der Entwicklung von Währungsoptionstransaktionen im Interbankenhandel befaßt. Weder der Forex Club, dem immerhin alle Devisenhändler der Welt angehören, noch sonst eine Ordnungsinstanz haben bis jetzt eine nennenswerte Studie veröffentlicht.

Die nun folgenden Ausführungen sind somit das Ergebnis persönlicher Forschungsarbeiten, die keinen Anspruch auf absolute Genauigkeit erheben können.

Die Informationsinhalte unserer Untersuchung werden in folgenden vier Punkten dargestellt:

- Marktteilnehmer;
- den Optionen zugrundeliegende Devisen;
- Art der Optionen;
- Umfang der Optionen.

3.2.1 Marktteilnehmer

Im Interbankenhandel unterscheidet man drei Kategorien von Marktteilnehmern: Bankinstitute, Kapitalanlagegesellschaften und Unternehmen. Gegenwärtig werden die meisten Transaktionen unter Banken abgewickelt. Bei jedem Optionsgeschäft zwischen einem Unternehmen und einer Bank oder Kapitalanlagegesellschaft sind zur Optionsabsicherung eine Vielzahl von Transaktionen der Banken untereinander notwendig. Deswegen sind hauptsächlich Bankinstitute am Optionsmarkt beteiligt.

3.2.1.1 Bankinstitute

Gegenwärtig scheinen etwa 30 bis 40 Bankinstitute regelmäßig im Interbankengeschäft tätig zu sein, ein Drittel davon in New York; der größte Teil wird jedoch in Europa abgewickelt: London, Zürich und Paris sind die wichtigsten Zentren.

Fast immer werden diese Devisenoptionen durch die Hauptzentrale der Banken gehandelt, wo bis auf wenige Ausnahmen im Bereich der Devisenabteilung Optionsabteilungen geschaffen wurden.

Das Personal wird im allgemeinen durch die Praxis geschult, die notwendigen Kenntnisse in Mathematik und Informatik werden zusätzlich vermittelt. Von den 30 bis 40 Bankinstituten zeichnen sich etwa zwölf Institute durch ihr größeres Handelsvolumen aus. Darunter sind vier bis fünf amerikanische Großbanken, mehrere englische und Schweizer Institute sowie zwei große Pariser Geschäftsbanken; zusammen mit den Kapitalanlagegesellschaften sichern diese zwölf die Liquidität des Marktes.

3.2.1.2 Kapitalanlagegesellschaften

Obwohl nicht so zahlreich wie die Bankinstitute, haben die angelsächsischen Kapitalanlagegesellschaften eine wichtige Funktion im Interbankenhandel von Devisenoptionen. Ausgestattet mit großem Fachwissen und Kompetenz, gibt es gegenwärtig etwa sechs Investmentgesellschaften, die auf diesem neuen Markt, hauptsächlich von London und New York aus, sehr aktiv sind. Sie haben einen weiten Kundenkreis, der in Verbindung mit Handelsgeschäften und bei der Ausgabe von langfristigen Schuldverschreibungen Wechselkursrisiken absichern möchte. Die Hauptaufgabe der Investmentgesellschaften bei der Ausgabe von Obligationen in Fremdwährung besteht in der Kursabsicherung.

3.2.1.3 Übrige Unternehmen

Im Gegensatz zu den Bankinstituten und den Kapitalanlagegesellschaften sind die übrigen Unternehmen nicht ständig am Interbankenmarkt aktiv. Zwar bestehen Ähnlichkeiten zwischen Aufgaben der Finanzabteilungen von Industriekonzernen und Handelsbanken, aber für den Finanzverantwortlichen der Industrieunternehmen dient die Devisenoption hauptsächlich der Währungsrisikoabsicherung.

Mit Ausnahme einiger amerikanischer Gesellschaften gehen die Unternehmen im Gegensatz zum Kassa- und Terminmarkt noch keine ungedeckten Positionen am Optionsmarkt ein. Dennoch gibt es etwa 100 Firmen, die sich mindestens einmal des Interbankenmarktes bedient haben; etwa 50 amerikanische und 10 französische Firmen sind ständig an diesem Markt aktiv.

Hauptsächlich am Marktgeschehen beteiligt sind Unternehmen der Agrargüter-, Nahrungsmittel-, Automobil- und Handelsbranche.

Bei Handel, Agrargüter- und Nahrungsmittelindustrie betrifft dies nicht nur Wechselkurssicherungsgeschäfte, sondern auch Interventionen an den Rohstoffmärkten, deren Verfahrensweisen denen der Anwendung von Optionen ähneln. Somit fiel es diesen Unternehmen leicht, auch Optionen anzuwenden. Bei der Automobil- und Ölindustrie haben die Verantwortlichen sehr schnell die Vorteile des Optionsmarktes erkannt.

3.2.2 Den Optionen zugrundeliegende Devisen

Die hauptsächlich Anwendung findenden Devisen sind wie bei der Börse: Britische Pfund, Deutsche Mark, Schweizer Franken undYen.

Heute übersteigt wahrscheinlich das Handelsvolumen des Britischen Pfund das Handelsvolumen der Deutschen Mark. Die Gründe dafür sind in der konservativen Einstellung des deutschen Bankgewerbes, der vorherrschenden Stellung des Bankplatzes London, der großen Bedeutung der Ölindustrie für die britische Wirtschaft sowie vor allem in den starken Schwankungen der britischen Währung zu suchen. Neben diesen drei europäischen Währungen und dem Yen finden – wenn auch in schwächerem Umfang – andere Währungen gegen Dollar zu Optionstransaktionen Verwendung (die schwedische Krone, der französische Franc, die italienische Lira, der südafrikanische Rand, der saudiarabische Rial).

Schätzungsweise sind mehr als 75 % der Kontrakte Optionen auf Devisen gegen Dollar. Die restlichen 35 % sind Optionen auf andere Währungen (Optionen auf „Cross Rates“). Die meistgehandelten „Kreuzkurse“ sind Pfund Sterling gegen die wichtigsten Währungen der EG, sowie Deutsche Mark gegen europäische Währungen und gegen Yen.

3.2.3 Art der Optionen

Der Erfolg der an der Börse gehandelten Devisenoption ist vor allem in der Standardisierung der Kontrakte begründet, die ausreichende Liquidität garantiert. Dennoch wirkt sich bei Hedginggeschäften deren inflexible Ausgestaltung negativ aus: Der Finanzverantwortliche ist nicht immer in der Lage, seine Position hinsichtlich des Verfalltages und der abzusichernden Summe angemessen zu hedgen. Zudem kann er den Basispreis nicht frei wählen. Diese Hemmnisse begünstigen den Interbankenhandel, bei dem jegliche Arten von Optionsgeschäften abgeschlossen werden können.

- Hinsichtlich der Laufzeit bestehen keine Restriktionen. Die traditionellen Laufzeiten über drei bis sechs Monate überwiegen, aber immer häufiger werden Kurzzeitoptionen (ein Tag oder eine Woche) oder Langzeitoptionen (ein Jahr oder mehr) abgeschlossen. Wegen der Flexibilität bevorzugen Optionsverkäufer Optionen mit kurzer Laufzeit. Bei Langzeitkontrakten, an denen ein großer kommerzieller Kundenkreis interessiert ist (Verkauf nach Katalog, Angebot bei Ausschreibungen), entstehen dagegen Probleme bei Bewertung und Risikoabsicherung.

  Da organisierte Märkte nur Laufzeiten unter einem Jahr zulassen, verlangen sehr viele Marktteilnehmer, daß Banken Langzeitoptionen anbieten. Dennoch werden mit Ausnahme von zusammen mit Anleihen begebenen Devisenoptionen sehr wenige Langzeitoptionen (Laufzeit länger als ein Jahr) am Markt angeboten. Die Mehrzahl der Banken bietet Optionen mit einer Laufzeit bis zu einem Jahr an; nur etwa zwei oder drei von ihnen haben bis heute Optionen mit einer Laufzeit von mehr als einem Jahr in nennenswertem Umfang an Unternehmen verkauft.

- Der Basispreis wird zwar frei ausgehandelt, aber dennoch dürfte er weitgehend standardisiert sein.

  Die Basispreise werden auf zwei Stellen hinter dem Komma berechnet (In der Sprache der Händler bis zur „Figure", also nicht bis auf vier Stellen („Punkte") wie am Devisenmarkt.
- Unabhängig vom Handelsplatz werden zwei Optionstypen gehandelt: die europäische und die amerikanische Option.
- Im Gegensatz zur Börse, wo die Prämie beim Kauf der Option bezahlt werden muß, kann im Interbankenhandel die Prämie am Verfalltag oder bei der Ausübung entrichtet werden.

  In diesem Fall erhöht die Bank die Prämie um den Zinsbetrag, der während der Laufzeit entsteht.

3.2.4 Optionskontraktgrößen

Hinsichtlich der Optionskontraktgrößen gibt es keine Einschränkung. Der durchschnittliche Umfang wird vom Markt bestimmt. Jedoch wird heute selten die Kontraktgröße von 5 Mio. $ überschritten. Immerhin dürften aber Devisenoptionskontrakte über 50 Mio. $ gehandelt worden sein.

Im ersten Halbjahr 1985 wurden etwa sechs Devisenoptionsgeschäfte über jeweils 200 bis 300 Mio. $ abgeschlossen, wobei in einem Fall die Laufzeit von einem Jahr überschritten wurde. In diesen Beträgen sind mit Obligationen begebene Devisenoptionsscheine nicht enthalten. Diese lauten im allgemeinen auf wesentlich höhere Gesamtbeträge als 5 Mio. $. Sie werden jedoch selten gehandelt und sind nicht regelmäßig am Markt notiert. Insofern ist die Aussage berechtigt, daß jeder Optionskontrakt, der 5 Mio. $ übersteigt, im nichtorganisierten Optionsmarkt als groß angesehen werden muß.

3.3 Marktteilnehmer an organisierten Märkten

Die höheren Wechselkursschwankungen Ende der 70er und Anfang der 80er Jahre bereiteten den Devisenmarktteilnehmern Probleme, auf die die wenigsten vorbereitet waren. Durch die wirtschaftliche und finanzielle Unsicherheit in Verbindung mit Kursschwankungen entstanden vielen Unternehmen und Banken neue Risiken, deren Absicherung nicht durch die bestehenden Finanzinstrumente gewährleistet werden konnte.

Daraufhin fanden Devisenoptionen zur Lösung dieser Probleme in der Finanzwelt bald große Beachtung. Die amerikanischen Banken interessierten sich als erste für diese Innovation und boten Optionen schon vor der Schaffung der Börse von Philadelphia an.

Nur einige Jahre später, etwa zum Zeitpunkt der Eröffnung der Börse von Philadelphia, befaßte man sich in Europa intensiver mit diesem Finanzinstrument, und die Vermarktungsbemühungen der Philadelphia Stock Exchange trugen zur schnellen Verbreitung des technischen Instrumentariums bei.

Unaufhörlich wächst die Anzahl der Marktteilnehmer, und die Devisenoptionsmärkte weisen eine starke Expansion auf. Es ist heute zwar unmöglich, die Anzahl der Marktteilnehmer festzustellen, jedoch kann man sie in verschiedene Kategorien einteilen.

Im vorhergehenden Abschnitt haben wir die Marktteilnehmer des Interbankenhandels vorgestellt: die Banken, die Kapitalanlagegesellschaften und die übrigen Unternehmen. Wir werden im folgenden Abschnitt das Kauf- und Verkaufsverhalten der nur an der Börse aktiven Marktteilnehmer beschreiben: „Market Makers", „Locals" und „Spekulanten", die eine mehr oder weniger wichtige Rolle bei der Expansion dieses Marktes spielen.

Jedoch schließen sich diese sechs Kategorien nicht gegenseitig aus, denn Banken und Kapitalanlagegesellschaften können beispielsweise an der Börse als „Market Maker" auftreten.

3.3.1 „Market Maker" sichern die Liquidität des Marktes

Die „Market Maker", nämlich spezialisierte Unternehmen, Banken oder Kapitalanlagegesellschaften, bilden in der Tat den inneren Kern des Optionsmarktes. Sie garantieren dessen reibungslose Funktionsfähigkeit, weil sie durch ihre Aktivität für sämtliche Optionen einen handelbaren Preis sicherstellen. Bei der Vielfalt der möglichen Basispreise und Laufzeiten einer Option bedarf es einer Gruppe von Marktteilnehmern, die ständig zum Handel sämtlicher Optionskontrakte bereit sind und somit die nötige Liquidität des Marktes ermöglichen. Gewinne erzielen die „Market Maker" durch Margen zwischen Kauf- und Verkaufspreisen der Optionen.

Handelt zum Beispiel ein „Market Maker" einen Call auf DM zum Basispreis 37 zu 36 – 40, so bedeutet dies, daß er bereit ist, zu 36/10 Cents zu kaufen, und zu 40/10 Cents zu verkaufen. Sollte, wie es sehr häufig vorkommt, kein Anleger zu mehr als 36/10 Cents kaufen oder zu weniger als 40/10 Cents verkaufen wollen, so hat der „Market Maker" den Wert des Call 37 alleine in Händen.

Er kann nun Gewinn machen, wenn etwa gleichzeitig von einem Käufer der Call 37 nachgefragt wird, und ein Verkäufer zu diesem Preis verkaufen will. Der Gewinn, den der „Market Maker" erzielt, entspricht dem Abstand zwischen Kaufnotierung 36/10 Cents und Verkaufsnotierung 40/10 Cents, also 4/10 Cents pro DM.

Dieses Geschäft ist gleichbedeutend mit dem Kauf einer Option, deren Volatilität geringer und dem Verkauf einer Option, deren Volatilität höher ist als die für diesen Optionskontrakt vom Markt durchschnittlich bewertete Volatilität.

Heute gibt es an den Börsen von Philadelphia und Chicago etwa zwölf „Market Maker". Ein Drittel davon sind Banken: Als wichtige Teilnehmer des Devisenmarktes haben einige von ihnen bedeutenden Anteil am Optionsgeschäft. Das zweite Drittel besteht aus Kapitalanlagegesellschaften, die weniger im Devisenhandel tätig sind, jedoch über große

Erfahrung im Optionshandel allgemein verfügen. Als letztes Drittel sind spezialisierte „Market Maker" anzuführen, die ausschließlich auf dieses Geschäft ausgerichtet sind. Sie wollen Gewinne sofort erzielen, und durch ihr aggressives Vorgehen haben sie einen beträchtlichen Anteil am Transaktionsvolumen. In Chicago zum Beispiel sind etwa zwei oder drei von ihnen an mehr als 65 % aller gehandelten Optionskontrakte beteiligt. Diese Gesellschaften, deren Eigenkapital im Vergleich zu den Banken begrenzt ist, sind durch ihre Fachkompetenz äußerst konkurrenzfähig und somit bei großen Optionsgeschäften von Nutzen.

Bei den meisten Transaktionen über Beträge von mehr als 50 Mio. $ sind an der Börse von Chicago solche Gesellschaften Vertragspartner der Handelsunternehmen. In Philadelphia hingegen sind die Banken und Kapitalanlagegesellschaften von größerer Bedeutung als in Chicago.

Die Funktion der „Market Maker" unterscheidet sich in Chicago geringfügig von der in Philadelphia. Während in Chicago für jede Option mehrere Börsenmitglieder als „Market Maker" zur Verfügung stehen, liegt dies in Philadelphia jeweils in den Händen eines einzigen „Specialist". Er ist an der Börse zugelassen, ist verpflichtet einen Preis zu stellen und Börsenaufträge auszuführen. Er handelt gleichzeitig als „Market Maker" und Makler auf dem „Floor".

3.3.2 „Locals": ein besonderer Personenkreis an der Börse von Chicago

Die „Locals" bilden an der Börse eine ganz besondere Gruppe. Sie sind Börsenmitglieder, die auf eigene Rechnung innerhalb eines Börsentages Optionen kaufen und weiterverkaufen. Sie sind in Chicago zahlreicher als in Philadelphia.

In Chicago genießt dieser Beruf ein Ansehen, das sonst nirgendwo in der Welt zu finden ist. Dies ist teilweise mit der großen wirtschaftlichen Bedeutung von Chicago und der hohen Berufsreputation der „Locals" zu erklären, die schon seit mehr als einem Jahrhundert an den Terminbörsen tätig sind. Die Anwesenheit der „Locals" im Börsenring beider Börsen der Stadt sichern seit Generationen den Börsen die Liquidität, ohne die der gegenwärtige Erfolg nicht möglich wäre.

Der „Local" genießt einen Sonderstatus an der Börse, der ihm mit der Erlangung eines Börsensitzes zusteht:

- Er hat vor allem das Recht, im Börsenring auf eigene Rechnung zu handeln. Dadurch kann er sehr schnell ins Marktgeschehen eingreifen, wesentlich schneller als sonstige Marktteilnehmer, deren Aufträge erst vermittelt werden müßen.
- Dank der besonderen Konditionen, die ihm die Clearing-Stelle einräumt, profitiert er von einem beachtlichen Hebeleffekt: Das Einschußsystem ist für ihn wesentlich weniger restriktiv als für außenstehende Spekulanten.
- Da er seine eigenen Aufträge ausführt, entstehen ihm kaum Unkosten. Beim Eingehen und Glattstellen einer Position muß er keine Transaktionskosten einkalkulieren,

die übrigen Marktteilnehmer dagegen müssen dies als wichtigen Faktor berücksichtigen.

Der „Local“ arbeitet nur auf eigene Rechnung; er übernimmt also keine Aufträge des Börsenpublikums.

Mit dieser Aufgabe sind die im Börsenring anwesenden „Broker“, die sogenannten „Paper Filler“, Angestellte der großen Maklerfirmen, befaßt.

Den „Local“ interessieren vorrangig kurzfristig auftretende Kursschwankungen. Im allgemeinen nützt er sehr geringe Kursunterschiede – und dies mehrmals am Tag. Er verfolgt sehr aufmerksam das Finanzgeschehen und stellt eine Position sofort glatt, wenn er erkennt, daß die Kursentwicklung nicht seinen Erwartungen entspricht. „Locals“ betreiben das sogenannte „Scalping“, das heißt sie erzielen bei jeder Marktveränderung Gewinne, indem sie die Kurse „skalpieren“. Zudem stehen sie im Ruf, alle gleichzeitig die gleichen Entscheidungen zu treffen, was unter bestimmten Voraussetzungen den Wert einer Option maßgeblich verändern kann, weil als Reaktion auf Nachrichten der Finanz- und Wirtschaftswelt die Kurse überschießen (Overshooting).

Im allgemeinen wird angenommen, daß die „Locals“ einen Anteil von 50 bis 60 % am Gesamtvolumen der Umsätze des Terminmarktes haben. Am Devisenoptionsmarkt ist ihr Anteil durch die Anwesenheit der „Market Maker“ geringfügig schwächer; er liegt jedoch bei mehr als 50 %.

Die durch die „Locals“ eingegangenen Positionen hängen von der jeweiligen Finanzkraft ab: Am Optionsmarkt auf DM schwanken sie zwischen 10 bis 500 Kontrakten. Die Positionen werden im allgemeinen täglich bis zum Börsenschluß glattgestellt, denn die „Locals“ möchten jedes Risiko in der Zeit zwischen Börsenschluß und Börsenbeginn des folgenden Handelstages vermeiden. Dies unterscheidet sie übrigens von reinen Spekulanten.

3.3.3 Reine Spekulanten: eine Randgruppe

Hier handelt es sich ausschließlich um Spekulationsgeschäfte von Einzelpersonen am Optionsmarkt. Viele Besucher der Börsen von Chicago und Philadelphia sehen im typischen Spekulanten den Taxichauffeur, der mit seinen Trinkgeldern spekuliert. Diese Vorstellung ist weit verbreitet. Sie veranschaulicht die Unwissenheit der Öffentlichkeit gegenüber diesen Marktteilnehmern.

Kürzlich wurde von der Federal Reserve zu diesem Thema im Rahmen einer Untersuchung über Termin- und Optionsmärkte eine Studie veröffentlicht[1]. Sie umfaßt eine statistische Untersuchung über die soziokulturellen Eigenheiten der Spekulanten am Devisenoptionsmarkt. Einige interessante Ergebnisse seien im folgenden angeführt:

---

1 A Study of the Effects on the Economy of Trading in Futures and Options, 1984, verfaßt und herausgegeben vom Board of Governors, the Federal Reserve System, Commodity Futures Trading Commission, Securities and Exchange Commission.

- Fast 90 % (86 %) aller befragten Personen, die Spekulationsgeschäfte betreiben, sind mindestens Inhaber eines Universitätsdiploms, von denen wiederum 38 % noch höher graduiert sind oder ein zusätzliches berufsspezifisches Diplom erworben haben.
- Fast die Mehrheit (48 %) aller Spekulanten mit Devisenoptionen haben nach eigenen Angaben ein jährliches Einkommen von mehr als 50 000 $ und Ersparnisse von mehr als 100 000 $.
- Zwei Drittel von ihnen spekulieren hauptsächlich im Alter von 31 bis 60 Jahren.
- 93 % der Spekulanten haben Vermögensbestände in Anleihen und Wertpapieren; 64 % sind auch auf anderen Optionsmärkten tätig.
- Nur ein Viertel dieses Spekulantenkreises hält jeweils mehr als fünf Optionskontrakte und die Mehrheit (59 %) ändert eingegangene Positionen durchschnittlich nur einmal in drei Monaten.
- 68 % der befragten Personen geben zu, bei ihren Spekulationsgeschäften Geld zu verlieren.

Zudem geht aus dieser Studie hervor, daß der private Spekulant in den USA monatlich nur einige Orders durchgibt und dabei nur einen geringen Teil seiner Vermögenswerte einsetzt. Er vertraut auf eigene Vorstellungen über die Kursentwicklung und verfolgt die Notierungen seiner Position in der Presse: Verglichen mit den „Locals" und den „Market Makers" kann er nur langsam auf börsenrelevante Nachrichten reagieren; er spekuliert vor allem im Bereich der mittleren und längeren Optionslaufzeiten. Immerhin führen die Verluste, die solche Spekulanten erleiden, zu einer ständigen Umbesetzung dieses Marktteilnehmerkreises.

Abschließend stellt die Studie der Fed fest, daß die Bedeutung der privaten amerikanischen Spekulanten an der Börse relativ gering ist. Nicht berücksichtigt sind dabei jedoch die „großen Spekulanten" – vielfach europäischer oder asiatischer Herkunft –, deren Geschäfte gelegentlich die Börsenkurse stark beeinflussen können. Diese sind noch wenig bekannt, und die wirklichen Auswirkungen ihrer Beteiligung am Marktgeschehen sind schwer meßbar.

4. Entwicklung der Devisenoptionsmärkte aus historischer Sicht

Seit ihrer Gründung im Dezember 1982 bzw. Januar 1984 haben die Devisenoptionsbörsen von Philadelphia und Chicago stark expandiert. Das Rekordvolumen der Geschäftsabschlüsse pro Tag wurde am 6. Mai 1985 an der Chicago Mercantile Exchange mit 14 885 Optionskontrakten auf DM verzeichnet.

Jeder Kontrakt lautet auf je 125 000 DM, also wurden insgesamt Kontrakte über 1,86 Mrd. DM, das heißt über 600 Mio. $ abgeschlossen.

Diese Zahlen mögen das Wachstum der Optionsbörsen widerspiegeln.

4.1 Analytisches Instrumentarium: Transaktionsvolumen und Open Interest

Die spektakuläre Entwicklung der Märkte für neue Finanzinstrumente wie Futures und Optionen erforderte Kontrollinstitutionen als Sicherheitsgaranten für deren reibungslose Funktionsweise.

Einerseits stehen diese Märkte unter der Aufsicht der C.F.T.C. in Chicago und der S.E.C. in Philadelphia, staatliche Behörden, die ständig deren ökonomische Notwendigkeit und das Recht jedes Marktteilnehmers auf Gleichbehandlung überprüfen. Andererseits schaltet sich bei jeder Transaktion eine Verrechnungsstelle als Kontraktpartner zweier Kontrahenten ein.

Nach Kontraktabschluß im Börsenring wird die Verrechnungstelle das Konto des Käufers belasten und gleichzeitig dem Verkäufer eine Gutschrift überweisen.

Diese Struktur der zweiseitigen Überwachung ermöglicht eine tägliche statistische Auflistung aller Transaktionen. Die professionellen Marktteilnehmer können somit täglich über zwei wichtige Indikatoren verfügen: Transaktionsvolumen und Umfang der offenen Optionspositionen (Open Interest).

4.1.1 Transaktionsvolumen

Die börsenmäßig gehandelten Devisenoptionen sind immer hinsichtlich der Kontraktgröße standardisiert; das Transaktionsvolumen wird auf Basis der Anzahl der abgeschlossenen Kontrakte ermittelt.

Wenn an einem Tag 100 Optionen über je 125 000 DM gehandelt wurden, beträgt das Transaktionsvolumen 100 Kontrakte, nicht aber 12 500 000 DM.

Im Devisenoptionsgeschäft bedarf es eines Käufers und eines Verkäufers; 100 Kaufkontrakte haben also 100 Verkaufskontrakte zur Folge, wobei das Gesamtvolumen 100 beträgt. Bei Börsenschluß entspricht die gesamte Anzahl der gekauften und verkauften Devisenoptionen genau der doppelten Anzahl des Transaktionsvolumens pro Tag.

Eine Transaktion kann sowohl nur einen als auch 100 Optionkontrakte betreffen; dem Transaktionsvolumen entspricht die Anzahl der gehandelten Optionskontrakte. Eine Transaktion über 100 Optionen wird als 100 Kontrakte registriert und erhöht entsprechend das Gesamttransaktionsvolumen pro Tag.

Jede Börse veröffentlicht täglich das Transaktionsvolumen; jeder Optionskontrakt wird dabei berücksichtigt. Durch Beobachten des gehandelten Volumens und des „Open Interest" kann genau geprüft werden, wie umfangreich das Marktgeschehen ist.

4.1.2 Open Interest

Der „Open Interest" eines Optionsmarktes ist die Anzahl der zu Börsenschluß noch nicht glattgestellten Optionen und wird als solcher börsenstatistisch erfaßt.

Im Unterschied zum Transaktionsvolumen wird mit „Open Interest" nicht das gesamte Handelsvolumen angegeben, sondern nur die Handelsabschlüsse, die bei Ende der Börsensitzung zu einer Erhöhung oder Verminderung der bestehenden Optionspositionen der Marktteilnehmer führen.

Ein „Open Interest" von 50 000 Optionen bedeutet, daß zu Börsenschluß 50 000 Kontrakte noch nicht glattgestellt wurden.

Zu einer Transaktion gehören immer Käufer und Verkäufer der Option. Um die Bedeutung des „Open Interest" zu erklären, muß man zwischen zwei Arten von Käufern und Verkäufern differenzieren:

- ein neuer Käufer, der eine Position eingeht;
- ein früherer Käufer, der eine Position schließt (indem er sie verkauft);
- ein neuer Verkäufer, der eine Position eingeht;
- ein früherer Verkäufer, der eine Position schließt (indem er sie zurückkauft).

Jede Transaktion muß also als Handel zwischen zwei von vier möglichen Marktteilnehmergruppen betrachtet werden.

Auf folgende Weise beeinflußt dies den „Open Interest":

- Ein neuer Käufer erwirbt eine Option von einem neuen Verkäufer, der ebenfalls eine Position eingeht. Bei Börsenschluß wurde eine zusätzliche Optionsposition von einem Käufer und einem Verkäufer eingegangen – der „Open Interest" erhöht sich um einen Kontrakt.
- Ein neuer Käufer erwirbt eine Position von einem früheren Käufer, der damit seine Position glattstellt. Der frühere Käufer besaß eine Position, die er dem neuen Käufer weiterverkauft; es handelt sich also um den Transfer einer Position von einem Marktteilnehmer zum anderen. Eine bereits bestehende Option ist nun im Besitz eines neu-

en Marktteilnehmers. Mit dieser Transaktion wurde kein neuer Optionskontrakt abgeschlossen und der „Open Interest“ bleibt unverändert.

- Ein neuer Verkäufer gibt eine Option ab, die von einem früheren Verkäufer zur Risikoabsicherung erworben wird. Wie im vorhergehenden Fall findet ein Transfer statt, denn es wurde keine neue Position geschaffen und der „Open Interest“ bleibt somit unverändert.
- Ein früherer Käufer verkauft seine Position einem früheren Verkäufer, der diese kauft, um seine Position glattzustellen. Damit hat sich der „Open Interest“ um eine Einheit vermindert, denn eine Option zweier Marktteilnehmer wurde glattgestellt.

Täglich werden der „Open Interest“ sowie das Transaktionsvolumen veröffentlicht. Mit Ausnahme der Zeitperioden unmittelbar vor den Verfalltagen variiert der „Open Interest“ nur geringfügig von Tag zu Tag.

Der „Open Interest“ an sich ist ein wichtiger Faktor zur Beurteilung des Devisenoptionsmarktes. Während das Volumen über die Gesamtzahl der gehandelten Optionen und damit über die Liquidität des Marktes und den Umfang der Geschäftsabschlüsse Auskunft gibt, vermittelt der „Open Interest“ qualitative und quantitative Informationen hinsichtlich der Kapazität eines Optionsmarktes. Er ist der bedeutsamste Indikator für das dem jeweiligen Börsenplatz entgegengebrachte Interesse.

Die Existenzberechtigung des Optionsmarktes aus wirtschaftlicher Sicht besteht in seiner Funktion zur Risikoabsicherung der Unternehmen. Diese sichern ihre Finanz- und Güterpositionen durch Kauf von Optionen ab, deren Ausübung und Weiterverkauf zeitlich häufig mit der Glattstellung der Finanz- und Güterpositionen zusammenfällt. Somit werden Optionspositionen über einen längeren Zeitraum gehalten, was strukturell die Basis des „Open Interest“ bildet. Allgemein wird der „Open Interest“ als wichtigster Indikator für die Angleichung des Marktes an die Erfordernisse der Wirtschaft betrachtet.

4.2 Entwicklung der Philadelphia Stock Exchange

Einen Monat nach Eröffnung der Börse von Philadelphia betrug der „Open Interest“ 1 763 Kontrakte – ausschließlich auf Pfund Sterling.

Einen Monat später, im Januar 1983, wurden zwei neue Optionen, auf Schweizer Franken und auf Yen, eingeführt, wodurch in diesem Monat der „Open Interest“ der drei Optionsmärkte auf 2 867 Kontrakte mit einem Gesamtvolumen von 3 998 gehandelter Optionen anstieg.

Etwa zwei Jahre später, im Mai 1985, erreichte der „Open Interest“ aller in Philadelphia gehandelten Devisenoptionen auf sechs verschiedene Währungen ein Rekordniveau von 403 127 Optionen mit insgesamt 342 228 Transaktionen; Kontrakte auf Deutsche Mark und Kanadische Dollar bestanden nämlich seit Februar 1983, Kontrakte auf Französische Francs wurden im September 1984 eingeführt.

Allein am Optionsmarkt auf Pfund Sterling erhöhte sich bei einem Stand im Mai 1985 von 178 738 Optionen der „Open Interest“ um 10 000 %. Dies entspricht einem Betrag von 2,68 Mrd. $ und beträgt mehr als 44 % des gesamten „Open Interest“ der Optionsmärkte von Philadelphia.

In den Tabellen 6 und 7 ist die monatliche Entwicklung des „Open Interest“ seit Dezember 1982 nach Devisen und Anzahl der Optionen dargestellt.

Tabelle 6: Open Interest der Philadelphia Stock Exchange

Datum	£	Can $	DM	FF	Yen	FRS	Summe
Dez. 82	1 763						1 763
Jan. 83	1 701				661	505	2 867
Feb. 83	1 751	123	201		1 146	740	3 961
März 83	1 473	588	714		376	1 024	4 175
April 83	1 898	923	2 425		775	2 866	8 877
Mai 83	5 543	1 162	2 777		1 225	4 459	15 166
Juni 83	6 933	684	1 947		689	3 040	13 293
Juli 83	8 734	641	3 501		932	3 468	17 276
Aug. 83	11 303	780	6 651		3 038	3 872	25 644
Sept. 83	16 610	1 048	7 129		4 223	3 412	26 422
Okt. 83	12 105	1 261	8 809		8 208	4 907	35 290
Nov. 83	9 785	1 843	7 617		9 948	5 869	34 562
Dez. 83	7 923	1 818	6 395		6 009	7 113	29 258
Jan. 84	16 126	2 153	13 794		11 708	8 924	52 705
Feb. 84	24 314	2 742	25 498		9 373	11 774	76 545
März 84	22 349	3 262	13 972		12 694	13 197	65 474
April 84	18 164	3 784	16 827		16 450	13 003	68 228
Mai 84	22 256	4 335	21 532		20 351	16 336	84 810
Juni 84	22 061	4 449	12 961		13 426	14 225	67 112
Juli 84	33 301	9 628	20 420		15 973	18 989	98 311
Aug. 84	47 958	10 481	31 570		21 822	30 054	142 245
Sept. 84	46 094	6 801	23 209	827	22 269	22 308	121 508
Okt. 84	69 357	9 878	36 384	1 660	25 910	37 507	180 696
Nov. 84	80 950	8 746	48 479	3 715	29 407	39 607	210 901
Dez. 84	47 962	6 551	26 333	2 589	19 350	29 445	132 230
Jan. 85	85 473	9 462	47 901	6 674	30 958	39 376	219 844
Feb. 85	112 702	17 770	70 627	12 087	39 879	61 905	314 970
März 85	112 589	16 342	45 347	5 611	29 581	56 548	266 018
April 85	150 456	18 542	57 862	10 400	33 835	69 366	340 461
Mai 85	178 738	23 343	73 750	11 366	35 465	80 465	403 127
Juni 85	114 202	8 474	49 617	3 668	21 683	52 266	249 910

Tabelle 7: Transaktionsvolumen der Philadelphia Stock Exchange

Datum	£	Can $	DM	FF	Yen	FRS	Summe
Jan. 83	1 969				1 200	829	3 998
Febr. 83	777	129	358		2 570	2 022	5 856
März 83	1 267	799	1 680		868	2 431	7 045
April 83	1 848	528	3 843		697	2 666	9 582
Mai 83	5 993	365	1 987		1 005	4 198	13 548
Juni 83	11 020	263	2 071		1 113	2 170	16 637
Juli 83	3 658	304	4 877		947	1 630	11 416
Aug. 83	5 496	214	7 189		3 636	3 017	19 552
Sept. 83	11 000	835	6 684		5 331	4 411	28 261
Okt. 83	7 357	967	6 657		8 953	3 974	27 907
Nov. 83	8 457	871	3 583		4 567	3 762	21 240
Dez. 83	9 369	1 239	7 300		3 592	7 420	28 920
Jan. 84	19 689	1 017	17 644		10 886	8 408	57 644
Febr. 84	27 317	1 683	25 498		9 373	11 774	76 545
März 84	20 922	4 926	36 563		30 456	26 057	119 014
April 84	7 603	2 064	19 191		13 741	18 743	61 342
Mai 84	20 196	3 048	25 344		30 309	25 126	104 023
Juni 84	28 494	5 852	25 190		23 804	27 202	110 542
Juli 84	42 598	18 093	30 927		21 251	35 786	148 653
August 84	38 243	8 936	35 874		23 858	38 760	145 671
Sept. 84	51 876	5 536	36 799	971	22 408	32 611	150 201
Okt. 84	70 660	8 173	45 229	1 199	22 210	41 193	188 664
Nov. 84	82 085	6 305	49 978	4 551	18 223	33 035	194 177
Dez. 84	39 836	7 377	24 897	781	17 136	30 905	120 032
Jan. 85	89 445	12 397	66 812	7 067	31 582	38 244	245 547
Febr. 85	100 145	25 235	97 772	9 102	37 508	91 507	361 269
März 85	155 560	18 644	79 373	10 654	39 991	72 607	376 829
April 85	170 746	13 562	74 672	11 465	20 568	83 073	374 086
Mai 85	127 044	14 896	87 669	4 390	35 480	72 749	342 228
Juni 85	97 726	5 861	51 334	3 009	25 779	41 973	225 682

4.2.1 Starke Expansion des Open Interest und des Transaktionsvolumens

Innerhalb von 30 Monaten hatte der „Open Interest" der Devisenoptionsmärkte der Philadelphia Stock Exchange ein hohes Wachstum zu verzeichnen. Ende Februar 1983 – also einen Monat vor Fälligkeit der im März auslaufenden Kontrakte – erreichte der „Open Interest" 3 961 Optionen bei einem Gesamtvolumen von 5 856 Optionen.

Ein Jahr später, Ende Februar 1984, überstieg der „Open Interest" 76 000 Kontrakte. Zwei Jahre später, Ende Februar 1985, wurden 314 970 Optionen ausgewiesen, womit das Niveau von Februar 1983 fast um das 100fache übertroffen wurde.

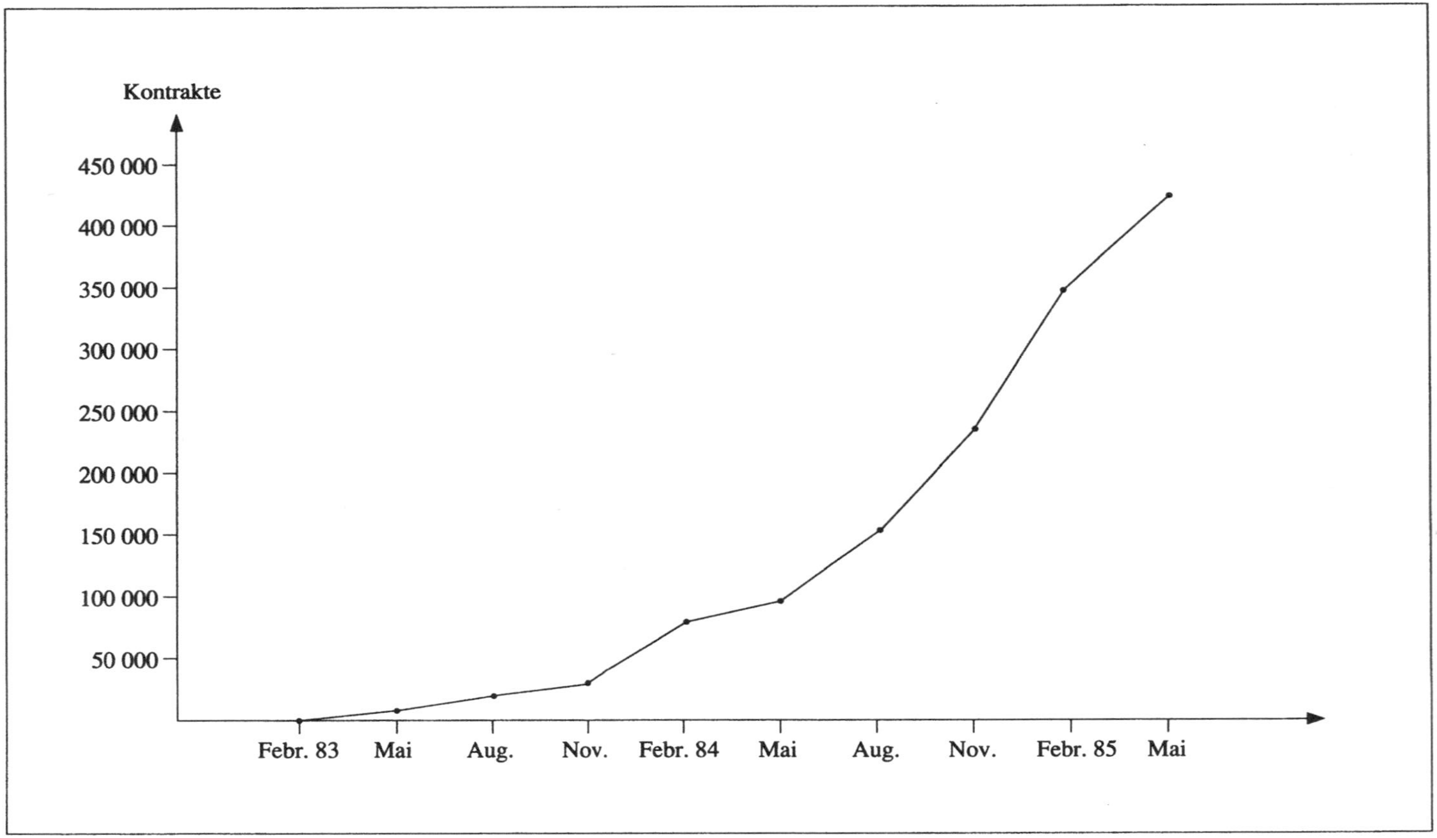

Abbildung 12: Entwicklung des „Open Interest“ an der Börse von Philadelphia

Diese Zahlen dürften das exponentielle Wachstum dieses Marktes veranschaulichen.

Aus der Abbildung 12 über die Entwicklung des „Open Interest" des Marktes von Philadelphia in den Monaten Februar, Mai, August und November, also während der Monate vor den jeweiligen Verfalltagen, ist das steil ansteigende Volumen des „Open Interest" ersichtlich.

4.2.2 Erfolg der Kontrakte auf Pfund Sterling

Seit der Schaffung der Börse von Philadelphia haben Optionen auf Pfund Sterling mit mehr als einem Drittel den größten Anteil am „Open Interest".

Das ausgeprägte Interesse der Marktteilnehmer an diesen Optionen liegt zweifelsohne an den hohen Schwankungen der britischen Währung. In Tabelle 8 sind die prozentualen Anteile der gehandelten Devisen aufgeführt; der überwiegende Anteil des Pfund Sterling ist ersichtlich.

Tabelle 8: Anteil der Optionen am „Open Interest" an der Philadelphia Stock Exchange (in Prozent)

	£	DM	FRS	Yen	$	FF
Febr. 1983	44	5	19	29	3	–
Mai 1983	36	19	29	9	9	–
Aug. 1983	44	26	15	12	3	–
Nov. 1983	28	22	17	29	4	–
Febr. 1984	33	35	16	12	4	–
Mai 1984	26	25	19	25	5	–
Aug. 1984	34	22	21	16	7	–
Nov. 1984	38	23	19	14	4	2
Febr. 1985	35	22	20	13	6	4
Mai 1985	44	18	20	9	6	3

4.2.3 Startschwierigkeiten bei Optionskontrakten auf Französische Francs

Selbst verglichen mit dem Kanadischen Dollar haben Optionen auf Französische Francs nur geringen prozentualen Anteil am Transaktionsvolumen und am „Open Interest".

Nachdem erst vor kurzem Devisenoptionen auf Französische Francs eingeführt wurden, entwickelt sich dieser Markt nur langsam. Ende Mai 1985 wurde ein „Open Interest" von nur 11 366 Optionen festgestellt, was etwa 1,4 Mrd. FF entspricht.

Die strikte Devisengesetzgebung in Frankreich und der enge Markt des Euro-Franc erklären zum Teil dieses magere Ergebnis.

Aus den Tabellen 9 und 10 ist die Entwicklung des „Open Interest" und des Volumens der Calls und Puts auf Französische Francs seit September 1984 ersichtlich.

Tabelle 9: „Open Interest" auf Französische Francs

Datum	Französische Francs			Markt insgesamt		
	CALLS	PUTS	Summe	CALLS	PUTS	Summe
Sept. 1984	607	220	827	94 050	27 458	121 508
Okt. 1984	1 266	394	1 660	143 290	37 406	180 696
Nov. 1984	2 754	961	3 715	154 494	56 407	210 091
Dez. 1984	1 615	974	2 589	90 311	41 919	132 230
Jan. 1985	1 886	4 788	6 674	139 852	79 992	219 844
Febr. 1985	4 565	7 522	12 087	221 494	93 476	314 970
März 1985	4 590	1 021	5 611	174 713	91 305	266 018
April 1985	4 918	5 482	10 400	205 944	134 517	340 461
Mai 1985	4 629	6 737	11 366	240 843	162 284	403 127
Juni 1985	3 165	503	3 668	159 434	90 476	149 910

Tabelle 10: Transaktionsvolumen in Französischen Francs

Datum	Französische Francs			Markt insgesamt		
	CALLS	PUTS	Summe	CALLS	PUTS	Summe
Sept. 1984	720	251	971	111 034	39 167	150 201
Okt. 1984	814	385	1 199	152 994	35 670	188 664
Nov. 1984	3 786	765	4 551	135 114	59 063	194 177
Dez. 1984	336	445	781	80 029	40 903	120 932
Jan. 1985	2 177	4 890	7 067	153 891	91 656	245 547
Febr. 1985	5 232	3 870	9 102	226 726	134 543	361 269
März 1985	6 985	3 669	10 654	243 329	133 500	376 829
April 1985	6 263	5 202	11 465	238 626	135 460	374 086
Mai 1985	1 796	2 594	4 390	222 549	119 679	342 228
Juni 1985	845	2 164	3 009	142 732	82 950	225 682

Diese Tabellen müssen mit den Tabellen 6 und 7, die die Entwicklung der anderen fünf Märkte dokumentieren, verglichen werden.

Aus diesem Vergleich geht hervor, daß der Mißerfolg der Optionen auf Französische Francs differenziert gesehen werden muß, denn in den ersten sechs Monaten nach Schaffung von Optionen auf Pfund Sterling und auf Deutsche Mark lagen deren Resultate nicht viel besser als dies für Französische Francs der Fall ist.

Es scheint allerdings, als ob der Markt für Optionen auf Französische Francs nach einem Jahr stagniert; die Kontrakte auf Pfund Sterling und Deutsche Mark dagegen gerieten nach gleicher Anlaufzeit in ihre Aufschwungphase.

Die Möglichkeit für französische Unternehmen, aufgrund des allerdings restriktiv gehaltenen Briefes der Banque de France vom 9. August 1985 mit ihren Banken Optionsgeschäfte abzuschließen, wird vielleicht den Optionsmarkt auf Französische Francs beleben und Startsignal für eine Aufwärtsentwicklung sein.

Im Herbst 1985 sitzen noch wenige Marktteilnehmer vor den vier Bildschirmen, die im Börsensaal von Philadelphia für Notierungen der Optionen vorgesehen sind!

4.2.4 Überwiegender Anteil von Call-Optionen

Die Unterteilung in Call und Put bei der Erfassung des „Open Interest" und des Transaktionsvolumens der Devisenoptionsmärkte macht deutlich, daß Kaufoptionen (Call) einen wesentlich größeren Anteil an allen Transaktionen als Verkaufsoptionen (Put) haben (siehe hierzu Tabellen 11 und 12).

Tabelle 11: Transaktionsvolumen der Philadelphia Stock Exchange

Datum	Summe CALLS	Summe PUTS	Summe
Mai 1983	8 019	5 529	13 548
Juni 1983	13 702	2 935	16 637
Juli 1983	7 485	3 931	11 416
Aug. 1983	10 915	8 637	19 552
Sept. 1983	19 498	8 763	28 261
Okt. 1983	20 238	7 669	27 907
Nov. 1983	15 660	5 580	21 240
Dez. 1983	14 136	11 784	28 920
Jan. 1984	31 114	26 530	57 644
Febr. 1984	43 453	32 192	76 545
März 1984	73 380	40 634	119 014
April 1984	38 871	22 471	61 342
Mai 1984	65 557	38 466	104 023
Juni 1984	69 998	40 544	110 023
Juli 1984	102 490	46 163	148 653
Aug. 1984	100 155	45 516	145 671
Sept. 1984	111 034	39 167	150 201
Okt. 1984	152 994	35 670	188 664
Nov. 1984	135 114	59 063	194 177
Dez. 1984	80 029	40 903	120 932
Jan. 1985	153 891	91 656	245 547
Febr. 1985	226 726	134 543	361 269
März 1985	243 329	133 500	376 829
April 1985	238 626	135 460	374 086
Mai 1985	222 549	119 679	342 228
Juni 1985	142 732	82 950	225 682

Tabelle 12: „Open Interest" der Philadelphia Stock Exchange

Datum	Summe CALLS	Summe PUTS	Summe
Dez. 1982	1 204	559	1763
Jan. 1983	1 636	1 231	2 867
Febr. 1983	2 269	1 692	3 961
März 1983	3 067	1 108	4 175
April 1983	5 838	3 039	8 877
Mai 1983	9 549	5 617	15 166
Juni 1983	10 457	2 836	13 293
Juli 1983	13 213	4 063	17 276
Aug. 1983	18 189	7 455	25 644
Sept. 1983	17 112	9 310	26 422
Okt. 1983	23 124	12 166	35 290
Nov. 1983	23 553	11 009	34 562
Dez. 1983	19 895	9 363	29 258
Jan. 1984	32 012	20 693	52 705
Febr. 1984	43 453	32 192	76 545
März 1984	34 469	31 005	65 474
April 1984	43 271	24 957	68 228
Mai 1984	41 465	23 345	84 810
Juni 1984	46 472	20 650	67 112
Juli 1984	76 582	21 729	98 311
Aug. 1984	109 227	33 018	142 245
Sept. 1984	94 050	27 458	121 508
Okt. 1984	143 290	37 406	180 696
Nov. 1984	154 494	56 407	210 901
Dez. 1984	90 311	41 919	132 230
Jan. 1985	139 852	79 992	219 844
Febr. 1985	221 494	93 476	314 970
März 1985	174 713	91 305	266 018
April 1985	205 944	134 517	340 461
Mai 1985	240 843	162 284	403 127
Juni 1985	159 434	90 476	249 910

Aus den Tabellen 11 und 12 geht hervor, daß seit der Schaffung der Börse von Philadelphia das Interesse für Kaufoptionen eindeutig das Interesse für Verkaufsoptionen übertrifft.

Die Calls haben am gesamten „Open Interest" durchschnittlich einen Anteil von mehr als 5/8 und im August 1984 bereits einen Anteil von mehr als 3/4.

Das ausgeprägte Interesse der Marktteilnehmer an Calls liegt in den gebräuchlichen Risikoabsicherungstechniken und dem im Zeitverlauf hohen Dollarkurs seit Schaffung der Optionsmärkte begründet.

Tabelle 13: Relativer Anteil der Calls und Puts am „Open Interest" in Philadelphia

Datum	CALLS	PUTS
Febr. 1983	57.28	42.72
Mai 1983	62.96	37.04
Aug. 1983	70.85	29.15
Nov. 1983	68.14	31.86
Febr. 1984	55.46	44.54
Mai 1984	72.47	27.53
Aug. 1984	76.78	23.22
Nov. 1984	73.25	26.75
Febr. 1985	70.32	29.68
Mai 1985	59.74	40.26

Da internationale Handelsgeschäfte meistens in Dollar abgeschlossen werden, ist das Wechselkursrisiko hauptsächlich von nicht-amerikanischen Unternehmen zu tragen. Aus diesem Grund haben vor allem die europäischen Länder und in geringerem Umfang Japan Anteil an den amerikanischen Optionsmärkten. Sie haben gegenüber den USA eine Nettogläubigerposition und somit global gesehen eine Long-Position in Dollar. Sie sind um Absicherung des Kursrisikos bemüht, da der Dollar seit 1982, gemessen an seinem theoretischen, durch die Kaufkraftparitäten errechneten Niveau, als stark überbewertet gilt. Aus diesem Grund kaufen die Finanzverantwortlichen Calls auf Devisen, das heißt das Recht, Dollar zu verkaufen.

Auch ein psychologischer Faktor, an den meisten Märkten für Finanzaktiva erkennbar, trägt zum überwiegenden Handel mit Calls bei: Nach allgemeinen Vorstellungen erfolgt ein Kauf immer vor einem Verkauf; somit erscheint das Prinzip des Call (das Recht, eine Devise zu kaufen) eher plausibel als das Prinzip des Put (das Recht, eine Devise zu verkaufen). Man kann sich folglich eine ungedeckte Put-Position schwerer vorstellen als eine ungedeckte Call-Position. Diese Beobachtung gilt für alle Optionsmärkte, unabhängig vom zugrundeliegenden Aktivum (Rohstoffe, Schuldverschreibungen usw.).

4.3 Entwicklung der Chicago Mercantile Exchange

Die Börse von Chicago expandierte noch schneller als die Börse von Philadelphia (siehe Tabelle 14).

Im Februar 1984, gegen Ende des ersten Monats nach Schaffung des Optionsmarktes, erreichte dieser schon ein Volumen von 41 816 Kontrakten und damit das monatliche Rekord-Transaktionsvolumen aller Optionsmärkte. Optionen auf Deutsche Mark konnten ihren guten Start bestätigen und sind bis heute die meistgehandelten Kontrakte – weit vor der Konkurrenz in Philadelphia.

Tabelle 14: Monatliches Transaktionsvolumen und „Open Interest" zum Monatsultimo an der Chicago Mercantile Exchange

	DM		FSR		£	
Datum	Trans-aktions-volumen	Open Interest	Trans-aktions-volumen	Open Interest	Trans-aktions-volumen	Open Interest
Jan. 1984	10 951	6 255	–	–	–	–
Febr. 1984	41 816	12 205	–	–	–	–
März 1984	58 164	22 039	–	–	–	–
April 1984	44 247	29 784	–	–	–	–
Mai 1984	72 860	41 586	–	–	–	–
Juni 1984	56 673	28 177	–	–	–	–
Juli 1984	64 203	37 636	–	–	–	–
Aug. 1984	55 668	45 591	–	–	–	–
Sept. 1984	81 550	34 603	–	–	–	–
Okt. 1984	72 658	45 009	–	–	–	–
Nov. 1984	102 228	55 015	–	–	–	–
Dez. 1984	66 666	35 543	–	–	–	–
Jan. 1985	99 353	57 389	–	–	–	–
Febr. 1985	178 736	83 568	–	–	–	–
März 1985	152 410	54 545	18 564	9 333	24 316	11 638
April 1985	152 642	75 069	23 966	14 810	17 551	19 556
Mai 1985	150 511	85 882	38 269	22 023	35 850	29 287
Juni 1985	76 976	40 069	20 973	14 226	44 351	21 041
Juli 1985	147 498	61 000	44 188	20 573	42 605	25 036

Wie aus Tabelle 14 ersichtlich, hatte die Börse von Chicago an Umfang die Börse von Philadelphia nach kurzer Zeit übertroffen. Sie wurde zwei Jahre später geschaffen, aber Optionskontrakte auf DM beispielsweise werden heute in Chicago viermal so häufig gehandelt wie in Chicago. Nach Einführung der DM-Kontrakte am 24. Januar 1984 betrug das Transaktionsvolumen für Optionsgeschäfte auf Deutsche Mark im Februar bereits 41 816 Kontrakte mit einem Gesamtumfang von damals umgerechnet 2 Mrd. $. Dies war das höchste bis dahin erreichte Transaktionsvolumen, das jemals am Markt für Optionen verzeichnet wurde. In der Folge wurden immer mehr Optionen auf Deutsche Mark gehandelt; der letzte Rekord wurde mit einer Gesamtzahl von 178 736 Einheiten – also einem täglichen Durchschnitt von 1 824 Kontrakten – im Februar 1985 erreicht. Heute ist die Option auf Deutsche Mark der meistgehandelte Optionskontrakt.

Ebenso vielversprechend ist das Anwachsen des Transaktionsvolumens und des „Open Interest" der beiden neuen Märkte für Optionskontrakte des C.M.E.

Schon nach fünf Monaten – im Juli 1985 – wurde das Volumen von je 40 000 Optionskontrakten auf Schweizer Franken und Pfund Sterling überschritten, wobei der „Open Interest" während dieser ersten sechs Monate eine ähnliche Entwicklung wie beim DM-

Kontrakt aufwies. Es ist allerdings wahrscheinlich, daß – wie aus Tabelle 15 ersichtlich – der Marktanteil der Optionskontrakte auf Deutsche Mark am gesamten Transaktionsvolumen der C.M.E. sinken wird, weil Optionen auf Pfund Sterling und auf Schweizer Franken stark expandieren.

Tabelle 15: Transaktionsvolumen der Chicago Mercantile Exchange

Datum	Transaktions-volumen insgesamt	DM	DM %	SFR	SFR %	£	£ %
März 1985	195 290	152 410	78	18 564	9,5	24 316	12,5
April 1985	154 159	152 642	78,6	23 966	12,4	17 551	9
Mai 1985	224 630	150 511	67	38 269	17	35 850	16
Juni 1985	142 300	76 976	54	20 973	14,8	44 351	31,2
Juli 1985	234 291	147 498	63	44 188	18,8	42 605	18,2

Noch besser ist die zunehmende Bedeutung der Optionskontrakte auf Schweizer Franken und Pfund Sterling am Anwachsen des „Open Interest“ zu ermessen (siehe Tabelle 16).

Ende Juli 1985 hatten diese bereits einen Anteil von etwa je einem Drittel des Anteils am „Open Interest“ der Optionskontrakte auf Deutsche Mark.

Tabelle 16: Aufteilung des „Open Interest“ der Chicago Mercantile Exchange

Datum	Open Interest insgesamt	DM %	SFR %	£ %
März 1985	75 516	72	12,3	15,7
April 1985	109 435	68,5	13,7	17,8
Mai 1985	137 192	62,5	16	21,5
Juni 1985	75 336	53,2	18,8	28
Juli 1985	106 609	57,2	19,2	23,6

Die Auflistung des „Open Interest“ in Calls und Puts dürfte die Ergebnisse des Marktes von Philadelphia bestätigen: Calls haben einen größeren Anteil am Transaktionsvolumen als Puts.

4.4 Vergleich der Börsen von Philadelphia, Chicago und London

In den Tabellen 17 und 18 wird das Transaktionsvolumen und der „Open Interest“ der wichtigsten Börsen für Optionskontrakte – Philadelphia, Chicago und London – gegenübergestellt.

Dabei wird die relative Bedeutung der einzelnen Börsen und die Gesamtzahl der monatlich an organisierten Märkten gehandelten Optionskontrakte veranschaulicht.

Um diesen Vergleich anstellen zu können, wurden die den Optionsmarkt von Philadelphia betreffenden Angaben korrigiert: Da die Größe der Optionskontrakte auf Deutsche Mark, Pfund Sterling und auf Schweizer Franken in Philadelphia um die Hälfte geringer ist als die Größe der entsprechenden Kontrakte in Chicago und London, haben wir die Zahl für die Optionskontrakte aus Philadelphia durch 2 geteilt.

Bei Auswertung dieser Tabellen sind folgende Ergebnisse anzumerken:

- Optionen auf Deutsche Mark werden am häufigsten gehandelt.

  So wurden im Juli 1985 186 095 Optionen auf DM gehandelt, während im gleichen Zeitraum nur 145 076 Optionsgeschäfte auf Britische Pfund und 68 338 auf Schweizer Franken abgeschlossen wurden.

  Der Abstand zwischen dem Transaktionsvolumen von Optionen auf Britische Pfund hat sich in letzter Zeit jedoch stark vermindert, denn die Anzahl der Optionskontrakte auf Britische Pfund ist erheblich gestiegen.

- Optionskontrakte auf Britische Pfund: der „Open Interest“ war im Juli 1985 für Kontrakte auf Britische Pfund höher als für Kontrakte auf Deutsche Mark. Zudem ist in London ein starkes Ansteigen des Transaktionsvolumens und des „Open Interest“ auf Britische Pfund zu verzeichnen. Zwei Monate nach Schaffung des Marktes von London wurden etwa 50 % des in Philadelphia nach einem Zeitraum von zwei Jahren verzeichneten Volumens erreicht.

- Die Konkurrenz unter den Börsenplätzen: Das Anwachsen des Transaktionsvolumens und des „Open Interest“ in Philadelphia verlangsamte sich seit der Einführung der Optionskontrakte auf Schweizer Franken und Britische Pfund in Chicago. Im Juli 1985 zum Beispiel war das Transaktionsvolumen auf Schweizer Franken bereits zum zweiten Mal höher als in Philadelphia.

Diese Zahl beweist, daß die verschiedenen Börsen mit ihren Produkten untereinander konkurrieren.

Die Aufrechterhaltung von Marktanteilen wird offensichtlich bei jeder Börse durch Schaffung neuer Kontraktarten (Optionen mit ein- oder zweimonatiger Laufzeit, Optionen auf Cross Rates etc.) erreicht.

Tabelle 17: Transaktionsvolumen vin Chicago, Philadelphia und London

	DM			FRS			£			
	CME	PHLEX*	Summe	CME	PHLEX*	Summe	CME	PHLEX*	LIFFE	Summe
Kontraktgröße	»125 000«	»125 000«	DM	»250 000«	»250 000«	SFR	»25 000«	»25 000«	»25 000«	£
Januar 85	99 353	33 406	132 759	–	19 122	19 122	–	44722	–	44 722
Februar 85	178 736	48 886	227 622	–	45 753	45 753	–	50 072	–	50 072
März 85	152 410	39 686	192 096	18 564	36 303	54 867	24 316	77 780	–	102 096
April 85	152 642	37 336	189 978	23 966	41 536	65 502	17 551	85 373	–	102 924
Mai 85	150 511	43 834	194 345	38 269	36 374	74 643	35 850	63 522	–	99 372
Juni 85	76 976	25 667	102 643	20 973	20 986	41 959	44 351	48 863	4 385	97 599
Juli 85	147 498	38 597	186 095	44 188	24 150	68 338	42 605	68 970	33 501	145 076

CME : Chicago Mercantile Exchange
PHLEX : Philadelphia Stock Exchange
LIFFE : London Financial Futures Exchange
* : Zahlen bereinigt (wie oben beschrieben)

Tabelle 18: „Open Interest“ in Chicago, Philadelphia und London

	DM			FRS			£			
	CME	PHLEX*	DM insgesamt	CME	PHLEX*	SFR insgesamt	CME	PHLEX*	LIFFE	£ insgesamt
Januar 85	57 839	23 950	81 789	–	19 688	19 688	–	42 736	–	42 736
Februar 85	83 568	35 313	118 881	–	30 952	30 952	–	56451	–	56 351
März 85	54 545	22 673	77 218	9 333	2 274	37 607	11 638	56 294	–	67 932
April 85	75 069	28 931	104 000	14 810	34 683	49 493	19 556	75 228	–	94 784
Mai 85	85 882	36 875	122 757	22 023	40 232	62 255	29 287	89 369	–	118 656
Juni 85	40 069	24 808	64 877	14 226	26 133	40 359	21 041	57 101	3 327	81 469
Juli 85	61 000	35 401	96 401	20 573	29 578	50 151	25 036	67 203	14 060	106 299

CME : Chicago Mercantile Exchange
PHLEX : Philadelphia Stock Exchange
LIFFE : London Financial Futures Exchange
* : Zahlen bereinigt (wie oben beschrieben)

5. Arbitrage zwischen Optionsmärkten und den Märkten der zugrundeliegenden Güter

Obgleich der Devisenhandel unter Banken und die Optionsbörsen hinsichtlich der Art der Geschäfte und des Risikoprofils nicht identisch sind, kann man durch Optionskombinationen ähnliche Ergebnisse wie bei Kassa- und Devisentermingeschäften erzielen. Diese Kombinationen ermöglichen risikolose Arbitragegeschäfte, die dazu führen, daß zwischen den Terminkursen einerseits und den Preisen von Puts und Calls andererseits bestimmte Relationen bestehen bleiben. Es wird dabei vorausgesetzt, daß die Optionen bis zu ihrem Verfalltag gehalten oder ausgeübt werden. Der Arbitrageur verzichtet auf Weiterverkauf sowie auf Rückkauf.

Die Relationen, die wir in diesem Kapitel erläutern, sind aus zwei wichtigen Gründen nicht absolut zutreffend: Wenn auch risikofreie Arbitragegeschäfte beschrieben werden, ergeben sich dennoch durch den Unterschied zwischen Devisengeschäft und Optionsgeschäft bei der Abwicklung gewisse Risiken. Überdies bestehen die Optionsmärkte noch nicht lange, und somit sind die Arbitragemöglichkeiten auf die bis heute geschaffenen Kontraktarten begrenzt.

Es bleibt noch zu erwähnen, daß bei den erläuterten Zusammenhängen die Transaktionskosten der Börse, die sich mit dem „Standing" des Marktteilnehmers verändern, unberücksichtigt bleiben. Sie müssen selbstverständlich bei der Berechnung des Ergebnisses einbezogen werden.

Bei Optionsgeschäften entstehen im Interbankenhandel im allgemeinen keine zusätzlichen Kosten.

Die erst kürzlich geschaffenen Devisenoptionsmärkte scheinen noch nicht völlig effizient zu arbeiten, und somit haben Arbitrageure die Möglichkeit, Gewinne zu erzielen.

5.1 Arbitrage zwischen Calls und Puts

5.1.1 Arbitragegleichung zwischen Optionen und Kassakursen

Das Recht, die Devise A gegen die Devise B zu kaufen, entspricht dem Recht, die Devise B gegen die Devise A zu verkaufen.

Wenn B die Referenzwährung ist, so beinhaltet ein Call A/B mit Basispreis E das Recht, eine Einheit A gegen E Einheiten B zu kaufen. Die Prämie wird dann in der Referenzwährung B gezahlt. Es gilt folgende Gleichung:

$$1 \text{ x } A = E \text{ x } B \text{ oder } E\left[\frac{1}{E} \text{ x } A\right] = E \text{ x } B$$

Wenn A die Referenzwährung ist, so entspricht ein Call A/B (E) dem Recht zum Verkauf von E mal einer Einheit B gegen E mal 1/E A bzw. zu E mal Put B/A (1/E). Die

Prämie wird in der Referenzwährung A bezahlt. Damit jedoch die Prämien des Calls A/B mit dem Put B/A vergleichbar sind, müssen beide in der gleichen Währung ausgedrückt werden. Dies kann dadurch erreicht werden, daß der Put B/A zum Kassakurs A/B (S) in Währung B umgerechnet wird. Es gilt dann folgende Gleichung:

Call A/B (E)	=	S x [E x Put B/A (1/E)]
Dimension: Währung B		Dimension: Währung A

Hieraus läßt sich eine Arbitrage-Gleichung zwischen dem Optionsmarkt und dem Kassa-Devisenmarkt ableiten.

5.1.2 Beispiel

Angenommen wird ein Call DM/$ mit:

E = 33 Cents; 1/E = 3,03 Pfennig; Call DM/$ (33) = 0,2 Cent und S = 34 Cents.

Daraus geht hervor: Call DM/$ (33) = 34,33. Put $/DM (3,03)= 0,2 Cent;

also Put $/DM (3,03) = 0,000 17 825 Pfennig pro Cent und somit 0,017825 DM pro $.

Sollte im Interbankenhandel ein Put mit mehr als 0,017825 DM pro $ notiert sein, wird der Call DM/$ zu 0,2 Cent gekauft und der Put $/DM zum Marktpreis verkauft werden. Umgekehrt ist es bei einem Put mit einer Notierung von weniger als 0,017825 DM pro $ vorteilhaft, den Put $/DM zu kaufen und den Call DM/$ zu 0,2 Cent zu verkaufen, wobei ein Call DM/$ (der in Cents notiert wird) jeweils 33 Puts $/DM (die in Pfennig notiert werden) entsprechen muß.

Analog läßt sich folgende Gleichung ableiten:

Put A/B (E)	=	S x [E x Call B/A (1/E)]
Dimension: Währung B		Dimension: Währung A

5.1.3 Ergebnisprofil

Die folgenden schematischen Darstellungen der vier wichtigsten Strategien veranschaulichen die Call-Put-Relationen: Die Achsen, die die Kursentwicklung bei beiden Puts darstellen, wurden spiegelbildlich gezeichnet; somit ist die Ähnlichkeit der Call-Put-Resultate erkennbar, denn eine Kurserhöhung von A/B beim Call entspricht einer Kursminderung B/A beim Put.

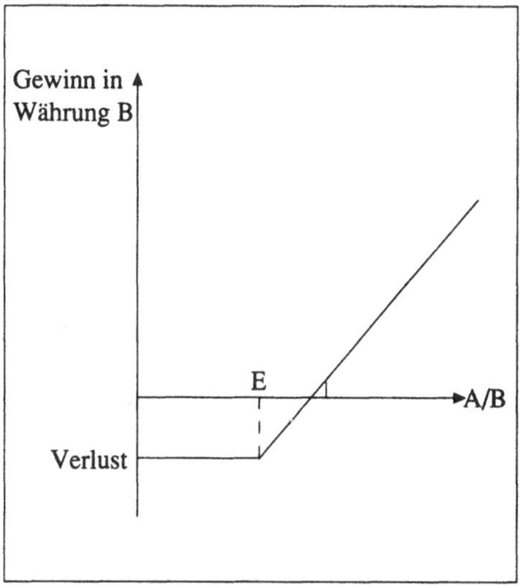

Abbildung 13: Kauf des Calls A/B (E)

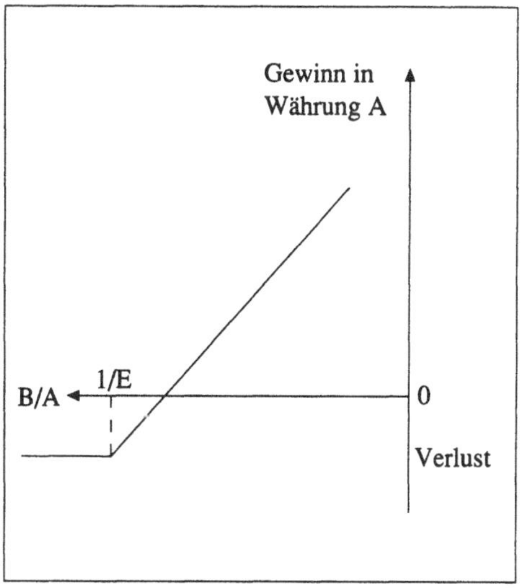

Abbildung 14: Kauf von E x Put B/A (1/E)

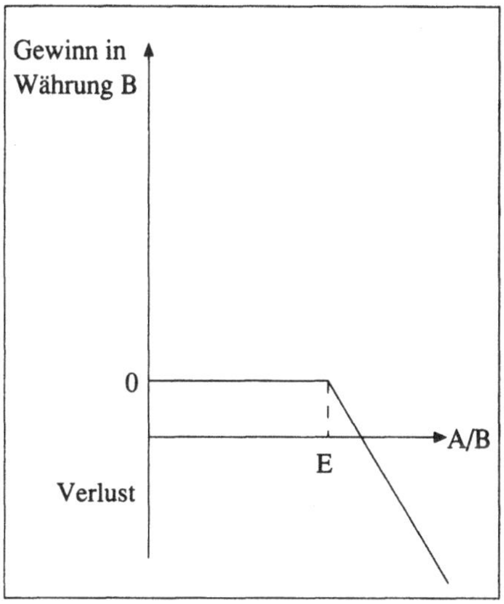

Abbildung 15: Verkauf des Calls A/B (E)

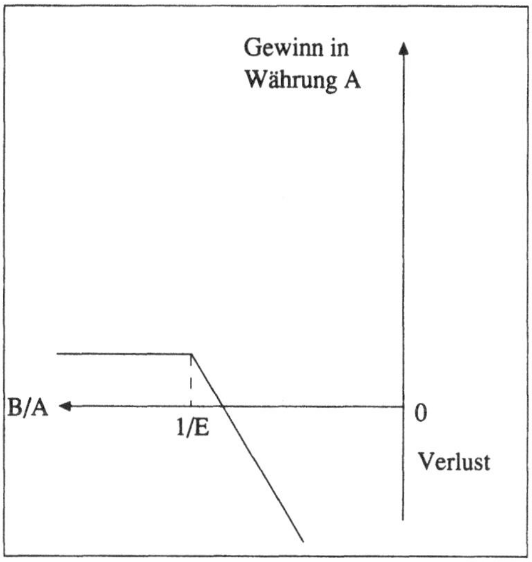

Abbildung 16: Verkauf von E x Put B/A (1/E)

Diese Arbitragegeschäfte sind gegenwärtig nur im Interbankenhandel möglich: Die organisierten Märkte notieren nur Devisenkurse in Dollar, und nur Banken stellen Kurse des Dollar gegen eine Devise. So könnte man fast sagen, daß räumliche Arbitragemöglichkeiten, die am Devisenmarkt mit der Verbesserung der Kommunikationsmittel verschwunden sind, am Optionsmarkt zwischen den organisierten amerikanischen Märkten und europäischen Interbankenmärkten noch vorhanden sind.

5.2 Synthetische Devisentermingeschäfte und Konversionen

5.2.1 Synthetischer Terminkauf

5.2.1.1 Definition

Ein Optionsgeschäft mit dem Ergebnisprofil eines Devisenterminkaufs ist vorstellbar: In diesem Falle hat der Marktteilnehmer am Verfalltag eine Long-Position in Devise A und eine Short-Position in Devise B. Der Kauf eines Call A/B und der gleichzeitige Verkauf eines Put A/B zum gleichen Basispreis und zum gleichen Verfalltag entsprechen einem synthetischen Terminkauf der Währung A.

Am Verfalltag ist folgendes Ergebnis der Optionsgeschäfte zu verzeichnen:

- Wenn der Kurs A/B höher oder gleich E ist, wird der Käufer des Put diesen nicht ausüben, jedoch wird der Call A/B ausgeübt werden.
- Wenn der Kurs A/B niedriger oder gleich E ist, wird der Käufer die Putoption ausüben.

In beiden Fällen wird eine der Optionen ausgeübt, wobei der Marktteilnehmer unter Berücksichtigung des Basispreises eine Long-Position in A und eine Short-Position in B hat.

5.2.1.2 Grundkonzept

Ein synthetischer Terminkauf wird von einem Marktteilnehmer, der seine offene Position absichern oder hedgen will, aus Furcht vor Kurssteigerungen getätigt. Dabei hofft der Hedger, aus dem synthetischen Terminkauf Nutzen zu ziehen, indem er die Devise zu einem tieferen Kurs als am Devisenmarkt erwerben kann. Der Spekulant hingegen tätigt einen synthetischen Terminkauf, weil er Kurssteigerungen erwartet, die den Basispreis übertreffen und verkauft die zu einem niedrigeren Preis erworbene Devise zum herrschenden Marktpreis.

Der Arbitrageur kann Gewinne erzielen, wenn am Interbankenmarkt kurzfristig zwischen dem Kurs beim synthetischen Terminkauf und dem Kurs beim Devisentermingeschäft Unterschiede entstehen und er diese ausnützt.

5.2.1.3 Beispiel

Die folgenden Beispiele veranschaulichen nur die Ergebnisse bei Optionsgeschäften und berücksichtigen nicht die von Hedgern möglicherweise erzielbaren Resultate.

Es gilt weiterhin:

S = Kassakurs am Markt
C = Prämie des Call
E = Basispreis
P = Prämie des Put

Einen synthetischen Terminkauf können wir wie folgt definieren:

Anfänglicher Zahlungsmittelzustrom = Prämie des verkauften Put – Prämie des gekauften Call = P – C .

Kaufkurs des synthetischen Termingeschäfts = Einkaufskosten der Devise zum Basispreis zuzüglich des erforderlichen Einschusses, wenn die Differenz beider Prämien negativ ist, bzw. abzüglich des Zuflusses an erhaltenen Mitteln, wenn die Differenz positiv ist (unter Berücksichtigung der Verzinsung der Prämien).

Der so errechnete synthetische Terminkurs bezeichnet die Gewinnschwelle des Arbitragegeschäftes:

Kurs des synthetischen Terminkaufs = $E - (P - C)\ (1 + i)^t$

Ergebnis = Kassakurs bei Fälligkeit, vermindert um die Gewinnschwelle:

$$R = S - E + (P - C)\ (1 + i)^t$$

Die Angaben in den nachstehenden Beispielen sind den Notierungen vom 21. Juni 1985 in Philadelphia entnommen; der Kassakurs DM/$; S entspricht 32,63 Cents bzw. $/DM = 3,0647.

Beispiel 1:

Synthetischer Terminkauf DM/$ zu $E_{(1)}$ = 32 Cents ($/DM = 3,1250) „in the money", mit Verfalltag am 13. September (Fälligkeit der Option)

Abwicklung des Geschäftes:

Kauf eines Call DM/$ Sept. (32): $C_{(1)}$ = 1,43 Cents pro DM

Verkauf eines Put DM/$ Sept. (32): $P_{(1)}$ = o,68 Cents pro DM

Die Kombination dieser beiden Transaktionen führt zu einem negativen Ergebnis, denn es wird ein Call „in the money" gekauft und ein Put „out of the money" verkauft.

Anfänglicher Zahlungsmittelabstrom = $- C_1 + P_1$ = – 1,43 + 0,68 = – 0,75 Cent pro DM.

Unter Berücksichtigung der Zinskosten i = 1,8 % vom 21. Juni bis 13. September betragen die Gesamtkosten – 0,75 (1,018) = – 0,76 pro DM[1].

1 In diesem Kapitel verwenden wir bei den Beispielen einen einheitlichen Zinssatz, nicht aber einen auf Jahresbasis berechneten Zins wie bei den anderen Ergebnisgleichungen.

Die Gewinnschwelle entspricht dem Basispreis zuzüglich des verzinsten Zahlungsmittelabstroms.

$$\text{Gewinnschwelle} = E_1 - (P_1 - C_1)\ (1 + i) = 32 - (-0{,}76) = 32{,}76$$

Ergebnis bei Fälligkeit:

Das Ergebnis läßt sich schreiben: $R_1 = S - 32{,}76$

Bei der Bestimmung von R_1 gehen wir von den zwei verschiedenen Werten für S aus:

Bei – $S = 32{,}76$ ist $R_1 = 0$.

– $S = 33$ ergibt einen Differenzgewinn R_1 von $33 - 32{,}76 = 0{,}24$ Cents pro DM gegenüber dem Marktpreis bei Ausübung des Call.

Das Ergebnisprofil ist in Abbildung 17 veranschaulicht. (Beträgt S weniger als 32, zum Beispiel DM/$ = 30 Cents, so kostet für den Marktteilnehmer die Ausübung des Put 30 – 32,76 also R = – 2,76.)

Beispiel 2:

Synthetischer Terminkauf DM/$ zu $E_2 = 34$ Cents (somit $/DM =2,9412) „out of the money", fällig am 13. September

Abwicklung des Geschäfts:

Kauf eines Call DM/$ Sept. (34) $C_2 = 0{,}53$ Cents pro DM

Verkauf eines Put DM/$ Sept. (34) $P_2 = 1{,}76$ Cents pro DM

Die Kombination dieser beiden Transaktionen führt zu einem positiven anfänglichen Zahlungsstrom, da ein Call „out of the money" gekauft und ein Put „in the money" verkauft wird.

Dieser Zahlungsmittelzufluß errechnet sich wie folgt:

$$-C_2 + P_2 = -0{,}53 + 1{,}76 = 1{,}23 \text{ Cent pro DM.}$$

Unter Berücksichtigung des einheitlichen Zinssatzes i = 1,8% vom 21. Juni bis zum 13. September beträgt der Gesamtgewinn 1,23 (1,018) = 1,25 Cent pro DM.

Gewinnschwelle = $E_2 + (C_2 - P_2)\ (1 + i) = 34 - 1{,}25 = 32{,}75$ Cents.

Ergebnis bei Fälligkeit:

$R_2 = S - 32{,}75$.

Ermitteln wir R_2 analog, wobei: – $S = 32{,}75$, somit $R_2 = 0$

– $S = 32{,}5$, somit $R_2 = 32{,}5 - 32{,}75$, also $R_2 = -0{,}20$.

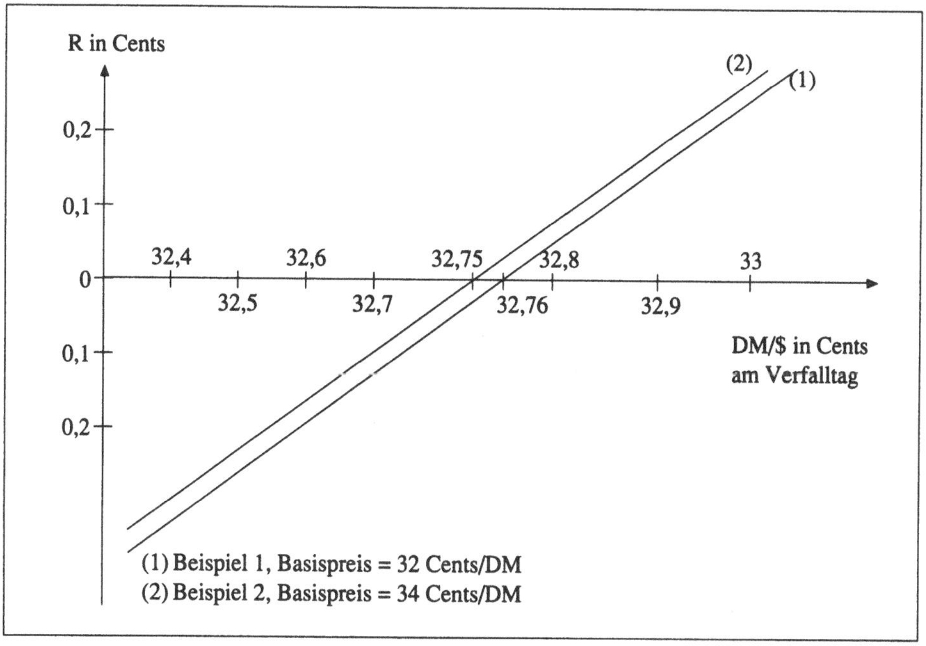

Abbildung 17: Ergebnis eines synthetischen Terminkaufs

Man erhält zwei parallele Geraden mit der Steigung +1, die nahe beieinander liegen. Sie durchlaufen die Punkte 32,75 und 32,76. Stellt man diese Differenz formal dar, so erhält man:

$R_2 - R_1 = (S - \text{Gewinnschwelle 2}) - (S - \text{Gewinnschwelle 1}) =$

$\text{Gewinnschwelle 1} - \text{Gewinnschwelle 2} = 32{,}76 - 32{,}75 = 0{,}01$ Cent,
also $E_1 - (P_1 - C_1)(1 + i) - [E_2 - (P_2 - C_2)(1 + i)] = 0{,}01$ Cent.

Es gilt also:

$$E_2 - E_1 = [(C_1 - P_1) - (C_2 - P_2)](1 + i) - 0{,}01$$

$$\frac{E_2 - E_1}{(1 + i)} = (C_1 - P_1) - (C_2 - P_2) - \frac{0{,}01}{(1 + i)}$$

Der Term

$$\frac{0{,}01}{(1 + i)}$$

ist sehr klein, und wenn man ihn vernachlässigt, erhält man die Beziehung zwischen Puts und Calls unterschiedlicher Basispreise, die im nachstehenden Abschnitt 5.3.2 beschrieben wird. Daraus läßt sich ableiten, daß bei beliebiger Höhe des Basispreises ein synthetischer Terminkauf abgesehen vom Term ε immer das gleiche Ergebnisprofil hat. Dieses

Ergebnis ist völlig normal: Andernfalls entstünden Arbitragegeschäfte, die das oben abgeleitete Arbitragegleichgewicht wiederherstellen würden.

5.2.2 Synthetischer Terminverkauf

5.2.2.1 Definition

Der Verkauf eines Call A/B und der gleichzeitige Kauf eines Put A/B zum gleichen Basispreis E und mit gleichem Verfalltag entsprechen einem synthetischen Terminverkauf der Währung A.

Entsprechend unseren Überlegungen zum Terminkauf können wir schließen, daß der Marktteilnehmer unter Berücksichtigung des Basispreises zum Verfalltag eine Short-Position in A und eine Long-Position in B hat.

5.2.2.2 Grundkonzept

Im Gegensatz zum synthetischen Terminkauf setzt der Spekulant beim synthetischen Terminverkauf auf eine Senkung des Kurses unter das Niveau des Basispreises; er hofft, durch den synthetischen Terminverkauf Gewinn zu erzielen, indem er die jeweilige Fremdwährung zum Kassakurs zurückkauft. Ein Hedger dagegen möchte seine Devisenposition zu einem höheren Kurs als dem marktüblichen verkaufen.

5.2.2.3 Beispiel

Wir übernehmen die gleichen Angaben und Notierungen, die auch unserem Beispiel zum synthetischen Terminkauf zugrunde lagen (21. Juni 1985).

Anfänglicher Zahlungsstrom = Prämie des verkauften Call – Prämie des gekauften Put
$= C - P.$

Kurs des synthetischen Verkaufs = Verkaufspreis der Devise zum Basispreis zuzüglich Zahlungsmittelzustrom bzw. abzüglich Zahlungsmittelabfluß.

$$= E + (C - P)(1 + i)^t$$

Dieser Ausdruck bezeichnet ebenfalls die Gewinnschwelle des Arbitragegeschäftes.

Erzieltes Ergebnis = Gewinnschwelle (Kurs, zu dem die Devise verkauft wird) vermindert um den Kassakurs (Kurs, zu dem der Marktteilnehmer die Devise zurückkaufen könnte).

$$= E + (C - P)(1 + i)^t - S$$

Beispiel 1:

Synthetischer DM/\$-Terminverkauf zu E_1 = 32 Cents „out of the money“ zum 13. September

Abwicklung des Geschäftes:

Verkauf eines Call DM/\$ Sept. (32): $C_1 = 1{,}43$ Cent
Kauf eines Put DM/\$ Sept. (32): $P_1 = 0{,}68$ Cent

Die Kombination dieser beiden Transaktionen führt zu einem Zahlungsmittelzustrom, da ein Call „in the money“ verkauft und ein Put „out of the money“ gekauft wird.

Positiver anfänglicher Zahlungsstrom: $C_1 - P_1 = 1{,}43 - 0{,}68 = +\,0{,}75$ Cent, der Gesamtgewinn bei Fälligkeit wird somit 0,75 (1,018) = 0,76 Cent pro DM betragen.

Die Gewinnschwelle entspricht dem Basispreis zuzüglich des Zahlungsmittelzustromes.

$$E_1 + (C_1 - P_1)(1 + i) = 32 + 0{,}76 = 32{,}76$$

Ergebnis bei Fälligkeit:

$R_1 = 32{,}76 - S$

- bei einem DM/\$- Wert von 32,76 beträgt $R_1 = 0$
- bei einem DM/\$-Wert von 33 kostet die Ausübung des Call wegen des Kursunterschiedes zum Markt $32{,}76 - S = 32{,}76 - 33 = -\,0{,}24$.

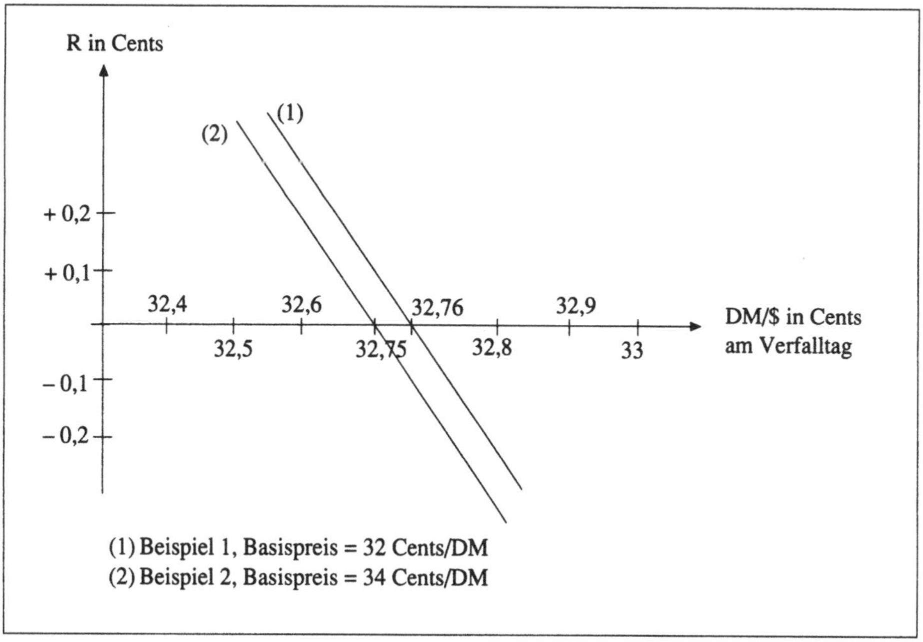

Abbildung 18: Ergebnis eines synthetischen Terminverkaufs

Beispiel 2:

Synthetischer DM/$-Verkauf zu $E_2 = 34$ Cents „in the money"

Abwicklung des Geschäftes:

Verkauf eines Call DM/$ Sept. (34): $C_2 = 0{,}53$ Cent pro DM

Kauf eines Put DM/$ Sept. (34): $P_2 = 1{,}76$ Cent pro DM

Die Kombination dieser beiden Transaktionen führt zu einem anfänglichen Zahlungsmittelabfluß, denn es wird ein Call „out of the money" verkauft und ein Put „in the money" gekauft.

Anfänglicher Zahlungsmittelabfluß:

$C_2 - P_2 = 0{,}53 - 1{,}76 = -\ 1{,}23$ Cent pro DM bei Fälligkeit; somit betragen die Gesamtkosten $-\ 1{,}23\ (1{,}018) = -\ 1{,}23$ Cent pro DM.

Die Gewinnschwelle liegt bei $E_2 + (C_2 + P_2)\ (1 + i) = 34 - 1{,}25 = 32{,}75$.

Ergebnis bei Fälligkeit:

$R_2 = 32{,}75 - S$

– $S = 32{,}75$, also $R = 0$

– $S = 32{,}50$, also $R = 32{,}75 - 32{,}5 = +\ 0{,}25$.

Obige Ausführungen zum synthetischen Terminkauf gelten analog auch für den synthetischen Terminverkauf: Unabhängig von der Höhe des Basispreises hat ein synthetischer Terminverkauf bis auf den Term ε immer das gleiche Ergebnisprofil.

Mit der Beschreibung des synthetischen Terminkaufs bzw. -verkaufs haben wir die Zusammenhänge erläutert, die zwischen dem Devisenmarkt und dem Optionsmarkt bestehen. Wir werden nun ganz allgemein die wichtigsten Zusammenhänge aufzeigen, die Dank der risikolosen Arbitrage (aufgrund der Parität Terminkurs – Call und Put mit gleichem Basispreis) zwischen Devisentermingeschäften und Optionsgeschäften bestehen.

Zunächst müssen jedoch die Optionskombinationen vorgestellt werden, die diese Arbitragegeschäfte ermöglichen: die Konversion und die inverse Konversion.

5.2.3 Konversion

5.2.3.1 Definition

Die Kombination eines Terminkaufs im Interbankenhandel und eines synthetischen Terminverkaufs über den Optionsmarkt bezeichnet man als Konversion, ein risikoloses Arbitragegeschäft zwischen den beiden Märkten.

5.2.3.2 Voraussetzungen zur Gewinnerzielung

Einerseits verursacht ein Terminkauf von A/B zum Kurs F bei Fälligkeit einen Zahlungsmitteleingang von A und einen Zahlungsmittelausgang von F mal B, notiert als – F; andererseits verursacht der synthetische Terminverkauf am Optionsmarkt (Verkauf des Call A/B (E) und Kauf des Put A/B (E) einen Zahlungsmittelstrom + Call A/B (E) – Put A/B (E), notiert als (C – P), der finanziert oder angelegt werden muß.

Die Ausübung einer der beiden Optionen zum Verfalltag führt zu einer Short-Position A und einer Long-Position E mal B, notiert als + E. Somit gilt, daß über die Konversion Gewinn erzielt wird, wenn der Basispreis E zuzüglich der Differenz $(C - P)(1 + i)^t$ höher als der Kurs des Terminkaufs liegt.

Unter Berücksichtigung der Kosten bzw. Erlöse, die aus den anfänglichen Zahlungen resultieren, kann dieses Ergebnis wie folgt ausgedrückt werden:

$$R = -F + E\,(C - P)\,(1 + i)^t$$

daraus ergibt sich $R > 0 <=> E + (C - P)\,(1 + i)^t > F$

5.2.3.3 Beispiel

Die Kurse am 21. Juni 1985 :

Kassakurs DM/$ = 32,63 Cents; Terminkurs zum 13. Sept. = 32,80 Cents

Abwicklung des Geschäftes:

Terminkauf DM/$ zu 32,80 Cents

Verkauf eines Call DM/$ Sept. (32) : + 1,43 Cent

Kauf eines Put DM/$ Sept. (32) : + 0,68 Cent

Der Zinssatz i der gezahlten Prämie vom 21. Juni bis zum 13. Sept. = 1,8 %

Die Konversion erbringt ein anfängliches Prämieneinkommen von C – P = 1,43 – 0,68 = + 0,75 Cent pro DM.

Der Zahlungsstrom zum Verfalltag beträgt also 0,75 (1,018) = 0,76 Cent pro DM.

Ergebnis des Arbitragegeschäftes:

R = – 32,80 + 32 + 0,76 = – 0,04 Cent.

In diesem Falle bringt die Konversion keinen Gewinn; aber da das Ergebnis nicht Null ist, kann das umgekehrte Transaktionsmuster zu einem Gewinn führen.

Unabhängig von der Kurshöhe am Verfalltag ist der Verlust auf dieses Niveau begrenzt. Wie man es bei einem risikolosen Arbitragegeschäft nicht anders erwartet, verläuft das Ergebnisprofil linear.

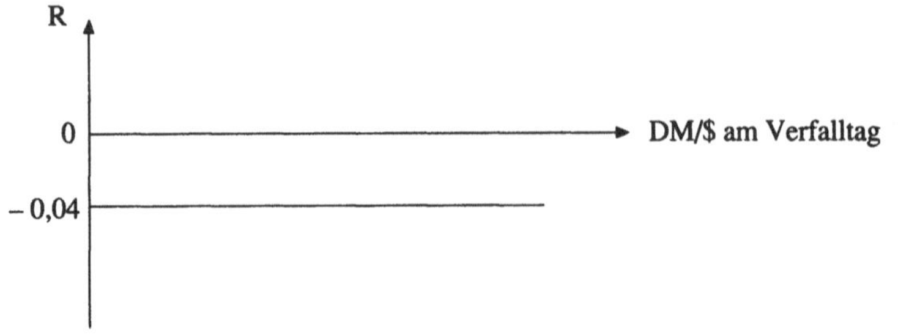

Abbildung 19: Ergebnis eines Arbitragegeschäftes durch Konversion

Eine vorzeitige Ausübung des Call – der Marktteilnehmer hat dann eine Short-Position in Deutsche Mark und eine Long-Position in Dollar – wird dennoch einen Abrechnungsgewinn zur Folge haben, denn die Anlage in Dollar wird mehr an Zinsen einbringen, als die Aufnahme von DM kosten wird, und somit wird der Verlust nahe Null liegen.

5.2.4 Inverse Konversion

5.2.4.1 Definition

Die Kombination eines Terminverkaufs im Interbankenhandel und eines synthetischen Terminkaufs am Optionsmarkt ist eine inverse Konversion.

5.2.4.2 Voraussetzungen zur Gewinnerzielung

Analog zur Konversion setzt sich das Ergebnis der inversen Konversion aus dem Zahlungsstrom durch Terminverkauf abzüglich der Kosten des synthetischen Kaufs zusammen $= - E - (C - P)(1 + i)^t$

$$R = F - E - (C - P)(1 + i)^t$$
$$\text{also } R > 0 \iff E + (C - P) < F$$

Ein Arbitragegewinn wird erreicht, wenn der Basispreis zuzüglich der Differenz $(C - P)(1 + i)^t$ geringer ist als der Kurs des Terminkaufs F.

5.2.4.3 Beispiel

Kassakurs DM/$ zum 21. Juni 1985 = 32,63 Cents

Terminkurs DM/$ zum 13.Sept. = 32,80 Cents

Abwicklung des Geschäftes:

Terminkauf DM/$ zu 32,80 Cents

Kauf eines Call DM/$ Sept. (34) = 0,53 Cent

Verkauf eines Call DM/$ Sept.(34) = 17,6 Cents

Anfänglicher Zahlungszustrom = – (C – P) = – 0,53 + 1,76 = + 1,23 Cent.

Zahlungsstrom am Verfalltag = 1,23 (1,018) = 1,25 Cent.

Ergebnis des Arbitragegeschäftes:

R = 32,80 – 34 + 1,25 = 0,05 Cent/DM.

In diesem Falle ist die inverse Konversion gewinnbringend. (Wird der Put jedoch vorzeitig ausgeübt, wie etwa bei einer amerikanischen Option, könnte das Durchhalten der Long-Position in DM und der Short-Position in $ bis zur Fälligkeit diesen Gewinn aufzehren).

5.2.5 Parität Terminkurs – Call und Put mit gleichem Basispreis

5.2.5.1 Basisgleichung

Das Arbitragegeschäft mit Konversionen zwischen Optionsmarkt und Devisenmarkt kann auf folgende Formel gebracht werden: Mit der Bezeichnung F für den mittleren Terminkurs A/B (bei vorläufigem Ausschluß des Spread-Problems) gilt, daß gewinnbringende Arbitragemöglichkeiten entstehen, wenn bei Ausübung der Option zum Preis E unter Berücksichtigung der anfänglichen, durch die Prämienzahlungen verursachten Zahlungsströme und der Verzinsung ein Gesamtergebnis entsteht, das vom vorgegebenen Wert F abweicht.

Daher schließen die Arbitrageure so lange Geschäfte an den beiden Märkten ab, bis die erzielbaren Gewinne gleich Null sind, das heißt bis folgende Basisgleichung erreicht ist:

$$F = [\text{Call A/B (E)} - \text{Put A/B (E)}]\ (1 + i)^t + E$$

Sonderfall: E = S

Wenn Basispreis und Kassapreis zum Zeitpunkt des Arbitragegeschäftes gleich hoch sind, entspricht die Prämiendifferenz der Verzinsung der Währung B dem Report oder Deport.

Also F = S + Report oder – Deport und
F = [Call A/B (E) – Put A/B (E)] $(1 + i)^t$ + S
somit [Call A/B (E) – Put A/B (E)] $(1 + i)^t$ = + Report oder – Deport.

Von dieser Grundgleichung können zwei andere interessante Beziehungen abgeleitet werden, die im folgenden Abschnitt behandelt werden.

5.2.5.2 Gleichungsbeziehung zwischen den Prämien eines Call und eines Put bei gleichem Basispreis

$$[\text{Call A/B (E)} - \text{Put A/B (E)}] = \frac{F - E}{(1 + i)^t}$$

Die Differenz zwischen einem Call und einem Put bei gleichem Basispreis entspricht der Differenz zwischen Terminkurs und Basispreis unter Berücksichtigung der Zinserträge bzw. Zinsaufwendungen für den entsprechenden Zeitraum für Währung B.

Bei gleicher Höhe der Prämien eines Call und eines Put mit gleichem Basispreis gilt:

$$\text{Call A/B (E)} = \text{Put A/B (E)} \Leftrightarrow \frac{F - E}{(1 + i)^t} = 0.$$

$$\frac{F - E}{(1 + i)_t} = 0 \text{ gilt für beide Fälle.}$$

F – E : Der Basispreis entspricht dem Kassapreis.

$(1 + i)^t$ strebt gegen unendlich.

Dieser zweite Fall dürfte eintreten, wenn die Laufzeit sehr lang ist und t einen sehr hohen Wert hat, denn der Faktor i kann nur endliche Werte haben, die bei den für Optionen notierten Währungen 20% übersteigen. Jedoch ist bei Optionen der Zeitraum bis zum Verfall selten länger als ein oder mehrere Jahre. Dieser zweite Fall ist also sehr wenig wahrscheinlich, und es gilt somit:

$$\text{Call A/B (E)} = \text{Put A/B (E)} \Leftrightarrow E = F$$

Bei gleichem Basispreis und gleichem Verfalltag und unter der Bedingung, daß der Basispreis dem Kassapreis entspricht, sind die Prämien eines Call und eines Put gleich hoch.

Wie bereits dem 1. Kapitel zu entnehmen ist, hat eine Option „at the money" einen inneren Wert von Null und einen maximalen Zeitwert mit der Wahrscheinlichkeit von 1 : 2, daß sich die Kurse über oder unter dem Basispreis „at the money" einpendeln. Diese Relation erscheint dann als logische Konsequenz dieser gleichen Wahrscheinlichkeit. Call und Put sind hierbei „at the money", der Basispreis entspricht dem Terminkurs: Es besteht also eine Chance von 50 %, daß bei einer der beiden Transaktionen der Kassakurs den Terminkurs übersteigt und der Call gewinnbringend ist oder aber der Terminkurs unterschritten und mit dem Put Gewinn gemacht wird.

5.2.5 Berücksichtigung von Spreads

Bei der Darstellung der Zusammenhänge zwischen Terminkurs, Put und Call haben wir weder die Spreads zwischen Terminkurs beim Verkauf – dem Bid – und dem Terminkurs beim Kauf – dem Ask – (die wir mit F_B und F_A bezeichnen wollen, wobei $F_B > F_A$ ist) berücksichtigt, noch wurden Spreads zwischen Soll- und Habenzinsen (die wir mit i_B und i_A bezeichnen werden, wobei i_B kleiner als i_A ist), erwähnt.

Diese Werte verändern die Arbitragegleichungen geringfügig.

Arbitrage durch Devisentermingeschäft und synthetisches Termingeschäft ist unter den beiden folgenden Voraussetzungen nicht gewinnbringend.

5.2.5.1 Konversion ist nicht gewinnbringend

Die Arbitrage wirft keinen Gewinn ab, wenn der Kurs des Terminkaufs höher ist als der Kurs des synthetischen Terminverkaufs, das heißt

$$(1)\ F_A \geq [\text{Call}\ (E) - \text{Put}\ (E)]\ (1 + i_1)^t + E,$$

wobei $i_1 = i_A$ Zinserträge sind, falls die Differenz der Prämien negativ ist (die Prämie des verkauften Call ist geringer als die Prämie des gekauften Put), und $i_1 = i_B$ Sollzinsen sind, falls die Differenz positiv ist (die Prämie des verkauften Call ist höher als die Prämie des gekauften Put).

5.2.5.2 Inverse Konversion ist nicht gewinnbringend

Ebenso wird kein Gewinn erbracht, wenn der Terminverkaufskurs tiefer als der synthetische Terminkaufkurs liegt, das heißt

$$(2)\ F_B < [\text{Call}\ (E) - \text{Put}\ (E)]\ (1+i_2)^t + E,$$

wobei $i_2 = i_B$ Habenzinsen sind, falls die Differenz der Prämie negativ ist (die Prämie des gekauften Call ist geringer als die Prämie des verkauften Put) und $i_2 = i_A$ Sollzinsen sind, falls die Differenz der Prämien positiv ist (die Prämie des gekauften Call ist höher als die Prämie des verkauften Put).

Bei Auflösung dieser Ungleichungen (1) und (2) nach E ergibt sich eine Bandbreite für den Basispreis, in der keine Arbitragegewinne entstehen können.

$$F_B - [\text{Call}\ (E) - \text{Put}\ (E)]\ (1 + i_2)^t \leq E \leq FA - [\text{Call}\ (E) - \text{Put}\ (E)]\ (1 + i_1)^t$$

Wenn man andererseits F_B aus der Ungleichung (1) und F_A aus der Ungleichung (2) ausklammert (in diesem Fall ist das Arbitragegeschäft nicht gewinnbringend), ergibt sich folgende Umformung:

(1) wird zu: $$\underbrace{F_A - F_B \geq [\text{Call (E)} - \text{Put (E)}]}\;\underbrace{(1 + i_1)^t + E}_{\text{Ergebnis eines synthetischen Terminverkaufs}} \quad \underbrace{- F_B}_{\text{Ergebnis eines Terminverkaufs}}$$

Es ergibt sich nach Umformung ein Arbitragegewinn unter der Voraussetzung, daß

$$F_A - F_B < [\text{Call (E)} - \text{Put (E)}]\ (1 + i_1)t + E - F_B,$$

das heißt, der Spread des Terminkurses ist geringer als die Differenz zwischen einem Terminkauf und einem synthetischen Terminkauf.

(2) wird zu: $$- F_A + F_B \leq - F_A + [\text{Call (E)} - \text{Put (E)}]\ (1 + i_2)t + E \quad \text{oder}$$

$$F_A - F_B \geq \underbrace{F_A -}_{\text{Kosten eines Terminkaufs}} \underbrace{[\text{Call (E)} - \text{Put (E)}]\ (1 + i_2)t + E}_{\text{Kosten eines synthetischen Terminkaufs}}$$

Ebenfalls ergibt sich bei der Umformung ein Arbitragegewinn, wenn

$$F_A - F_B < F_A - [\text{Call (E)} - \text{Put (E)}]\ (1 + i_2)t + E,$$

das heißt, der Spread des Terminkurses ist geringer als die Differenz zwischen einem einfachen Terminkauf und einem synthetischen Terminkauf.

Anders ausgedrückt, sind Arbitragegeschäfte gewinnbringend, wenn die Differenz „synthetischer Terminverkauf – Terminverkauf" größer ist als der Spread zwischen Terminkauf – Terminverkaufskurs oder aber wenn die Differenz „Terminkauf – synthetischer Terminkauf" größer ist als der Spread.

Im ersten Fall, in dem die Differenz zwischen dem synthetischen Terminverkauf und dem herkömmlichen Terminkauf den Spread übersteigt, sollte ein Arbitragegeschäft zwischen einem herkömmlichen Terminverkauf und einem synthetischen Terminkauf abgeschlossen werden (Konversion).

Im zweiten Fall, in dem der Terminkaufkurs um mehr als den Spread höher ist als der synthetische Terminkauf, sollte ein Arbitragegeschäft zwischen einem Terminverkauf und einem synthetischen Terminkauf abgeschlossen werden (inverse Konversion).

Das Verhältnis zwischen den Prämien von Call und Put bei gleichem Basispreis kann auch wie folgt ausgedrückt werden: Arbitragemöglichkeit besteht, wenn

$$(1)\ [\text{Call (E)} - \text{Put (E)}] > \frac{F_B + \text{Spread} - E}{(1 + i)^t}$$

entspricht

$$[\text{Call (E)} - \text{Put (E)}] > \frac{F_A - E}{(1 + i)^t}$$

oder

$$(2)\ [\text{Call (E)} - \text{Put (E)}\ ] < \frac{F_A - \text{Spread} - E}{(1 + i)^t}$$

entspricht

$$[\text{Call (E)} - \text{Put (E)}] < \frac{F_B - E}{(1 + i)^t}$$

und es besteht ein Arbitragegleichgewicht (also keine Arbitragemöglichkeit), wenn

$$\frac{F_B - E}{(1 + i)^t} < [\text{Call (E)} - \text{Put (E)} < \frac{F_A - E}{(1 + i)^t}$$

5.3 Box Spread

5.3.1 Box-Spread-Arbitrage

5.3.1.1 Definition

Ein Box Spread ist eine Kombination von „Vertical Spreads" (siehe unten Kapitel 6), die auch als synthetischer Terminkauf- bzw. -verkauf zum gleichen Zeitpunkt, jedoch mit verschiedenen Basispreisen E_1 und E_2, bezeichnet werden kann. Man könnte auch sagen, es handelt sich um eine Konversion zum Basispreis E_2, (das heißt um einen synthetischen Terminkauf und einen Terminverkauf zum Basispreis E_2), die gleichzeitig mit der inversen Konversion kombiniert wird (das heißt mit einem Terminverkauf und einem synthetischen Terminkauf zum Basispreis E_1), wobei auf das Devisentermingeschäft verzichtet werden kann, denn der Terminkauf der Konversion ersetzt den Terminverkauf der inversen Konversion.

Das Ergebnis ist vom jeweiligen Kursniveau unabhängig; es handelt sich um ein Arbitragegeschäft am Optionsmarkt.

Ergebnis R = – synthetischer Terminkaufkurs
+ synthetischer Terminverkaufskurs

5.3.1.2 Voraussetzungen zur Gewinnerzielung

Wenn zum Verfalltag der Devisenkurs höher als der größte gewählte Basispreis ist, werden beide Kaufoptionen ausgeübt, und das Nettoergebnis wird wie folgt ausgedrückt:

$$R = -\text{Basispreis des gekauften Call } E_1 - (C_1 - P_1)\,(1 + i)^t$$
$$+\ \text{Basispreis des verkauften Call } E_2 + (C_2 - P_2)\,(1 + i)^t$$

also: Gewinn aus gekauftem Call – Verlust aus verkauftem Call

$$R = -E_1 - (C_1 - P_1)(1+i)^t + E_2 + (C_2 - P_2)(1+i)^t$$
$$R = E_2 - E_1 + [(C_2 - P_2) - (C_1 - P_1)](1+i)^t$$

Wenn der Devisenkurs tiefer liegt als der kleinste gewählte Basispreis, werden die beiden Put-Optionen ausgeübt; das Nettoergebnis wird wie folgt ausgedrückt:

$$R = \text{Gewinn aus gekauftem Put} - \text{Verlust aus verkauftem Put}$$
$$= E_2 + (C_2 - P_2)(1+i)^t - E_1 - (C_1 - P_1)(1+i)^t$$
$$= E_2 - E_1 + [(C_2 - P2) - (C_1 - P_1)](1+i)^t$$

Wenn schließlich der Kurs zwischen E_1 und E_2 liegt, wird der Marktteilnehmer seine Optionen ausüben (falls $E_1 < E_2$) oder aber die von ihm verkaufte Optionsposition wird ausgeübt (falls $E_1 > E_2$). In diesen beiden Fällen gilt folgende Gleichung :

$$R = E2 + (C_2 - P_2)(1+i)^t - E_1 - (C_1 - P_1)(1+i)^t$$
$$= E_2 - E_1 + [(C_2 - P_2) - (C_1 - P_1)](1+i)^t$$

In allen Fällen entspricht das Ergebnis der Differenz zwischen den beiden Basispreisen $(E_2 - E_1)$ zuzüglich der Differenz zwischen den Prämien des synthetischen Terminverkaufs $(C_2 - P_2)$ und den Prämien des synthetischen Terminkaufs $(C_1 - P_1)$. Es ergibt sich ein Arbitragegewinn, wenn die Differenz zwischen den beiden Basispreisen höher ist als der abschließende Cash-flow.

$$[(C_2 - P_2) - (C_1 - P_1)](1+i)^t$$

5.3.1.3 Beispiel

Am 21. Juni 1985 schließt ein Arbitrageur einen „Box Spread" mit den Basispreisen E_1 DM/$ = 34 und E_2 DM/$ = 32 ab.

Abwicklung des Geschäftes:

Synthetischer Terminverkauf zu $E_2 = 32$ Cents
Verkauf Call DM/$ Sept. (32) zu 1,43 Cent
Kauf Put DM/$ Sept. (32) zu 0,68 Cent

Synthetischer Terminkauf zu $E_1 = 34$ Cents
Kauf Call DM/$ Sept. (34) zu 0.53 Cent
Verkauf Put DM/$ Sept. (34) zu 1,76 Cent

Verzinsung für den entsprechenden Zeitraum: 1,8 %
Geldstrom der Prämien am Verfalltag:

$$= (C_2 - P_2)(1+i) - [(C_1 - P_1)(1+i)]$$
$$= (1{,}43 - 0{,}68)(1{,}018) - (0{,}53 - 1{,}76)(1{,}018)$$
$$= 0{,}76 - (-1{,}25) = 2{,}01$$

Ergebnis am Verfalltag:

$$R = 32 - 34 + 2{,}01 = 0{,}01 \text{ Cent pro DM}$$

Das Arbitragegeschäft ist gewinnbringend (bei Nichtberücksichtigung der Transaktionskosten!).

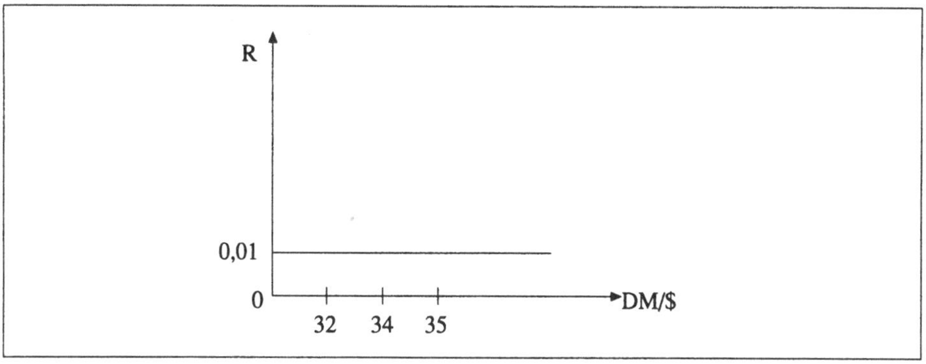

Abbildung 20: Ergebnis einer Box-Spread-Arbitrage

5.3.2 Verhältnis zwischen Put und Call bei verschiedenen Basispreisen

Die Box-Spread-Arbitragegleichung läßt sich unter Anwendung der oben beschriebenen Beziehung des Termin-Put-Call-Verhältnisses erstellen.

$$\text{Call}(E_1) - \text{Put}(E_1) = \frac{F - E_1}{(1+i)^t}$$

und

$$\text{Call}(E_2) - \text{Put}(E_2) = \frac{F - E_2}{(1+i)^t}$$

Es ergibt sich

$$\underbrace{[\text{Call}(E_1) - \text{Put}(E_1)]}_{\substack{\text{Zahlungsstrom bei} \\ \text{synthetischem Termin-} \\ \text{kauf } E_1}} - \underbrace{[\text{Call}(E_2) - \text{Put}(E_2)]}_{\substack{\text{Zahlungsstrom bei} \\ \text{synthetischem Termin-} \\ \text{verkauf } E_2}} = \underbrace{\frac{E_2 - E_1}{(1+i)^t}}_{\substack{\text{aktualisiertes} \\ \text{Ergebnis}}}$$

Es ist selbstverständlich, daß bei einem synthetischen Terminkauf zu E_1, verbunden mit einem synthetischen Terminverkauf zu E_2, der Gegenwartswert der Differenz der Basispreise gleich den Kosten ist. Somit gleichen sich die Call-Put-Differenzen der beiden Optionspaare mit unterschiedlichen Basispreisen an die Preisdifferenz der beiden Basispreise an, unter Berücksichtigung der Verzinsung der Prämie für den entsprechenden Zeitraum.

Das Ergebnis R der Box-Spread-Arbitrage tendiert also gegen Null.

Sonderfall: E_1 und E_2 bei gleichem Abstand zum Terminkurs:

$$E_1 = F - X$$
$$E_2 = F + X$$

In diesem Falle verursachen der synthetische Terminkauf zu E_1 und der synthetische Terminverkauf zu E_2 genau entgegengesetzte Prämienströme.

$$\text{Call}(E_1) - \text{Put}(E_1) = \frac{F - F + X}{(1+i)^t} = \frac{X}{(1+i)^t}$$

$$\text{Call}(E_2) - \text{Put}(E_2) = \frac{F - F - X}{(1+i)^t} = \frac{-X}{(1+i)^t}$$

Beispiel:
Kassapreis DM/$ zum 21. Juni = 32,63; Terminkurs = 32,80

Prämien im Interbankenhandel:

E_1 = Terminkurs – 0,5 = 32,3	Call (E_1) = 1,30	Put (E_1) = 0,83
E_2 = Terminkurs + 0,5 = 33,3	Call (E_2) = 0,85	Put (E_2) = 1,35

i = 1,8% für die gesamte Laufzeit
Call (E_1) – Put (E_1) = 0,47
Call (E_2) – Put (E_2) = – 0,5

Somit ergibt sich

$$\frac{X}{(1+i)^t} = \frac{0{,}5}{1 + 0{,}018} = 0{,}4911$$

Der Markt ist also nicht absolut im Arbitragegleichgewicht.

Die anfänglichen Geldströme gleichen sich nicht genau aus: Ein Box Spread könnte mit Gewinn ausgeführt werden mit folgendem Ergebnis:

$$(C_2 - P_2) - (C_1 - P_1) + \frac{E_2 - E_1}{(1+i)^t}$$

$$-0{,}5 - 0{,}47 + \frac{1}{1{,}018} = 0{,}012 \text{ Cent}$$

PS: Im Interbankenhandel sind die Transaktionskosten im allgemeinen gleich Null. Das Arbitragegeschäft kann also ohne Berücksichtung der Kosten aufgrund der Prämien berechnet werden.

5.4 Verhältnis zwischen Kassakurs und Optionsprämien

Bei der Zusammenfassung mehrerer bereits erläuterter Gleichungen ergeben sich zwei Gleichungen, die den Kassakurs S mit den Prämien von Calls und Puts verbinden:

$$\text{(1) Call A/B (E)} - \text{Put A/B (E)} = \frac{F - E}{(1 + i)^t}$$

(Parität Termin-Put und -Call)

$$\text{(2)}\ \frac{F}{S} = \frac{(1 + i)^t}{(1 + i^*)^t} \quad \text{oder} \quad F = \frac{S\,(1 + i)^t}{(1 + i^*)^t}$$

(Definition des Terminkurses im Interbankenhandel)
i* = Zinsen der Devise A; i = Zinsen der heimischen Währung B

(3) Put A/B(E) = S x E x Call B/A (1/E)
und Call A/B(E) = S x E x Put B/A (1/E) (Verhältnis Put und Call)

Aus (1) und (2) ergibt sich:

$$\text{Call A/B(E)} - \text{Put A/B(E)} = \frac{S\,(1+i)^t/(1+i^*)^t - E}{(1 + i)^t}$$

somit

$$\text{(4) Call A/B(E)} - \text{Put A/B(E)} = \frac{S}{(1+i^*)^t} - \frac{E}{(1+i)^t}$$

Wenn Put A/B(E) in (4) durch den gleichbedeutenden Term in (3) ersetzt wird, also S x E x Call B/A (1/E), erhält man

$$\text{Call A/B(E)} - S \times E \times \text{Call B/A(1/E)} = \frac{S}{(1+i^*)^t} - \frac{E}{(1+i)^t}$$

also

$$S\left[\frac{1}{(1+i^*)^t} + E \times \text{Call B/A (1/E)}\right] = \text{Call A/B(E)} + \frac{E}{(1+i)^t}$$

$$\boxed{S = \frac{\text{Call A/B(E)} + E/(1 + i)t}{\frac{1}{(1+i^*)^t} + E \times \text{Call B/A(1/E)}}}$$

Wenn in (4) der Call A/B (E) durch den gleichbedeutenden Begriff in (3), S x E x Put B/A (1/E), ersetzt wird, ergibt sich

$$S = \frac{\text{Put A/B(E)} - E/(1+i)^t}{E \times \text{Put B/A}(1/E) - \frac{1}{(1+i)^t}}$$

Schlußbemerkung: Grenzen der Arbitrage zwischen zugrundeliegenden Märkten und Optionen

Grenzen, bedingt durch den Unterschied zwischen Devisentermingeschäft und Option:

Ein Devisentermingeschäft verpflichtet Käufer und Verkäufer zur Lieferung der entsprechenden Devise, während beim Optionsgeschäft nur der Verkäufer eine Verpflichtung eingeht.

Bei einem synthetischen Termingeschäft, bei Kauf und Verkauf einer Option also, wird die Transaktion komplizierter, denn die Initiative zur Ausübung der verkauften Option muß einem Partner überlassen werden. Die vorzeitige Ausübung kann einen kurzfristigen Finanzierungsbedarf zur Folge haben, der das erwartete Ergebnis positiv oder negativ verändern kann.

Dieses Problem stellt sich für amerikanische Optionen während der gesamten Laufzeit. Jedoch braucht dies in den meisten Fällen nicht beachtet zu werden, denn es ist anzunehmen, daß ein Optionskäufer seine Option gewinnbringend weiterverkauft, statt sie bei günstiger Kursentwicklung auszuüben: Somit wird er den verbleibenden Zeitwert kassieren, einen Betrag, der bei vorzeitiger Ausübung für ihn verloren wäre. Dennoch muß der Verkäufer immer mit dem Risiko einer vorzeitigen Ausübung rechnen. Der Finanzierungsbedarf vom Zeitpunkt der Ausübung bis zum Ende der Laufzeit könnte das Endergebnis verändern.

Beispiel: Bei Verkauf des Put A/B, ausgeübt zum Zeitpunkt t, muß der Verkäufer sein errechnetes Endergebnis um den Zinsertrag von A und die Zinskosten von B für das Intervall (t – t') berichtigen.

Wir haben oben unterstellt, daß diese Möglichkeit sich nicht ergeben wird, weil wir unseren Betrachtungen Ergebnisprofile zum Zeitpunkt des Verfalltages zugrundelegten.

Nur durch Simulationsprogramme kann man diese verschiedenen Hypothesen während der Laufzeit der Optionen veranschaulichen.

Grenzen der Optionsmärkte:

Arbitrage kann nur durchgeführt werden, sofern Put- und Call-Optionen zum erwünschten Basispreis und Verfalltag bestehen. Dies ist jedoch sogar für die am meisten gehandelten Optionsarten nicht immer der Fall.

Beispiel: Notierung zum 21. Juni 1985: Möglichkeit eines synthetischen Terminkaufs oder -verkaufs von £ Sept. und Dez. zu 120 und von £ Sept. zu 125, von DM Sept. zu 31, 32, 34 oder 35, von Yen Sept. zu 40 und schließlich von SFR Sept. zu 38 und 39.

Weder auf kanadische Dollar noch auf französische Francs hätte man an der Börse von Philadelphia ein synthetisches Termingeschäft abschließen können.

Gewisse Unzulänglichkeiten des Optionsmarktes können durch Arbitragebeziehungen ausgeglichen werden: Wenn etwa ein Call zum Basispreis E notiert ist, nicht aber der Put (E), kann dieser durch Kauf eines Call und einen Terminverkauf synthetisch geschaffen werden, das heißt durch einen dementsprechenden Kauf eines gedeckten Call. Mit dieser Technik können allerdings nicht alle möglichen Basispreise einbezogen werden.

Im Interbankenhandel dagegen besteht diese durch Standardisierung verursachte Beschränkung nicht.

6. Strategien zum Aufbau einer Position

6.1 Erwartung von Kurstendenzen

6.1.1 Wiederholung der Grundstrategien

Diese Strategien sind sehr leicht anzuwenden, denn sie betreffen nur einen Typ von Devisengeschäften. Gewinn und Risiko sind leicht zu erfassen.

Dennoch müssen sie eingehend untersucht werden, denn je nach gewähltem Basispreis bieten sie viele Anwendungsmöglichkeiten.

6.1.1.1 Terminkauf oder Terminverkauf

Wenn Kurssteigerungen oder Kurssenkungen erwartet werden, kann ein einfacher Devisenterminkontrakt zu deutlichen Gewinnen führen.

Beispiel: am 21. Juni 1985 wird der SFR/$ am Devisenmarkt wie folgt notiert:
Kassakurs SFR/$ = 39,03 (Cents pro SFR)
Terminkurs am 13. Sept. = 39,50

Die Annahme, daß der Schweizer Franken im September über 39,50 steigen wird, veranlaßt den Spekulanten zu einem Devisenterminkauf (das heißt Terminverkauf von Dollar). Bei gegenteiliger Erwartung wird ein Devisenterminverkauf vorgenommen (das heißt Dollar per Terminkauf). Das Gewinnprofil ist in Abbildung 21 und 22 dargestellt:

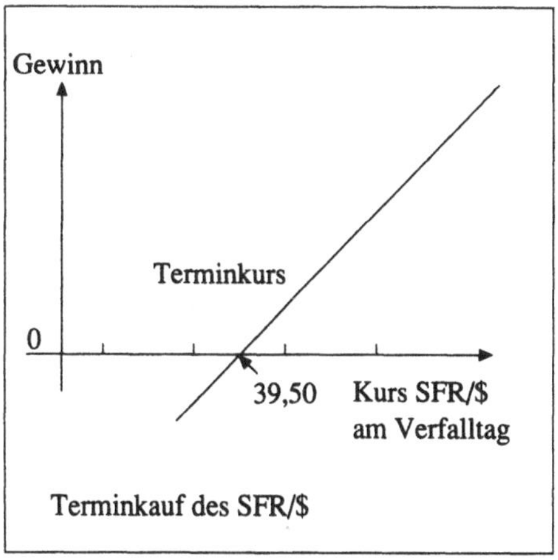

Abbildung 21: Hausse-Erwartung des Schweizer Franken

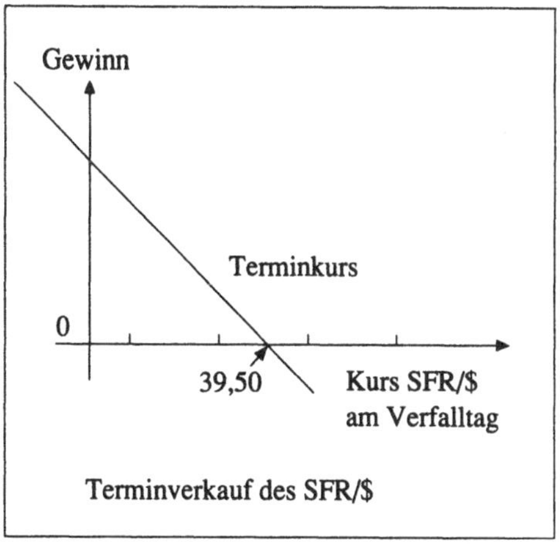

Abbildung 22: Baisse-Erwartung des Schweizer Franken

Diese Strategie ist einfach, jedoch beinhaltet sie die Risiken von Devisentermingeschäften, nämlich die Verpflichtung, unabhängig vom Kursniveau am Verfalltag die Devise zu liefern. Wir erwähnen sie jedoch, denn der Vergleich der nun folgenden Optionsstrategien mit dem Devisentermingeschäft ist nicht uninteressant.

Zuerst werden wir ausführlich die Basisstrategien darstellen, die je nach Wahl des Basispreises sehr verschiedene Risiko- und Ergebnisprofile aufweisen.

6.1.1.2 Kauf eines Call: Kurssteigerungserwartung

Der Käufer eines ungedeckten Call hofft, die Option mit Gewinn weiterzuverkaufen; er erwartet einen Kursanstieg der Devise zwischen dem Zeitpunkt des Einkaufs und dem des Weiterverkaufs, wobei sich der innere Wert der Option erhöht. Er wird jedoch nur unter der Bedingung Gewinn machen, daß der Anstieg des inneren Wertes größer ist als der Verfall des Zeitwertes.

Wenn die Kurse stabil sind oder aber fallen, ist das maximale Risiko auf den Verlust der Prämie begrenzt.

Die Wahl des Basispreises bestimmt den Verlauf der möglichen Gewinn- und Verlustkurve.

Wir werden folgende drei Möglichkeiten des Basispreisniveaus untersuchen: „at the money" (am Geld), „in the money" (im Geld), „out of the money" (aus dem Geld).

Die Kurse zu den unten angeführten Beispielen entsprechen den Notierungen des SFR/$ vom 21. Juni 1985: Kassakurs SFR/$ 39,03 Cents, Terminkurs am Verfalltag der Option, am 13. September 39,50 Cents.

6.1.1.2.1 Kauf eines Call „at the money"

Beispiel:

Kauf eines Call SFR Sept.(39) zu 1,32 Cent pro SFR, Kassakurs = 39,03 Cents, Terminkurs zum Verfalltag der Option = 39,50 Cents

Die anfängliche Prämienzahlung von 1,32 Cent entspricht dem maximalen Zeitwert, der innere Wert ist Null.

Risiko- und Gewinnerwartung:

Da die Option „at the money" ist, bewirkt eine Veränderung des Kurses SFR/$ von einem Cent eine Veränderung von 0,50 Cent des Prämienpreises (delta = 1/2, siehe Kapitel 1.1.6.2).

Das Risiko der Wertveränderung der Prämie entspricht der Hälfte des Wertänderungsrisikos der zugrundeliegenden Long-Position. Der Optionskäufer erziehlt nämlich nur die Hälfte des Gewinnes, den er mit der zugrundeliegenden Long-Position erzielt hätte. Dazu kann dieses Ergebnis noch durch die Abnahme des Zeitwertes vermindert werden, wenn die Optionsposition nicht innerhalb kurzer Frist glattgestellt wird.

Die Risikohöhe für die gesamte Optionsposition entspricht der Hälfte des Risikos für die zugrundeliegende Long-Position, aber sie ist nach unten auf den Prämienbetrag beschränkt (zuzüglich der Finanzierungskosten).

Das maximale Risiko entsteht bei Kursstabilität oder bei Kursrückgang bis zum Verfalltag, wobei der gesamte Zeitwert verloren ist, ohne daß sich ein innerer Wert bilden kann. Dies entspricht der Prämie zuzüglich der Zinskosten; bei einem Zinssatz von 1,08 %, also – 1,32 (1,018) = – 1,34 Cent.

Gewinnschwelle bei Fälligkeit:

$E + C(1 + i) = 39 + [1{,}32\,(1 + 0{,}018)] = 40{,}34$ Cents

bei $S < 39$,	$R = -1{,}34$
bei $39 < S < 40{,}34$,	$R = S - 40{,}34$ somit $-1{,}34 < R < 0$
bei $S > 40{,}34$	$R > 0$

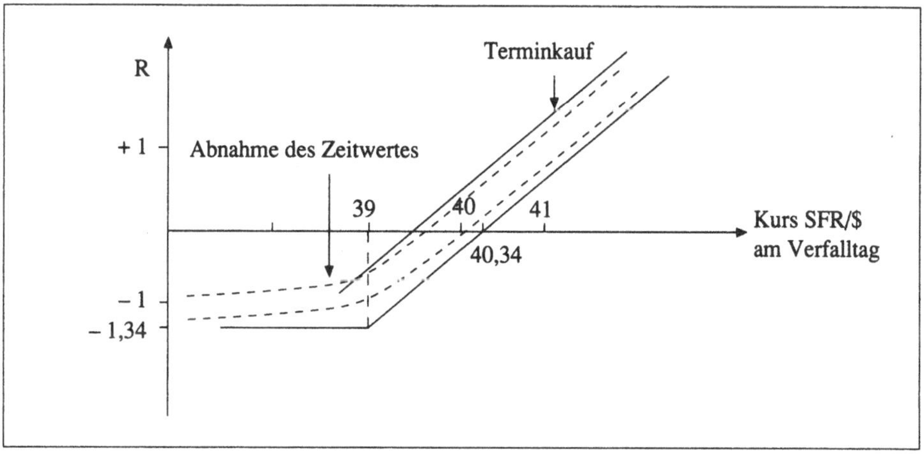

Abbildung 23: Kauf eines Call „at the money“ bei konstanter Volatilität

Ergebnisprofil während der Laufzeit der Option:

In Abbildung 23 und in den folgenden Abbildungen weist die gestrichelte Kurve den Gewinn bis zum Verfalltag aus und somit die Entwicklung des Zeitwertes während der Laufzeit der Option. Die Ergebniskurven für Kaufoptionen verlaufen konkav; mit dem Zeitablauf flachen diese ab und zeigen so die Verminderung des Zeitwertes an.

Dennoch könnte sich bei Veränderung der Volatilität der Verlauf der Kurve ändern, womit neben der Laufzeit der Option ein weiterer Faktor den Zeitwert bestimmt.

Zur besseren Übersicht wird bei den Abbildungen von konstanter Volatilität ausgegangen.

6.1.1.2.2 Kauf eines Call „out of the money"

Beispiel:

Kauf des Call SFR/$ Sept. (41) zu 0,30 Cent pro SFR
Die anfänglich gezahlte Prämie beinhaltet nur einen geringen Zeitwert, der um so kleiner ist, je höher der Basispreis (bzw. je stärker die Option „out of the money") ist. Bei dieser Strategie ist das Risiko geringer als im vorhergehenden Beispiel – das Gewinnpotential allerdings ebenfalls.

Risiko- und Gewinnerwartung:

Der Deltakoeffizient ist sehr klein: Die Prämie wird sich nur geringfügig bei Kursschwankungen der Devise verändern. Die Risikohöhe der gesamten Optionsposition ist geringer als die Hälfte des Risikos der zugrundeliegenden Long-Position. Außerdem wird die Prämie um so weniger von Kursbewegungen beeinflußt, je mehr sich die Option dem Fälligkeitszeitpunkt nähert: Eine normale Kurssteigerung kann nicht den Verlust an Zeitwert kompensieren. Nähert sich der Kurs jedoch dem Basispreis, erhöht sich der Zeitwert und somit die Prämie der Option: In diesem Fall wird der Käufer der Option, die zwar immer noch „out of the money" ist, gewinnbringend weiterverkaufen.

Um mit einem Call „out of the money" Gewinn zu machen, muß der Kurs nicht höher als der Basispreis sein. Dennoch müssen die Kursveränderungen hinreichend ausgeprägt sein, damit die durch sie bewirkte Zeitwerterhöhung den Zeitwertverlust der Restlaufzeit kompensiert. Unter diesen Voraussetzungen kann der Kauf eines Call „out of the money" in den folgenden zwei Fällen vorgenommen werden:

1. Bei einer starken Kurssteigerungserwartung der Devise während der Laufzeit.
2. Bei einer starken Kursschwankungserwartung der Devise ohne ausgeprägte Kursrichtung: Die Option „out of the money" kann dann weiterverkauft werden, wenn die Kurssteigerung groß genug ist, um trotz des relativ geringen Deltawertes die erzielbare Prämie zu erhöhen.

Das maximale Risiko ist auf die anfängliche Prämienzahlung zuzüglich der Zinsen begrenzt und somit schwach, also – 0,30 (1 + 0,018) also – 0,3054 Cent pro SFR.

Gewinnschwelle bei Fälligkeit:

$E + C(1 + i) = 41 + 0{,}3054 = 41{,}3054$

bei $S < 41$	$R = -0{,}3054$
bei $41 < S < 41{,}3054$	$R = S -$ Gewinnschwelle, somit $-0{,}3054 < R < 0$
bei $S < 41{,}3054$	$R > 0$

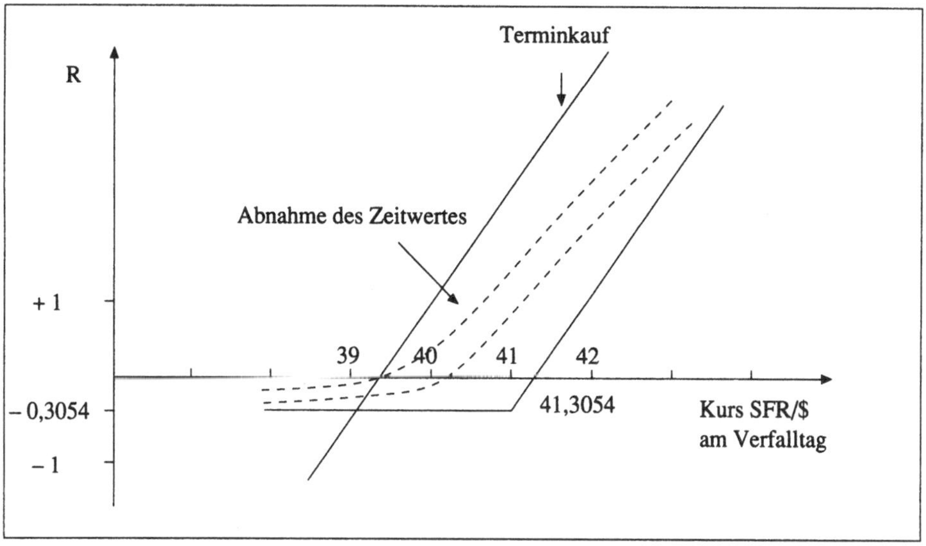

Abbildung 24: Kauf eines Call „out of the money“ bei konstanter Volatilität

6.1.1.2.3 Kauf eines Call „in the money“

Beispiel:

Kauf des Call SFR/$ Sept.(38) zu 1,77 Cent pro SFR.

Die anfängliche Prämie ist am höchsten, da sie einen inneren Wert von 39,03 – 38 = 1,03 hat. Der Zeitwert entspricht der verbleibenden Differenz, also 0,74.

Risiko- und Gewinnerwartung:

Der Deltawert ist hoch, er ist um so näher bei 1, je mehr die Option „in the money“ ist. Somit wird der Wert der Option stark auf Kursschwankungen der zugrundeliegenden Devise reagieren: Bei einer schwachen Kurssteigerung der Devise ergibt sich Gewinn, und umgekehrt entsteht mit einer schwachen Kurssenkung ein Verlust. Zudem rechnet der Käufer eines Call „in the money“ nur mit einem geringen Kurssenkungsrisiko. Eine Call-Long-Position „in the money“ entspricht etwa einer Devisen-Long-Position (Devisenterminkauf).

Ist am Verfalltag der Kurs höher als der Basispreis, ist beim Termingeschäft das Ergebnis günstiger als beim Optionsgeschäft. Die Differenz entspricht dem in der Prämie enthaltenen Zeitwert.

Sollte der Kurs der Devise eindeutig fallen, ist das Risiko der Devisen-Long-Position unbegrenzt, während das Risiko der Option auf die Prämie begrenzt ist.

So kann man den Kauf eines Call „in the money“ mit einem Devisentermingeschäft mit

„Stop-loss" in Höhe des Basispreises gleichsetzen: Wenn der Kurs unter den Basispreis sinkt, wird der Käufer den Call nicht ausüben. Hätte er aber die Devise gekauft und eine Stopp-loss-Order in Höhe des Basispreises gegeben, würde der Auftrag ausgeführt, sobald der Stopp-Preis am Markt erreicht ist. Dies würde sich ungünstig auswirken, wenn die Kurse wieder steigen. Der Käufer des Call dagegen hält sich die Möglichkeit offen, von Kurssteigerungen zu profitieren.

Optionen „in the money" eignen sich auch für volatile Märkte, bei denen erratische Kursschwankungen („whipsaws") stattfinden, obwohl diese wesentlich teurer sind als Optionen „out of the money".

Maximales Risiko am Verfalltag:

$-1{,}77\ (1 + 0{,}018) = -1{,}80$ Cent

Gewinnschwelle am Verfalltag:

$E + C\ (1 + i) = 38 + 1{,}80 = 39{,}80$ Cents

bei $S < 38$ $\quad R = -1{,}80$
bei $38 < S < 39.8o$ $\quad R = S -$ Gewinnschwelle; somit $-1{,}80 < R < 0$
bei $S < 39{,}80$ $\quad R > 0$

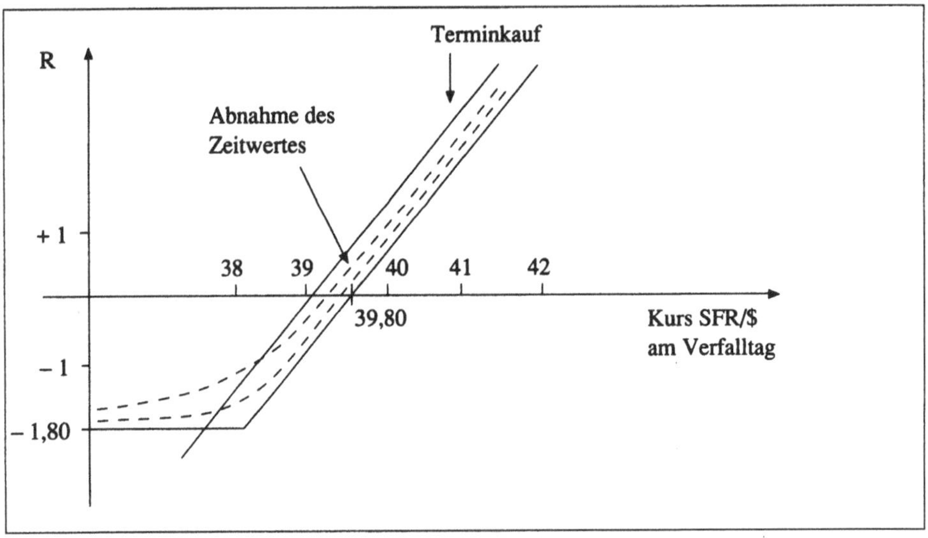

Abbildung 25: Kauf eines Call „in the money" bei konstanter Volatilität

Der in Abbildung 26 dargestellte Ergebnisvergleich der drei Strategien beim Kauf eines Call führt zu folgenden Feststellungen:

- Je mehr ein gekaufter Call „in the money" ist, um so stärker ähnelt er einem Devisenterminkauf: Das Ergebnisprofil verläuft gleichartig, und die Optionsposition verändert sich fast wie die Devisenposition (Delta nahe 1), hat jedoch den Nachteil einer hohen Prämie. Zudem bevorzugt der Käufer einen Call „in the money“ gegenüber einer Devisenterminposition, wenn er nicht ausschließt, daß entgegen seiner Erwartung der Kurs sinken wird.

- Mit der Option „out of the money“ kann der Käufer bei unerwarteten Kurssenkungen Verluste begrenzen, bei Kurssteigerungen dagegen ist der Gewinn kleiner. Bei dieser Strategie ist der relativ geringe Kapitaleinsatz von besonderem Interesse.
- Die Optionsstrategie „at the money“ bietet einen Mittelweg: Bei stabilen Kursen weist sie das schlechteste Ergebnis aus; sie übertrifft aber die Ergebnisse bei Optionsstrategien „out of the money“ bei Kurssteigerungen sowie die Optionsstrategie „in the money“, wenn die Kurse unerwartet fallen.

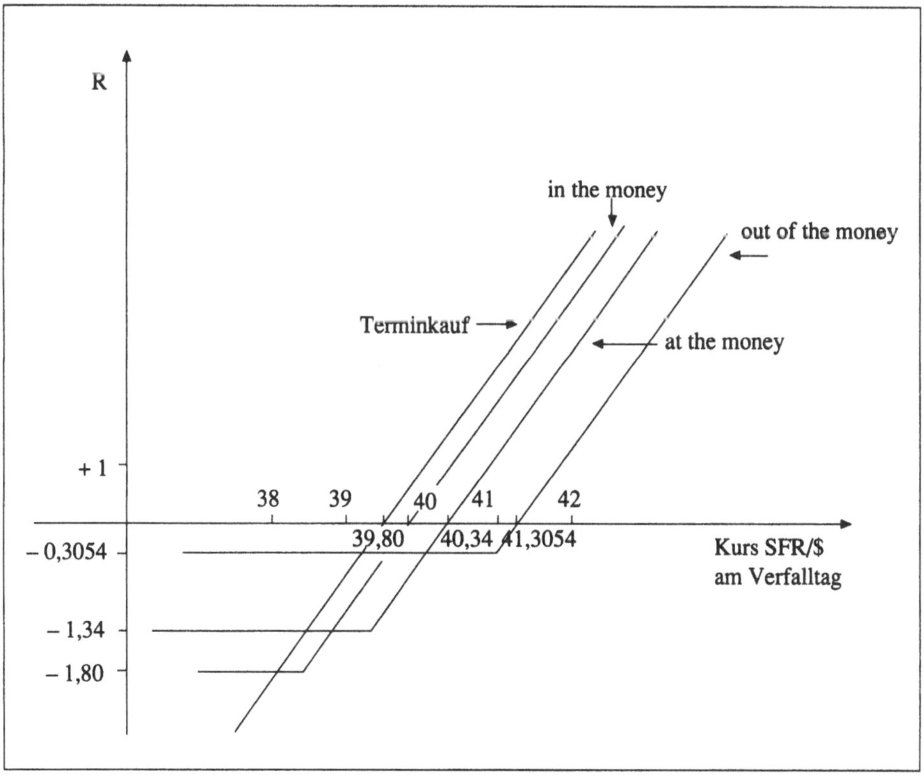

Abbildung 26: Vergleich zwischen Terminkauf und Kauf eines Call „at, in, out of the money“

6.1.1.3 Verkauf eines Call: Kurssenkungserwartung

Der Verkauf eines Call ist die genaue Umkehrung des Kaufs eines Call. Mit dem Verkauf ist ein Prämieneinkommen verbunden, von dem man hofft, es als endgültigen Gewinn beibehalten zu können.

Der Verkäufer hofft, daß die Kurse sinken und somit die Ausübung der Option unwahrscheinlich ist (wobei ihm die Prämie als Gewinn erhalten bleibt), oder aber bei Rückkauf des Call Gewinn zu erzielen. Wird die Position entsprechend lange gehalten, so hofft der Verkäufer, daß sich die Verminderung des Zeitwertes der Option zu seinen Gunsten und zum Nachteil des Käufers auswirkt.

6.1.1.3.1 Verkauf eines Call „at the money“

Beispiel:

Verkauf des Call SFR/$ Sept.(39), zu 1,32 Cent pro SFR
Kassakurs = 39,03 Cents und Terminkurs = 39,50 Cents.

Der anfängliche Prämienbetrag liegt bei 1,32 Cent, also 1,34 am Verfalltag.

Risiko-und Gewinnerwartung:

Das Risikoprofil bietet für den Optionsverkäufer weniger Anreiz als für den Optionskäufer: Dagegen besteht aber eine höhere Wahrscheinlichkeit, Gewinn zu machen, denn er kassiert die Prämie gleich nach Abschluß des Kontraktes. Er erwartet einen tieferen Kurs als den Basispreis, womit die für ihn maximal mögliche Gewinnhöhe erreicht ist. Solange der Kurs nicht den Basispreis zuzüglich der Prämie übersteigt, ist die Verkaufsposition des Call „at the money“ gewinnbringend. Der Verkäufer schätzt die Wahrscheinlichkeit von Kurssteigerungen der Devise als gering ein und unterstellt implizit eine geringe Volatilität.

Steigt jedoch die Devise nach dem Verkauf des Call, so wird gemessen an der Veränderung des Devisenkurses mit dieser Position Verlust im Verhältnis 1:2 gemacht.

R hat genau das entgegengesetzte Profil eines Callkaufs.

Der maximale Gewinn entspricht 1,32 (1,018) = 1,34 Cent.

Gewinnschwelle am Verfalltag: 40,34.

bei $S > 40{,}34$	$R < 0$
bei $39 < S < 40{,}34$	$0 < R < 1{,}34$
bei $S < 39$	$R = 1{,}34$

Ergebnisprofil während der Laufzeit der Option:

Die Kurven der Verkaufsoptionen verlaufen konvex, und dies um so stärker, je mehr sie sich dem Verfalltag nähern, wobei der Verkäufer von der Abnahme des Zeitwertes profitiert.

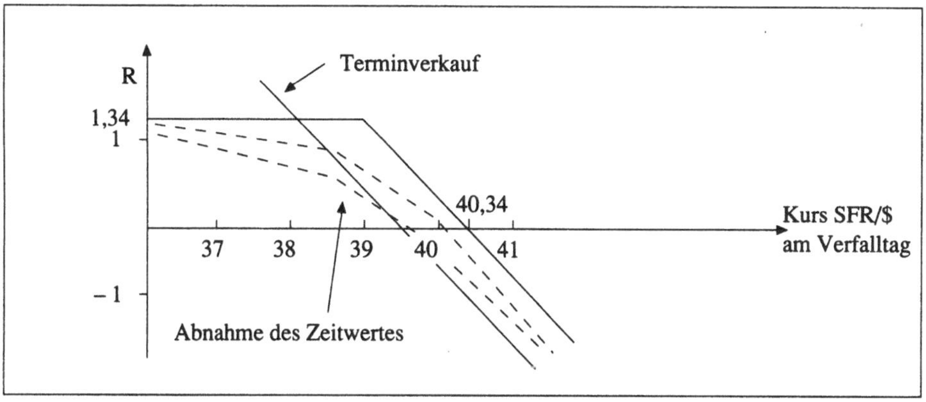

Abbildung 27: Verkauf eines Call „at the money“ bei konstanter Volatilität

6.1.1.3.2 Verkauf eines Call „out of the money“

Beispiel:

Verkauf des Call SFR/$ Sept.(41) zu 30 Cents pro SFR.

Der anfängliche Prämienbetrag ist begrenzt auf 0,30 Cent pro SFR, also auf 0,3054 am Verfalltag.

Risiko- und Gewinnerwartung:

Der Deltakoeffizient ist kleiner, und somit ist das Risiko geringer. Der Verkäufer rechnet mit einem weniger hohen Maximalgewinn, jedoch mit einer sehr viel höheren Wahrscheinlichkeit, Gewinne zu erzielen.

Wie der Käufer des Call „out of the money“ kann der Verkäufer, je nach Bewegung der Devise, zwei Gewinnstrategien verfolgen:

1. Erwartung von Kurssteigerung oder Kurssenkung der Devise während der Laufzeit bis zur Höhe des Basispreises zuzüglich der Prämie.

   Der Verkäufer des Call rechnet durch die Abnahne des Zeitwertes mit der Verringerung der Prämie .

   Solange die Kurse nicht bis zum Basispreisniveau steigen, hofft er auf Nichtausübung, und die gesamte Prämie bleibt erhalten. Bei Rückkauf einer Option als Folge einer Hausse-Bewegung erhofft er auf Grund einer höheren Ausübungswahrscheinlichkeit eine Erhöhung des Zeitwertes im Gegensatz zum üblich erwarteten Zeitwertverfall zum Ende der Laufzeit.

2. Erwartung von schwachen, nicht eindeutigen Kursschwankungen der Devise.

   Der Verkäufer wird eine ausgeprägte Verminderung der Volatilität nützen, um den Call zu einem niedrigeren Preis zurückzukaufen.

Die „out of the money“-Strategie ist dennoch nicht risikolos: Es ist ratsam, bei Kurssteigerung eine Stop-Order zum Rückkauf des Call zu geben, um somit gegen starke Kurssteigerungen der Devise, durch die die Option an innerem Wert gewinnt (für den Verkäufer ist sie „in the money“), geschützt zu sein.

Der erwartete Gewinn R ist die genaue Umkehrung des vom Käufer erwarteten Gewinns.

Der maximale Gewinn entspricht 0,30 (1,018) = – 0,3054 Cent

Gewinnschwelle am Verfalltag: 41,3054 Cents

bei $S > 41{,}3054$	$R < 0$
bei $41 < S < 41{,}3054$	$0 < R < 0{,}3054$
bei $S < 41$	$R = 0{,}3054$

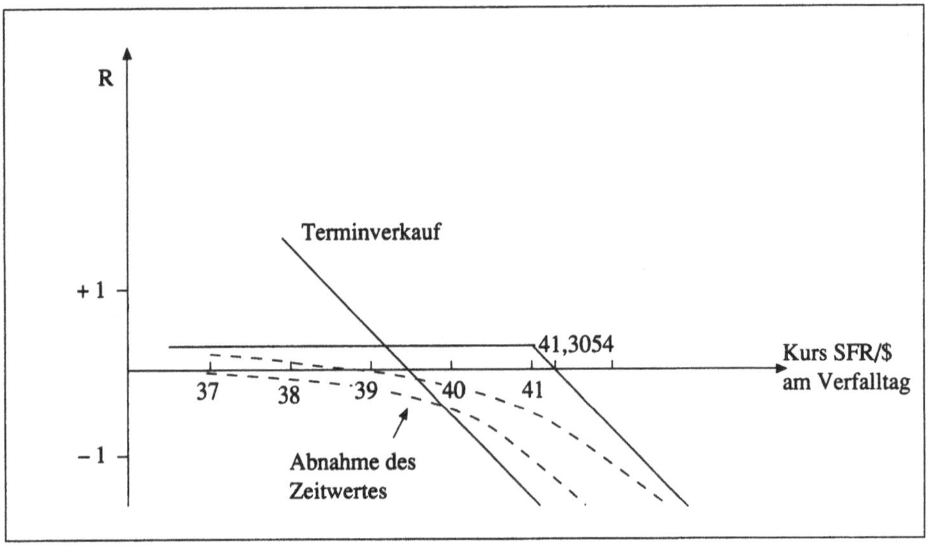

Abbildung 28: Verkauf eines Call „out of the money“ bei konstanten Kursschwankungen

6.1.1.3.3 Verkauf eines Call „in the money“

Beispiel:

Verkauf des Call SFR/$ Sept. (38) zu 1,77 Cent pro SFR.

Der anfängliche Prämienbetrag ist hoch.

Risiko- und Gewinnerwartung unterscheiden sich nicht stark von einem Terminverkauf.

Wenn am Verfalltag der Kassakurs höher liegt als der Basispreis, ist der Gewinn aus der Optionsposition höher als der Gewinn aus einem Terminverkauf. Die Differenz zwischen beiden ist der Zeitwert, der anfänglich kassiert wurde.

Sollte der Kurs der Devise unter den Basispreis fallen, ist der mit der Optionsposition zu erzielende Gewinn auf die anfängliche Prämie begrenzt; bei der Termindevisenposition besteht jedoch keine Gewinngrenze.

Der Verkäufer des Call „in the money“ zieht es vor, eine hohe Prämie sofort zu kassieren, anstatt auf einen höheren Gewinn durch fallende Kurse zu spekulieren. Er ist also weniger Baissier als der Termindevisenverkäufer.

Allerdings muß er ständig damit rechnen, daß die Option ausgeübt wird.

Analog zum Beispiel von Abschnitt 6.1.1.2.3 zeichnen wir für den Call SFR/$ Sept. (38) folgendes Spiegelbild der dort besprochenen Kurve:

Der maximale Gewinn entspricht 1,77 (1,018) = 1,80 Cents

Gewinnschwelle am Verfalltag: 39,80 Cents

bei $S < 38$	$R = 1{,}80$
bei $38 < S < 39.80$	$1{,}80 < R < 0$
bei $S > 39{,}80$	$R < 0$

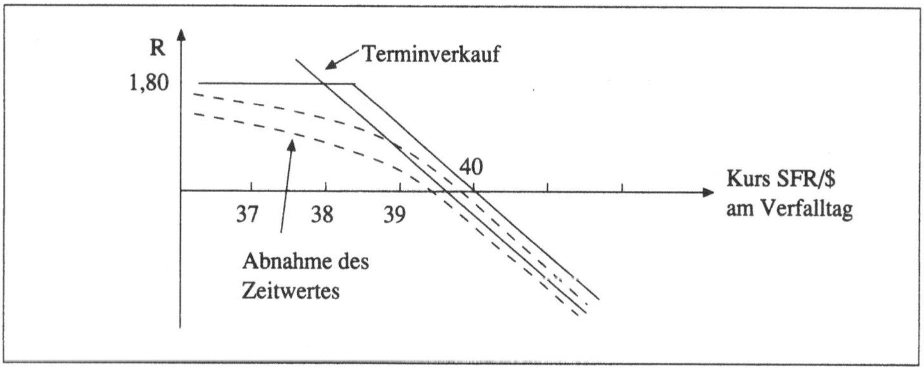

Abbildung 29: Verkauf eines Call „in the money“ bei konstanter Volatilität

Bei Gegenüberstellung dieser drei Verkaufsstrategien des Call kann analog zum Kauf des Call folgendes abgeleitet werden:

- Je mehr die verkaufte Option Call „in the money“ ist, um so mehr ähnelt das Ergebnisprofil dem Terminverkauf.
- Die Verkaufsoption Call „out of the money“ ergibt den kleinsten, aber sichersten Gewinn. Nur bei großen Kursschwankungen entstehen Verluste.

  Der Devisenterminverkauf wäre wesentlich gewinnbringender, aber auch risikoreicher.
- Der Verkauf des Call „at the money“ weist ein mittleres Risiko- und Ergebnisprofil auf. Bei stabilen Kursen verzeichnet diese Strategie das beste Ergebnis, aber bei stärkeren Kursschwankungen liegt das Ergebnis zwischen denjenigen der beiden anderen Strategien.

Überdies müssen wir auf die speziellen Risiken beim Verkauf von Calls besonders hinweisen:

- Wenn sich die Kurse relativ frühzeitig vor dem Verfalltag entgegen den Erwartungen entwickeln (also beim Callverkauf, wenn die Kurse plötzlich ansteigen), erhöhen sich die Prämien und der Verkäufer, der noch nicht den Verfall des Zeitwertes nutzen konnte, macht Verlust.

  Darum ist der Verkauf von Optionen mit kurzer Laufzeit Optionen mit langer Laufzeit vorzuziehen, bei denen aufgrund ihrer längeren Laufzeit eher diese Verlustmöglichkeit besteht.
- Der Verkäufer riskiert eine vorzeitige Ausübung durch den Käufer, sobald die Option „in the money" ist.
- Um sich gegen potentiell hohe Verluste zu schützen, sollte der Verkäufer aus den genannten Gründen ein „Stop-loss"-Niveau zum Rückkauf des Call festsetzen.

6.1.1.4 Kauf eines Put: Kurssenkungserwartung

Der Käufer des ungedeckten Put hofft, dank eines Kursverfalls in der Zeit zwischen Kauf und Weiterverkauf, seine Option gewinnbringend weiterzuverkaufen oder auszuüben. Wenn die Kurse stabil sind oder aber steigen, besteht das maximale Risiko im Verlust der Prämie. Wir werden nun analog zum Call die drei Möglichkeiten eines Basispreises „at the money", „in the money" und „out of the money" untersuchen.

6.1.1.4.1 Kauf eines Put „at the money"

Beispiel:

Am 21. Juni liegt der Kassakurs SFR/$ bei 39,03 Cents, der Put Sept. (39), fast in der Höhe des Kassakurses, notiert zu 1,12 Cent.

Der anfängliche Einschuß beträgt 1,12 Cent.

Risiko- und Gewinnerwartung:

Wie beim Call „at the money" verändert sich die Position Put „at the money" im Verhältnis von 1:2 zur entsprechenden Kassaposition. Das Risiko der Optionspositionen entspricht also der Hälfte des Risikos der Devisenpositionen.

Am Verfalltag ist das maximale Risiko erreicht, wenn der Kurs stabil oder höher als der Basispreis ist; es entspricht der Prämie zuzüglich der Zinskosten, bei einem Zinssatz von 1,08 %: – 1,12 (1,018) = 1,14 Cent.

Gewinnschwelle am Verfalltag :

$E - P(1 + i) = 39 - 1{,}14 = 37{,}86$ Cents

bei $39 < S$	$R = -1{,}14$
bei $37{,}86 < S < 39$	$R = 37{,}86 - S$, also $-1{,}14 < R < 0$
bei $S < 37{,}86$	$R > 0$

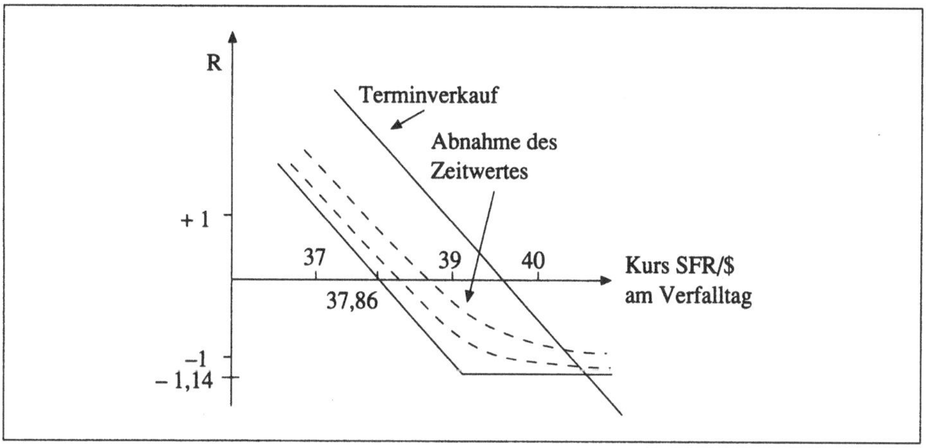

Abbildung 30: Kauf eines Put „at the money" bei konstanter Volatilität

6.1.1.4.2 Kauf eines Put „out of the money"

Beispiel:

Kauf des Put SFR/$ Sept. (38) zu 0,69 Cent

Der anfängliche Einschuß, also der maximale Risikobetrag, ist nicht sehr hoch und ist um so kleiner, je mehr die Option „out of the money" ist. Die Wahrscheinlichkeit, Gewinn zu machen, ist gering.

Risiko- und Gewinnerwartung:

Leichte Kassakursschwankungen haben nur geringen Einfluß auf die Höhe der Prämie. Je größer die zeitlichen Abstände zwischen den Kursbewegungen, desto geringer die Veränderung der Prämie, und eine schwache oder kontinuierliche Kurssenkung wird die Abnahme des Zeitwertes nicht ausgleichen können.

Zur Gewinnerzielung müssen die Kurse nicht bis zum Basispreis fallen; zum Anstieg des Zeitwertes genügt eine teilweise, aber schnelle Kurssenkung, damit der Käufer seine Option gewinnbringend weiterverkaufen kann, obgleich sie „out of the money" ist.

Ein Put „out of the money" wird unter folgenden Voraussetzungen gekauft:

1. Erwartung, daß der Devisenkurs stark fallen wird.
2. Erwartungen starker Kursschwankungen ohne ausgeprägte Kursrichtung, wobei sich bei fallenden Kursen Gelegenheit zum Weiterverkauf der Option ergeben kann.

Das maximale Risiko ist auf die anfängliche Prämie zuzüglich Zinsen begrenzt; es ist also gering, in unserem Beispiel entspricht es – 0,69 (1,018) = 0,70 Cent pro SFR.

Gewinnschwelle am Verfalltag:

E – P (1 + i) = 38 – 0,7024 = 37,30

bei 38 < S	R = – 0,70	
bei 37,30 < S < 38	R = 37,30 – S	also 0,70 < R < 0
bei S < 37,30	R > 0	

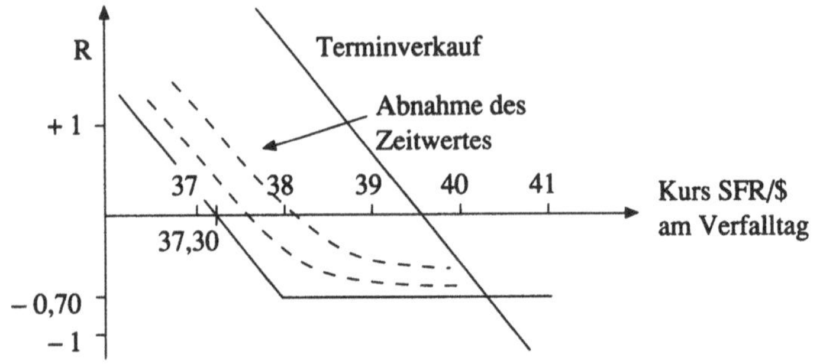

Abbildung 31: Kauf eines Put „out of the money" bei konstanter Volatilität

6.1.1.4.3 Kauf eines Put „in the money"

Beispiel:

Am 21. Juni, zu Börsenschluß von Philadelphia, gibt es Puts „in the money" nur bei Optionen auf DM/$. Als Beispiel nehmen wir darum einen Put DM/$ September (35) im Wert von 2,52 Cents pro DM, der Kassakurs beträgt 32,63 und der Terminkurs am 13. September liegt bei 32,80.

Der anfängliche Einschuß ist sehr hoch; er setzt sich aus einem inneren Wert von 2,37 Cents und somit einem Zeitwert von 0,15 Cent zusammen.

Risiko- und Gewinnerwartung:

Das Risiko der Optionsposition entspricht in etwa dem Risiko einer Devisenterminposition. Der Deltakoeffizient ist hoch, nahe 1.

Somit verändert sich der Wert der Option entsprechend den Kursschwankungen der zugrundeliegenden Devise; schon eine schwache Kurssenkung bewirkt eine Veränderung der Prämie, wodurch ihr innerer Wert steigt; die Option kann gewinnbringend weiterverkauft werden. Jede Kurssteigerung jedoch hat einen Verlust zur Folge.

Gleichzeitig wird der Käufer des Put „in the money" das Kurssteigerungsrisiko sehr gering einschätzen.

Die Long-Position des Put kann fast einer Devisen-Short-Position, also einem Terminverkauf, gleichgesetzt werden.

Wenn der Kassakurs am Verfalltag höher liegt als der Basispreis, ist der Verlust der Optionsposition begrenzt, der Verlust eines Terminverkäufers ist jedoch theoretisch unbegrenzt. Liegt der Kassakurs tiefer, ist das Ergebnis, das die Optionsposition erbringt, geringer als das der reinen Terminposition. Der Unterschied ist der zu Beginn gezahlte Zeitwert.

Der Kauf eines Put „in the money“ kann einer Devisen-Short-Position mit „Stop-loss“ verglichen werden, der jedoch nicht automatisch ausgeführt wird. Wenn der Devisenkurs höher als der Basispreis ist, wird der Käufer des Put diesen nicht ausüben. Hätte er aber die Devise mit einem „Stopp-loss“ in Höhe des Basispreises verkauft, wäre dieser Auftrag ausgeführt worden, sobald dieses Limit erreicht worden wäre. Aus einer darauf folgenden Kurssenkung hätte er keinen Nutzen mehr ziehen können. Der Put bietet jedoch die Möglichkeit, eine zukünftige Kurssenkung gewinnbringend zu nutzen.

Das maximale Risiko beim Put „in the money“ am Verfalltag entspricht der Prämie zuzüglich entgangener Zinsen; es ist also relativ hoch und beträgt in unserem Beispiel entsprechend der Verzinsung des SFR :

$-2{,}52\ (1{,}018) = 2{,}57$ Cents pro DM

Gewinnschwelle am Verfalltag:

$E - P\,(1 + i) = 35 - 2{,}57 = 32{,}43$

bei $35 < S$	$R = -2{,}57$
bei $32{,}43 < S < 35$	$R = 32{,}43 - S$ also $-2{,}57 < R < 0$
bei $S < 32{,}43$	$R > 0$

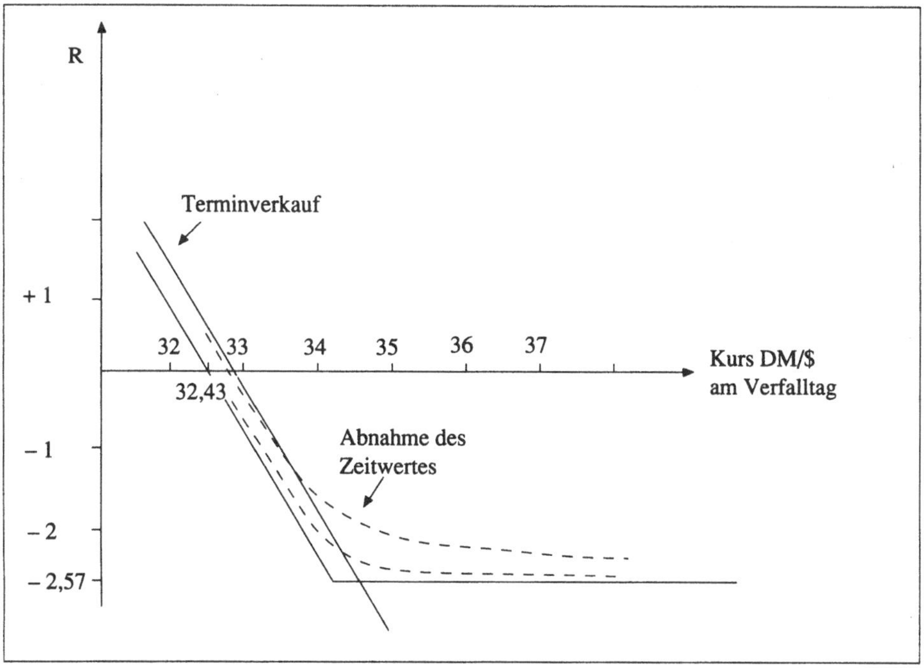

Abbildung 32: Kauf eines Put „out of the money“ bei konstanter Volatilität

Der Vergleich dieser drei Kaufstrategien des Put führt zu folgenden Überlegungen:

- Je mehr der gekaufte Put „in the money“ liegt, um so mehr ähnelt er einem Terminverkauf. Das Ergebnisprofil weist kaum Unterschiede auf – Optionsposition und Devisen-Short-Position haben einen ähnlichen Verlauf.
- Mit dem Put „out of the money“ können vor allem bei unerwarteten Kurssteigerungen Verluste begrenzt werden; bei Kurssenkungen dagegen ist der erzielte Gewinn kleiner.
- Der Put „at the money“ bietet einen Mittelweg, allerdings ist er bei stabilen Kursen am wenigsten gewinnbringend.

6.1.1.5 Verkauf eines Put: Kurssteigerungserwartung

Der Verkäufer des Put erhält den anfänglichen Prämienbetrag, den er als endgültigen Gewinn beibehalten möchte.

Er erwartet Kurssteigerungen der Devise, was eine Nichtausübung der Option wahrscheinlich macht. Dies erlaubt ihm, vor Fälligkeit der Option diese mit Gewinn weiterverkaufen zu können.

In diesem letzteren Fall profitiert er von der Abnahme des Zeitwertes doppelt, nämlich durch den Wertverfall gegen Ende der Laufzeit und die geringere Wahrscheinlichkeit der Ausübung der Option.

Überdies ist das Risiko des Put-Verkäufers geringer als das Risiko des Call-Verkäufers. Der erstere verliert bei Kurssenkungen, die Devise wird jedoch kaum 100 % an Wert verlieren: Der Verkäufer des Call macht Verlust, wenn die Devise steigt, und es besteht immerhin die Möglichkeit, daß die Kurssteigerung mehr als 100 % beträgt; somit ist ein Risiko theoretisch unbegrenzt.

6.1.1.5.1 Verkauf eines Put „at the money“

Beispiel:

Verkauf des Put SFR Sept. (39) im Wert von 1,12 Cent, bei einem Kassakurs SFR/$ von 39,03 (siehe Kauf eines Put „at the money“) und einem Terminkurs bei Fälligkeit der Option zu 39,50 Cents.

Die anfänglich vereinnahmte Prämie von 1,12 Cent beträgt am Verfalltag 1,12 x 1,018 = 1,14 Cent.

Risiko- und Gewinnerwartung:

Die Gewinnerwartung des Put-Verkäufers ist höher als die des Käufers, denn er kassiert gleich zu Beginn die anfängliche Prämie. Dafür trägt er aber ein viel größeres Risiko.

Solange der Kurs nicht unter den Basispreis abzüglich der Prämie fällt, besteht die Chance, daß der Put zum Verfalltag gewinnbringend ist.

Trotzdem kann eine Position bei ausgeprägter, aber begrenzter Kurssenkung, bei der dennoch der Kassakurs über der Gewinnschwelle verbleibt, mögliche Verluste bringen: Eine Kurssenkung weist auf größere Kursschwankungen hin und verursacht ein Ansteigen des Zeitwertes, der nicht alleine durch den Zeitablauf abgegolten werden kann. Der Verkäufer schätzt diese Wahrscheinlichkeit nicht sehr hoch ein und hofft somit auf geringe Kursschwankungen.

Der erwartete Gewinn R wird ein dem Kauf eines Put entgegengesetztes Profil aufweisen.

Der maximale Gewinn entspricht 1,12 (1,018) = 1,14 Cent.

Gewinnschwelle am Verfalltag :

$E - P(1 + i) = 37{,}86$

bei 39 < S	R = + 1,14
bei 37,86 < 5	R = – 37,86 + S also 0 < R < 1,14
bei S < 37,86	R < 0

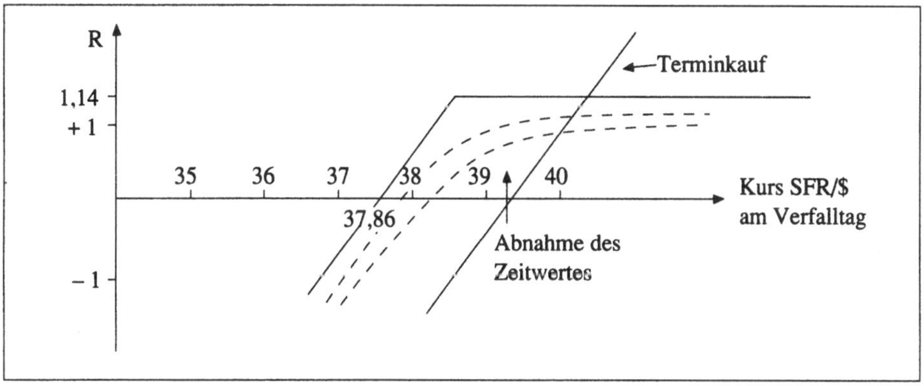

Abbildung 33: Verkauf des Put „at the money“ bei konstanter Volatilität

6.1.1.5.2 Verkauf eines Put „out of the money“

Beispiel:

Verkauf des Put SFR/$ Sept. (38) zu 0,69 Cent pro SFR.

Der anfängliche Zahlungszustrom ist um so geringer, je mehr die Option „out of the money“ ist.

Risiko- und Gewinnerwartung:

Wie bereits vorher beschrieben, kann der Verkäufer des Put „out of the money“, je nach Richtung des Devisenkurses, zwei Strategien zur Gewinnerzielung anwenden:

1. Erwartung einer Kurssteigerung – bzw. einer bis zur Höhe des Basispreises abzüglich der Prämie begrenzten Kurssenkung – während der Laufzeit.

   Der Verkäufer des Put erwartet aufgrund des abnehmenden Zeitwertes eine Verringerung der Prämie. Bei einem Deltawert von nahe Null kann nur eine starke und ausgeprägte Kurssenkung den zu Ende der Laufzeit verfallenen Zeitwert wieder aufwiegen.

2. Geringe Kursschwankungserwartung der Devise ohne eindeutige Tendenz: Der Verkäufer des Put „out of the money" hofft, die Option zu einem geringeren Preis zurückkaufen zu können, nachdem die verminderte Volatilität eine Abnahme des Zeitwertes bewirkt hat.

   Der erhoffte Gewinn R ist das Gegenstück zu dem Gewinn, den der Käufer des Put erwartet.

Der maximale Gewinn wird bei 0,69 (1,018) = 0,70 Cent liegen.

Gewinnschwelle am Verfalltag:

E – P (1 + i) = 37,30 Cents

bei S < 37,30	R < 0	
bei 37,30 < S < 38	R = S – 37,30	also 0 < R < 0,70
bei 38 < S	R = 0,70	

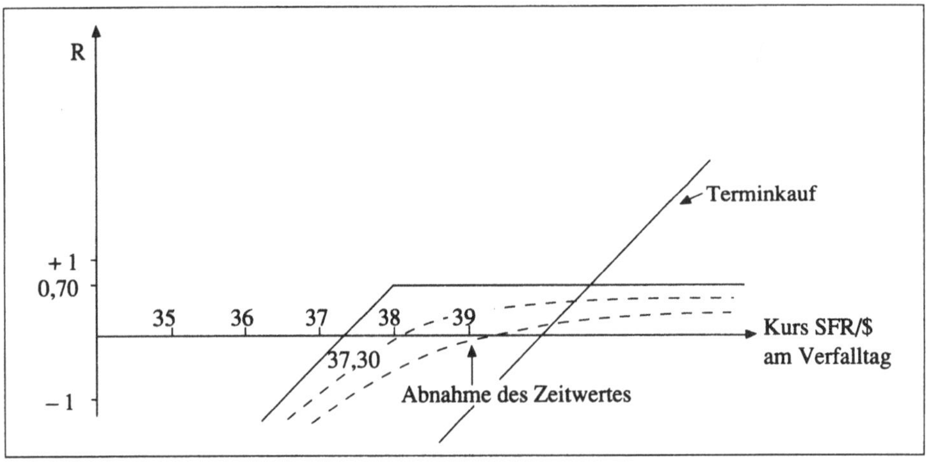

Abbildung 34: Verkauf eines Put „out of the money" bei konstanter Volatilität

6.1.1.5.3 Verkauf eines Put „in the money"

Beispiel:

Verkauf des Put DM/$ Sept. (35) im Wert von 2,52 Cents pro DM, bei einem Kassakurs von 32,63 und dem Terminkurs von 32,80.

Der anfängliche hohe Zahlungszustrom setzt sich aus dem inneren Wert von 2,37 Cents und einem Zeitwert von 0,15 Cent zusammen.

Hohe Risiko- und Gewinnerwartung:

Das Delta dieser Position liegt nahe bei 1; das Risiko entspricht etwa dem einer Devisenterminposition.

Wenn am Verfalltag der Kurs tiefer liegt als der Basispreis, ist die Optionsposition gewinnbringender als das Devisentermingeschäft. Der Zeitwert, der zu Beginn kassiert wurde, bildet den Unterschied.

Steigt jedoch der Kurs über den Basispreis hinaus, ist der mit der Optionsposition erzielbare Gewinn begrenzt, während der Devisenterminkauf unbegrenzt gewinnnbringend ist.

Der Verkäufer des Put „in the money" bevorzugt es, eine anfänglich hohe Prämie zu kassieren, anstatt auf einen höheren Gewinn bei steigenden Kursen zu hoffen: Er ist weniger Haussier als der Devisenterminkäufer; allerdings muß er jederzeit mit der Ausübung seiner Option rechnen.

Der maximale Gewinn am Verfalltag beträgt 2,52 (1,018) = 2,57 Cents

Die Gewinnschwelle entspricht:

$E - P(1 + i) = 35 - 2{,}57 = 32{,}43$ Cents

bei $35 < S$	$R = -2{,}57$
bei $32{,}43 < S < 35$	$R = S - 32{,}43$ also $-2{,}57 < R < 0$
bei $S < 32{,}43$	$R > 0$

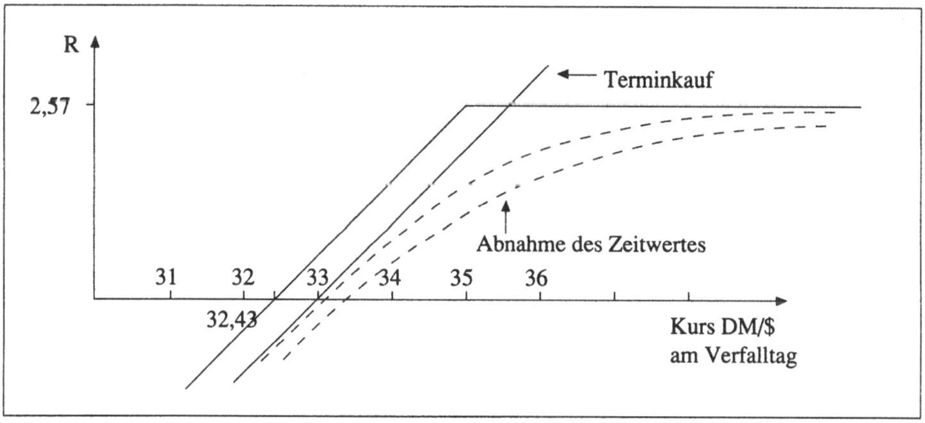

Abbildung 35: Verkauf des Put „in the money" bei konstanter Volatilität

Bei Gegenüberstellung der drei Verkaufsstrategien des Put kann festgestellt werden:

- Zwischen Risiko- und Ergebnisprofil des Put „in the money" einerseits und dem Devisenterminkauf andererseits besteht kaum ein Unterschied.
- Beim Put „out of the money" erziehlt der Verkäufer den geringsten, aber auch den risikolosesten Gewinn.

- Der Put „at the money“ bietet ein mittleres (zwischen beiden Strategien liegendes) Risiko- und Ergebnisprofil.

6.1.2 Synthetische Calls und Puts

Die Kombination zweier Positionen – in dem zugrundeliegenden Aktivum einerseits und einer Option andererseits – kann das Ergebnisprofil der entgegengesetzten Option haben. Auf diese Weise können die vier Basisstrategien „synthetisch“ erstellt werden.

Somit können Marktteilnehmer mit zwei gleichzeitigen ungedeckten Positionen am Devisenmarkt und am Devisenoptionsmarkt tatsächlich eine offene Optionsposition innehaben.

6.1.2.1 Kauf eines synthetischen Call: Devisenterminkauf und Kauf eines Put

Diese Form entspricht dem Kauf eines gedeckten Put. In Abbildung 36 ist das Ergebnisprofil des Kaufs eines synthetischen Call dargestellt, wobei wir das Beispiel einer Position „at the money“ gewählt haben (Basispreis = Terminpreis).

- Das Ergebnisprofil des Terminkaufs ist durch eine Gerade mit Steigung 1 dargestellt, die die Abszisse in dem Punkt schneidet, in dem Kassakurs und Terminkurs gleich sind.
- Das Ergebnisprofil des Put-Kaufes wurde oben beschrieben.

Die Zusammenfassung beider Profile ergibt ein dem Kauf eines Call „at the money“ analoges Profil.

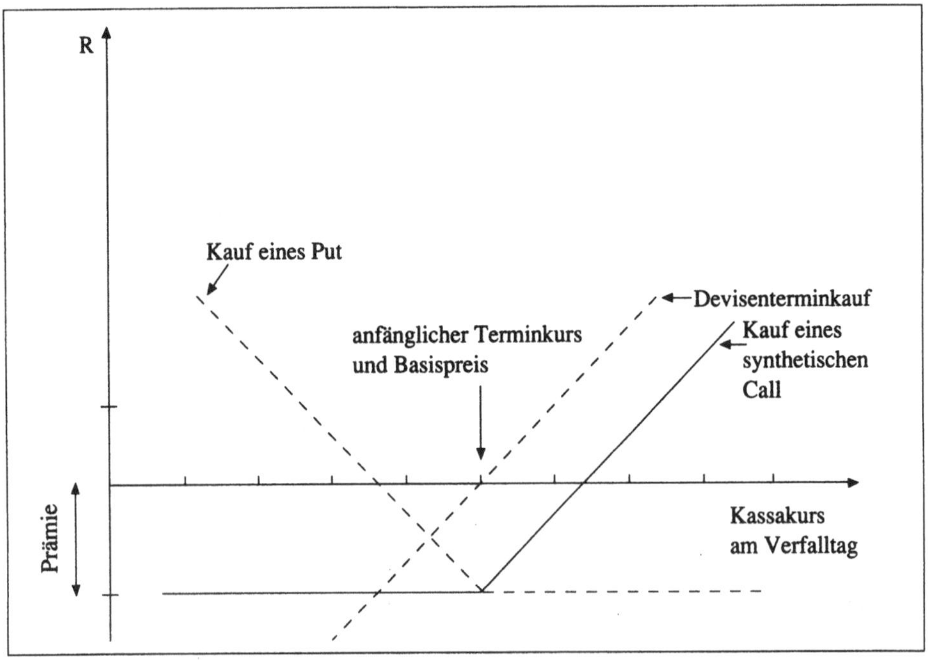

Abbildung 36: Kauf eines synthetischen Call „at the money“

6.1.2.2 Verkauf eines synthetischen Call: Devisenterminverkauf und Verkauf eines Put

Diese Form entspricht ebenfalls dem Verkauf eines gedeckten Put. In Abbildung 37 ist das Ergebnisprofil des Verkaufs eines synthetischen Call dargestellt.

- Das Ergebnisprofil des Terminverkaufs ist durch eine Gerade mit Steigung 1 dargestellt, die die Abszisse in dem Punkt schneidet, in dem Kassakurs und Terminkurs gleich sind.
- Das Ergebnisprofil des Put-Verkaufes wurde oben beschrieben.

Die Zusammenfassung beider Profile ergibt ein dem Verkauf eines Call „at the money" analoges Profil.

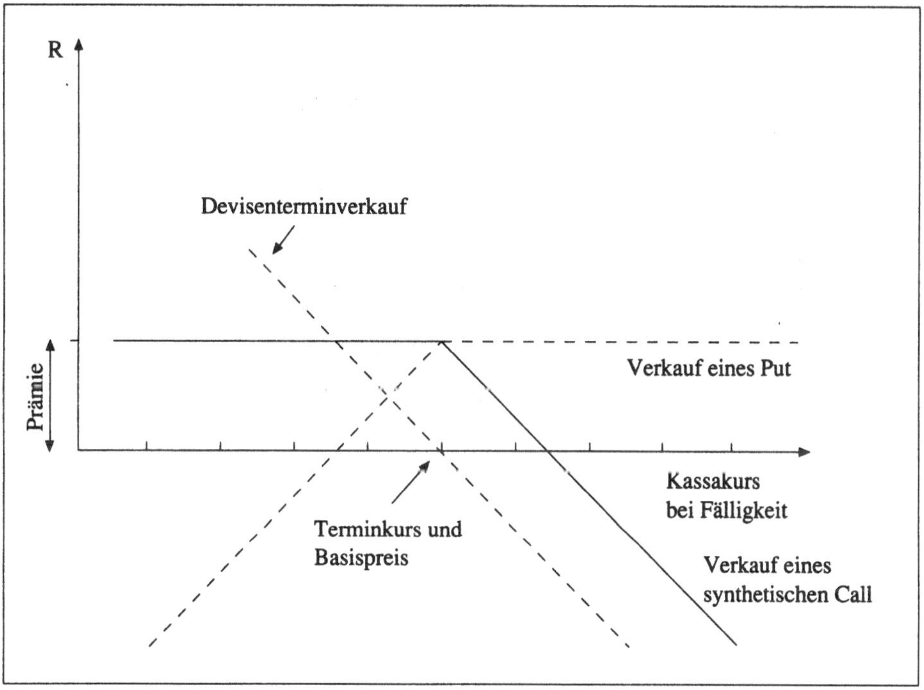

Abbildung 37: Verkauf eines synthetischen Call „at the money"

6.1.2.3 Kauf eines synthetischen Put: Devisenterminverkauf und Kauf eines Call

Diese Form beinhaltet ebenfalls den Kauf eines gedeckten Call. Der Erstellung eines synthetischen Put liegen die oben beschriebenen Konstruktionsmerkmale zugrunde.

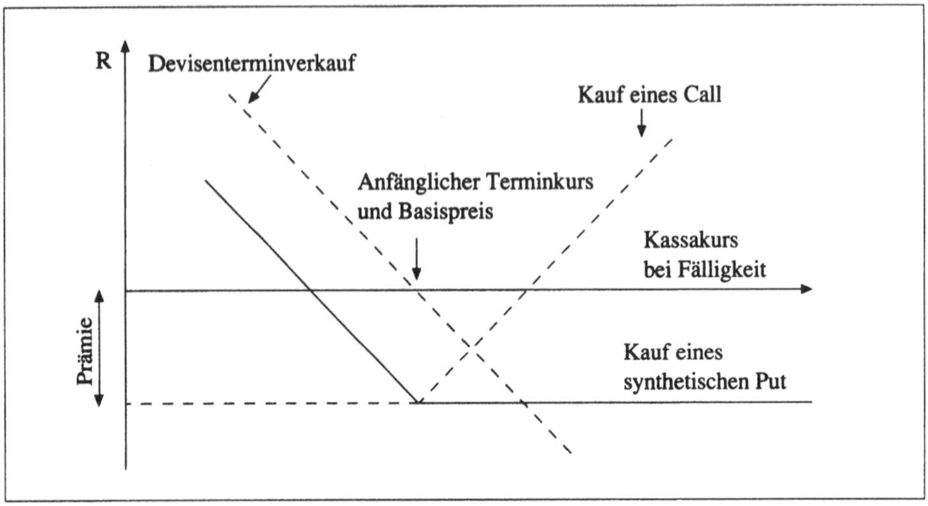

Abbildung 38: Kauf eines synthetischen Put „at the money“

6.1.2.4 Verkauf eines synthetischen Put: Devisenterminkauf und Verkauf eines Call

Diese Form beinhaltet ebenfalls den Verkauf eines gedeckten Call. Die Erstellung des Kaufs eines synthetischen Put führt zu folgendem Ergebnisprofil:

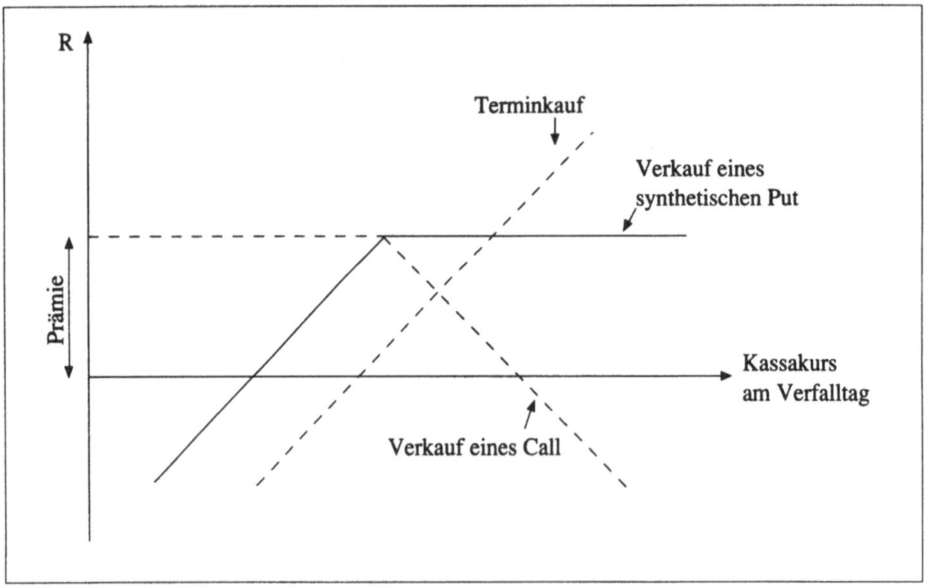

Abbildung 39: Verkauf des synthetischen Put „at the money“

6.1.3 Vertical Spreads: Bull Price Spread und Bear Price Spread

Spreads sind Positionen, die bei erwartungsgemäßen Kurssteigerungen zu begrenzten Gewinnen und bei gegenteiliger Kursbewegung zu begrenzten Verlusten führen.

Vertical Spreads sind Positionen mit gleichartigen Optionskäufen bzw. Verkäufen (Put und Call), gleichem Verfalltag, aber verschiedenen Basispreisen.

Der Begriff „vertical“ kommt von der Art der Notierung an der Börse: Die verschiedenen Basispreise sind an den Märkten in senkrechten Spalten angegeben.

6.1.3.1 Bull Price Spread

Der Bull Price Spread entsteht durch Kauf einer Option zum tieferen Basispreis E_1 und dem Verkauf einer gleichartigen Option mit gleichem Verfalltag, aber höherem Basispreis E_2. Der Gewinn soll durch eine Kurssteigerung der Devise erbracht werden, wie es die Begriffsbezeichnung bereits andeutet.

Der anfängliche Zahlungsstrom besteht bei Calls in einem Zahlungsmittelabfluß:

Call E_2 < Call (E_1), also Call (E_2) – Call (E_1) < 0

Es wird also der Call E_2 mit einem höheren Basispreis als der Basispreis des gekauften Call verkauft. Der mögliche Verlust kann nicht höher sein als der anfängliche Zahlungsmittelabfluß.

Bei Puts hingegen ist der anfängliche Zahlungsstrom des Bull Price Spread ein Zahlungsmittelzufluß:

Put (E_2) > Put (E_1), bzw. Put (E_2) – Put (E_1) > 0

Es wird also ein Put mit einem höheren Basispreis als der Basispreis des gekauften Put verkauft. Der mögliche Gewinn kann nicht höher sein als der anfängliche Zahlungszustrom.

Risiko- und Gewinnerwartung:

Bei der Anwendung eines Spread ist zu berücksichtigen:

- Unerwartete Kursbewegung: Der Verlust bleibt begrenzt.
- Ausübung der verkauften Option: Lieferung der gesamten ihr zugrundeliegenden Position, nicht aber nur des Spread-Ergebnisses.

Gewinnbringend ist der Bull Price Spread nur bei Kurssteigerungen.

Call Bull Price Spread: Der gekaufte Call E_1, dessen Delta höher ist als der Deltawert des verkauften Call E_2, nimmt schneller an Wert zu; der Abstand zwischen beiden wird aufgrund des gekauften Call größer. Bei Auflösung der Position übersteigt der Gewinn aus dem Verkauf des gekauften Call E_1 den Verlust aus dem Rückkauf des verkauften Call E_2.

Somit kann behauptet werden, daß der Call Bull Price Spread eine Variante des einfachen Kaufs eines Call mit begrenzten Kosten ist.

Put Bull Price Spread: Der verkaufte Put E_2 mit höherem Deltawert als der Deltawert des gekauften Put E_1 verliert schneller an Wert: Der Abstand zwischen beiden vermindert sich um den Gewinn aus der verkauften Position. Bei Auflösung der Position übersteigt der Gewinn aus dem Rückkauf des Put E_2 den Verlust aus dem Weiterverkauf des Put E_1.

Somit kann behauptet werden, daß der Put Bull Price Spread eine Variante des einfachen Verkaufs eines Put mit begrenztem Risiko ist.

Das Ergebnisprofil R ist in beiden Fällen ähnlich:

Beispiel: Kauf eines Call SFR Sept. (39) zu 1,32 Cent und Verkauf des Call SFR Sept. (41) zu 0,30 Cent. Es werden die Prämienangaben und die Zinssätze der in Abschnitt 6.1.1.2 bis 6.1.1.5 dargestellten Strategien beibehalten.

Anfänglicher Zahlungsmittelabfluß: – 1,32 + 0,30 = – 1,02 Cent.

Bei S < 39: größtmöglicher Verlust = anfänglicher Zahlungsmittelabfluß, finanziert über die gesamte Laufzeit = – 1,02 (1,018) = – 1,04 Cent am Verfalltag.

Bei S > 41: größtmöglicher Gewinn = Differenz zwischen den beiden Basispreisen abzüglich anfänglicher Zahlungsmittelabfluß = 41 – 39 – 1,02* = 0,98 Cent

Gewinnschwelle: 39 + 1,02[1] = 40,02 (E_1 + anfänglicher Zahlungsmittelabfluß).

Im Falle des Kaufs eines Put SFR Sept. (38) zu 0,69 Cent und des gleichzeitigen Verkaufs eines Put SFR Sept. (39) zu 1,12 Cent hätte man analog folgendes Ergebnis erzielt:

Anfänglich vereinnahmter Zahlungsstrom = 1,12 – 0,69 = 0,43 Cent

Bei S > 39 maximaler Gewinn = anfänglich vereinnahmter Zahlungsstrom, über die gesamte Laufzeit angelegt = 0,43 (1,018) = 0,44

Bei S < 38 größtmöglicher Verlust = Differenz zwischen den beiden Basispreisen abzüglich des anfänglich vereinnahmten Zahlungsstroms = (38 – 39) + 0,43 = – 0,57.

Gewinnschwelle: 39 – 0,43 = 38,57 (E_2 – Gewinn aus dem vereinnahmten Zahlungsstrom).

Entwicklung der Ergebnisse im Zeitverlauf:

Zur Entwicklung des Ergebnisprofils während der Laufzeit ist folgendes zu bemerken: Je mehr sich während der Laufzeit die Kursentwicklung dem höheren Basispreis nähert, um so mehr steigt der Gewinn (der Zeitwert der gewinnbringenden Position ist „eingebracht“), und je mehr sich während der Laufzeit die Kursentwicklung dem tiefsten Basispreis nähert, um so größer wird der Verlust (der Zeitwert der verlustbringenden Position nimmt ab).

---

1 Da der Ausübungszeitpunkt der Optionen nicht bekannt ist, berücksichtigen wir die Finanzierungskosten des Spread nicht.

In Abbildung 40 ist die Entwicklung des Zeitwertes während der Laufzeit durch gestrichelte Kurven dargestellt.

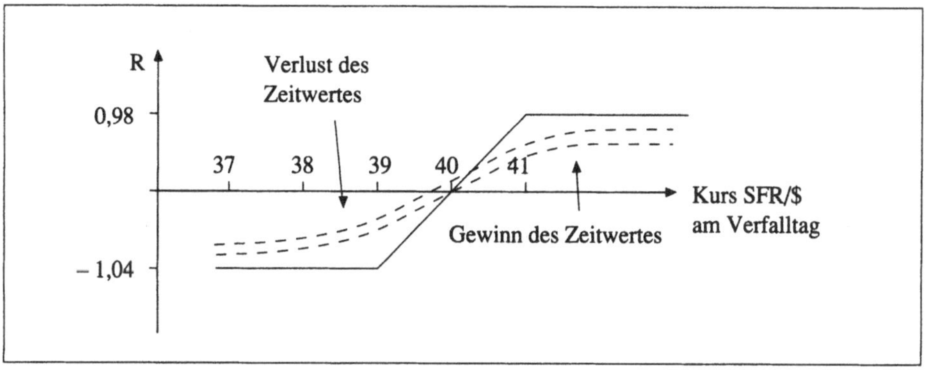

Abbildung 40: Call Bull Price Spread

6.1.3.2 Bear Price Spread

Ein Bear Price Spread entsteht durch den Verkauf einer Option zum niedrigeren Basispreis E_1 und durch den Kauf einer gleichartigen Option mit gleichem Verfalltag zum höheren Basispreis E_2.

Wie der Name bereits aussagt, wird Gewinn durch eine Kurssenkung der Devise erzielt.

Anfänglich wird beim Call Bear Price Spread ein Zahlungszufluß vereinnahmt:

$$\text{Call}(E_2) < \text{Call}(E_1) \text{ also } \text{Call}(E_1) - \text{Call}(E_2) > 0$$

Man verkauft einen Call E_1, der einen niedrigeren Basispreis als der gekaufte Call aufweist. Der anfängliche Zahlungsmittelzufluss ist der höchstmöglich erzielbare Gewinn.

Im Falle eines Put Bear Price Spread kommt es zu einem anfänglichen Zahlungsmittelabfluß:

$$\text{Put}(E_2) > \text{Put}(E_1) \text{ also } \text{Put}(E_1) - \text{Put}(E_2) < 0$$

Man verkauft einen Put E_1, der einen niedrigeren Basispreis aufweist als der gekaufte Put. Somit ist der maximale Verlust auf den anfänglichen Zahlungsmittelabfluß begrenzt.

Risiko- und Gewinnerwartung:

Auch hier besteht ein zweifaches Risiko:

- Eine unerwartete Kursentwicklung, bei der der Verlust jedoch begrenzt bleibt.
- Ausübung der verkauften Option: Der Marktteilnehmer muß die dem Kontrakt zugrundeliegenden Aktiva liefern, sein Risiko ist nicht nur auf den Spread begrenzt.

Bei einem Bear Price Spread wird bei Kurssenkung Gewinn erzielt.

Im Falle eines Call Bear Price Spread nimmt der verkaufte Call E_1, dessen Deltawert höher als der Deltawert des gekauften Call E_2 ist, schneller im Wert ab als der Call E_2. Der Abstand zwischen beiden vermindert sich zugunsten der verkauften Position.

Bei Auflösung der Position übersteigt der Gewinn aus dem Rückkauf des Call E_1 den Verlust aus dem Weiterverkauf des Call E_2.

Man kann sagen, daß der Call Bear Price Spread eine Variante begrenzten Risikos zum Kauf eines Put darstellt.

Bei einem Put Bear Price Spread steigt der gekaufte Put E_2, dessen Deltawert höher ist als derjenige des verkauften Put E_1, schneller als der Put E_1: Die Differenz nimmt zugunsten der gekauften Position zu. Bei Auflösung der Gesamtposition übersteigt der Gewinn aus dem Verkauf des gekauften Put den Verlust aus dem Rückkauf des Puts E_1.

Man kann sagen, daß der Put Bear Price Spread eine Variante begrenzter Kosten zum Kauf eines Put darstellt.

Die Ergebniskurve R ist in beiden Fällen ähnlich:

Zur Erläuterung dient die Umkehrung des vorhergehenden Beispiels, bei dem die gleichen Daten verwendet werden:

Verkauf des Call SFR Sept. (39) zu 1,32 Cent

Kauf des Call SFR Sept. (41) zu 0,30 Cent

Anfänglicher Zahlungsmittelzufluß = 1,32 – 0,30 = + 1,02 Cent.

Bei S < 39 größtmöglicher Gewinn = anfänglicher Zahlungsmittelzufluß, über die gesamte Laufzeit hinweg angelegt = 1,02 (1,018) = 1,04 Cent.

Bei S > 41 größtmöglicher Verlust = Differenz zwischen den beiden Basispreisen, vermindert um den anfänglichen Zahlungsmittelzufluß = 39 – 41 + 1,02 = – 0,98 Cent.

Gewinnschwelle: 39 + 1,02 = 40,02 (E_1 + Gewinn aus dem anfänglichen Zahlungsmittelzufluß).

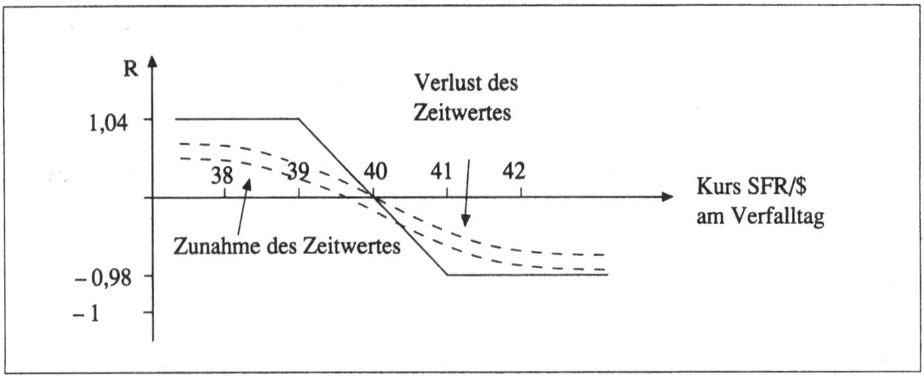

Abbildung 41: Call Bear Price Spread

Im Falle von Puts würde sich folgendes ergeben:

Verkauf des Put SFR Sept. (38) zu 0,69 Cent
Kauf des Put SFR Sept. (39) zu 1,12 Cent

Anfänglicher Zahlungsmittelabfluß = 0,69 – 1,12 = – 0,43 Cent

Bei S > 39 größtmöglicher Verlust = anfänglicher, über die gesamte Laufzeit finanzierter, negativer Differenzbetrag:

= – 0,43 (1,018) = – 0,44 Cent.

Bei S < 38 größtmöglicher Verlust = anfänglicher, über die gesamte Bestandshalteperiode finanzierter Zahlungsmittelabfluß = 39 – 38 – 0,43 = 0,57 Cent.

Gewinnschwelle: 39 – 0,43 = 38,57 Cents (E_2 – Kosten des anfänglichen Zahlungsmittelabflusses).

Ergebnisentwicklung während der Laufzeit:

Wie bei den Bull Price Spreads ist die Entwicklung der Ergebniskurve während der Laufzeit durch eine gestrichelte Kurve dargestellt; mit zunehmender Zeitdauer verläuft die Kurve konvex (vgl. gestrichelte Linie bei Abbildung 41).

6.2 Erwartetes Ausmaß der Volatilität

Bei manchen Marktlagen hat der Marktteilnehmer nicht immer eine klare Vorstellung über die zukünftige Entwicklung. Das Ausmaß der Stabilität der Kurse mag er jedoch abschätzen können. Mit Optionen, bei denen die Volatilität der Devise in deren Preis einbezogen ist, hat er die Möglichkeit, lediglich aufgrund erwarteter Kursstabilität oder Kursschwankungen Gewinn zu erzielen.

Eine relativ häufig angewandte Methode besteht in der Beobachtung der an den Märkten gehandelten Prämien. Der Marktteilnehmer kauft die Optionen, Puts oder Calls, die ihm gemäß verfügbarer Preismodelle unterbewertet erscheinen, um sie zu einem angemessenen Wert (fair value) weiterzuverkaufen.

Erscheint hingegen eine Option überbewertet, verkauft er sie ungedeckt, um sie zum angemessenen Preis zurückzukaufen. Ein großer Anteil des täglich gehandelten Optionsvolumens ist auf eine derartige Vorgehensweise zurückzuführen.

Dieses Marktverhalten, bei dem die Optionsart Call oder Put nur von zweitrangiger Bedeutung ist, ist eher professionellen Marktteilnehmern vorbehalten.

Wir werden nun Strategien analysieren, denen hauptsächlich Kursschwankungserwartungen zugrunde liegen. Im Gegesatz zu den herkömmlichen Positionen auf Calls und Puts sind die unten vorgestellten Positionen nur durch die Volatilität, nicht aber durch die Richtung der Kursentwicklung bestimmt.

6.2.1 Kauf eines Straddle: hohe Volatilitätserwartung

6.2.1.1 Kauf eines einfachen Straddle

Der Kauf eines Straddle beinhaltet den gleichzeitigen Kauf eines Call und eines Put mit gleichem Basispreis und zum gleichen Verfalltag.

Das englische Wort „straddle“ wird zur Vermeidung von Verwechslungen mit dem Stellagegeschäft auf Aktien verwandt, einer Transaktion, die in Frankreich den Käufer zur Ausübung einer von zwei möglichen Optionen verpflichtet; der Straddle dagegen kann wahlweise ausgeübt werden.

Bei der Anwendung wird der Basispreis im allgemeinen „at the money“ gewählt.

Der anfängliche Zahlungsmittelabfluß entspricht der Summe der beiden gezahlten Prämien und ebenfalls dem größtmöglichen Risiko.

Risiko- und Gewinnerwartung:

Wenn der Kassakurs sich bei Kurssteigerung oder Kurssenkung um einen höheren Betrag als die Summe der beiden Prämien vom Basispreis unterscheidet, ist die Ausübung einer der beiden Optionen gewinnbringend.

Das größtmögliche Risiko besteht, wenn Kassakurs und Basispreis am Verfalltag gleich sind.

Unter diesen Umständen wird keine Option ausgeübt werden, und mit der Position entsteht Verlust in Höhe der Summe der beiden Prämien, einschließlich der Finanzierungskosten während der Laufzeit.

Beispiel: SFR/$ Kassakurs = 39,03 Cents

Kauf eines Call SFR Sept. (39) zu 1,32 Cent
Kauf eines Put SFR Sept. (39) zu 1,12 Cent

Größtmöglicher Verlust: Summe der beiden Prämien (unter Nichtberücksichtigung der Finanzierungskosten):

1,32 + 1,12 = 2,44 Cents

Gewinnschwellen: Sie entsprechen dem Basispreis zuzüglich oder abzüglich der Summe der Prämien, also

39 – 2,44 = 36,66 Cents
39 + 2,44 = 41,44 Cents

Gewinn wird erbracht, wenn $S < 36{,}66$ oder $S > 41{,}44$.
Verlust wird gemacht, wenn $36{,}66 < S < 41{,}44$.

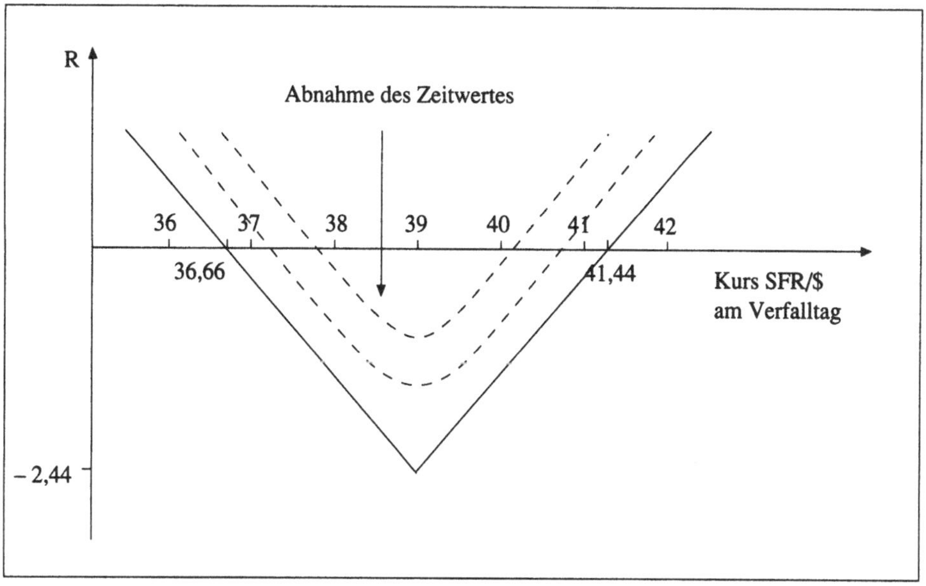

Abbildung 42: Kauf des Straddle SFR Sept. (39)

Ergebnisentwicklung während der Laufzeit:

Beim Kauf eines Straddle verliert man den Zeitwert beider Optionen. Meistens wird der Straddle während der Laufzeit weiterverkauft.

6.2.1.2 Kauf eines Strangle

Zur Verminderung der Kosten beim Kauf eines Straddle besteht die Möglichkeit, einen Call und einen Put mit gleichem Verfalltag, aber verschiedenen Basispreisen zu kaufen.

Diese Strategie wird als „Strangle" bezeichnet. Zur Kostenminderung werden Basispreise „out of the money" gewählt.

Wie der Kauf eines Straddle liegen dem Kauf eines Strangle die gleichen Kursschwankungserwartungen zugrunde, aber vom einfachen Straddle unterscheidet er sich in folgenden zwei Punkten:

- Der anfängliche Zahlungsmittelabfluß ist wesentlich geringer.
- Die Wahrscheinlichkeit Gewinn zu erzielen ist geringer,weil die Kurse, bei denen die Gewinnschwelle erreicht wird, nicht in gleichem Abstand vom Basispreis entfernt liegen.

Beispiel:

Kauf eines Call SFR Sept. (41) zu 0,30 Cent
Kauf eines Put SFR Sept. (38) zu 0,69 Cent

Größtmöglicher Verlust: Summe der beiden Prämien: 0,30 + 0,69 = 0,99 Cent

Gewinnschwellen: 41 + 0,99 = 41,99 Cents
38 – 0,99 = 37,01 Cents

Gewinn wird erbracht, wenn S < 37,01 oder S > 41,99
Verlust wird gemacht, wenn 37,01 < S < 41,99

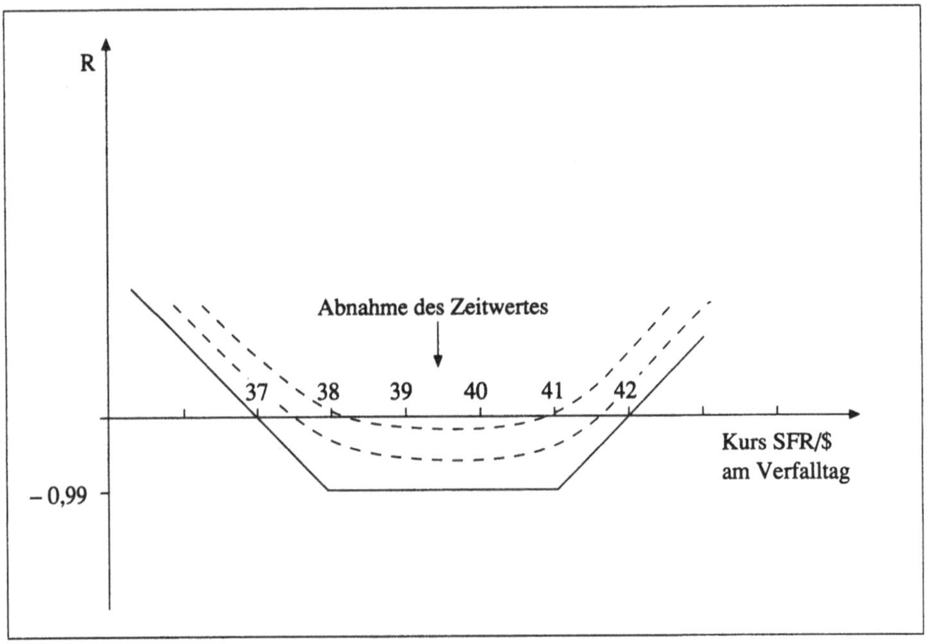

Abbildung 43: Kauf des Strangle SFR Sept. (38) und (41)

Ergebnisentwicklung innerhalb der Laufzeit:

Der Käufer des Strangle, der vor dem Verfalltag seine Position glattstellt, gewinnt einen Teil des Zeitwertes zurück und begrenzt bei stabilen Kursen somit seinen Verlust.

6.2.1.3 Wahl des Basispreises

Der Marktteilnehmer kann gleichzeitig starke Kursschwankungen und den Trend der Devisenentwicklung vorhersehen. Er wählt also den Basispreis des Straddle oder den Basispreis des Strangle gemäß seinen Trenderwartungen.

Als Haussier kann er einen teureren Call „at“ oder „in the money“ und folglich einen weniger teuren Put zum gleichen Basispreis „at“ oder „in the money“ kaufen; im Falle eines Strangle wird der Put stärker „out of the money“ und somit auch preiswerter sein.

Als Baissier kann er einen preiswerteren Call „deep out of the money“ und einen teureren Put „in the money“ mit gleichem Basispreis kaufen. Im Falle eines Strangle wird der Put weniger „in the money“ und somit preiswerter sein.

6.2.2 Verkauf eines Straddle: Stabilitätserwartung der Devise

6.2.2.1 Verkauf eines einfachen Straddle

Der Verkauf eines Straddle beinhaltet den gleichzeitigen Verkauf eines Call und eines Put zum gleichen Basispreis und mit dem gleichen Verfalltag. Im allgemeinen wird ein Basispreis „at the money“ gewählt.

Der anfängliche Zahlungsstrom entspricht einem Zahlungsmittelzufluß in Höhe der beiden erhaltenen Prämien. Dies ist auch der größtmögliche Gewinn.

Risiko- und Gewinnerwartung:

Gewinne werden bei stabilen Devisenkursen erwartet, die in Höhe der Basispreise liegen. Der Verkäufer wird aus der Abnahme des Zeitwertes Nutzen ziehen, ein Risiko der Optionsausübung besteht nicht.

Theoretisch ist das maximale Risiko unbegrenzt: Es besteht dann, wenn bei Kurssteigerungen oder Kurssenkungen die Gewinnschwelle überschritten wird.

Beispiel:

Verkauf eines Call SFR Sept. (39) zu 1,32 Cent
Verkauf eines Put SFR Sept. (39) zu 1,12 Cent

Maximaler Gewinn = Summe der beiden Prämien, also

1,32 + 1,12 = 2,44 Cents

Gewinnschwelle: 36,66 und 41,44 (siehe 6.2.1.1)

Gewinn wird erzielt, wenn $36{,}66 < S < 41{,}44$
Verlust wird gemacht, wenn $S < 36{,}66$ oder $S > 41{,}44$

Ergebnisentwicklung innerhalb der Laufzeit:

Mit zunehmendem Ablauf der Optionszeit verringert sich der Zeitwert. Dies kann beim Verkauf von Optionen gewinnbringend ausgenutzt werden.

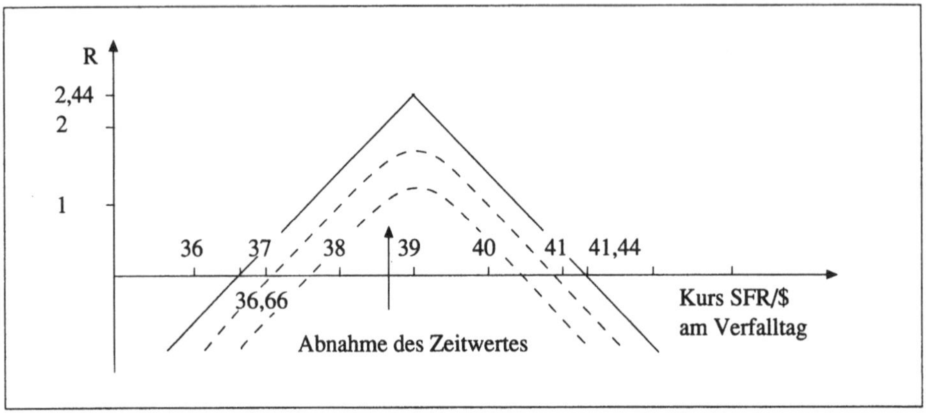

Abbildung 44: Verkauf des Straddle SFR Sept. (39)

6.2.2.2 Verkauf eines Strangle

Der Verkauf eines Strangle, also eines Put und Call mit gleichem Verfalltag, aber verschiedenen Basispreisen, hat die zum Kauf eines Straddles symmetrischen Merkmale. In der Praxis werden Basispreise „out of the money" gewählt.

Diese Strategie basiert auf der Erwartung stabiler Kurse, die innerhalb einer etwas größeren Bandbreite als beim Verkauf eines einfachen Straddle schwanken dürfen.

Der Strangle bringt dem Verkäufer weniger Gewinn als der einfache Straddle, aber die Wahrscheinlichkeit, überhaupt höhere Gewinne zu erzielen, ist größer.

Beispiel:

Verkauf eines Call SFR Sept. (41) zu 0,30 Cent
Verkauf eines Put SFR Sept. (38) zu 0,69 Cent

Maximaler Gewinn: 0,99 Cent

Gewinnschwellen: 37,01 und 41,99

Gewinn wird erzielt, wenn $37{,}01 < S < 4199$

Verlust wird gemacht, wenn $S < 37{,}01$ oder $S > 41{,}99$

Ergebnisentwicklung innerhalb der Laufzeit:

Je mehr man sich dem Verfalltag der Option nähert, um so wahrscheinlicher ist es, daß der Verkäufer des Strangle die Prämie endgültig für sich vereinnahmt, weil der Zeitwert abnimmt.

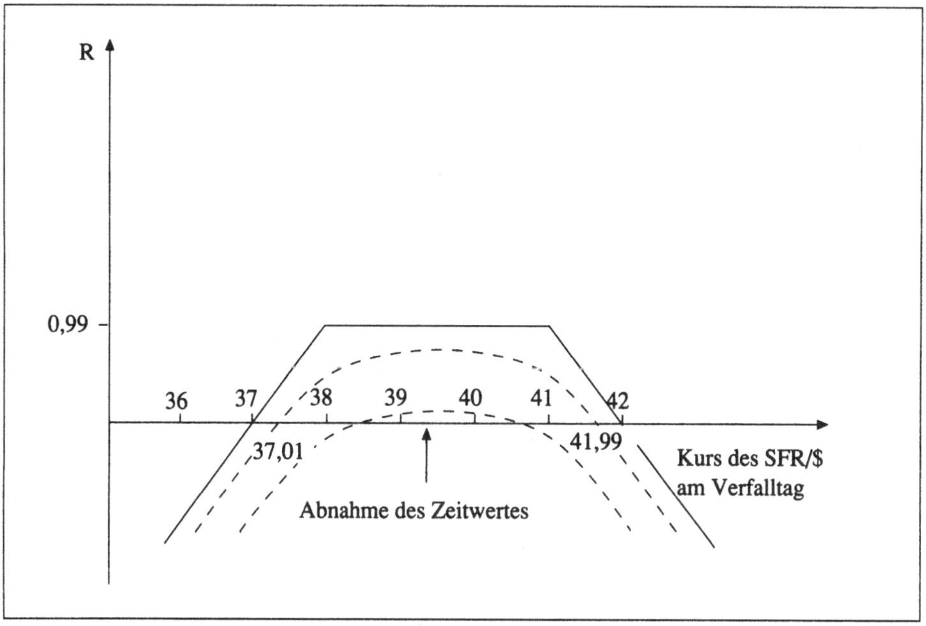

Abbildung 45: Verkauf des Strangle SFR Sept. (38) und (41)

6.2.2.3 Wahl des Basispreises

Der Verkäufer erwartet gleichzeitig eine schwache Volatilität und Kursbewegungen, die der Erwartung des Käufers entgegengesetzt sind. Er wählt den Basispreis des verkauften Straddle oder Strangle.

- Im Falle eines einfachen Straddle kann er als Haussier einen Put „at“ oder „in the money“ und einen Call „at“ oder „out of the money“ verkaufen; bei einem Strangle ist der Basispreis des Call höher als der des Put, also stark „out of the money“.
- Ein Baissier kann bei einem einfachen Straddle einen Call „at“ oder „in the money“ bzw. einen Put „at“ oder „out of the money“ verkaufen; bei einem Strangle ist der Basispreis des Put tiefer als der Basispreis des Call, somit „deep out of the money“.

6.2.3 Butterfly Spread und Condor Spread: Volatilitätserwartungen

An manchen Aktienoptionsmärkten schlagen die Makler ihren Kunden Spread-Kombinationen mit mehr als zwei Optionen bei begrenztem Risiko vor. Diese Strategien sollen hier nur erwähnt werden, denn gegenwärtig finden sie an Devisenoptionsmärkten keine Anwendung. Die Transaktionskosten sind sehr hoch, und da im Gegensatz zu Aktien die Devisenkurse keine sehr hohe Volatilität aufweisen, können diese Kosten nicht wieder eingebracht werden.

6.2.3.1 Kauf von Butterfly und Condor Spread: Erwartung stabiler Kurse

6.2.3.1.1 Kauf eines Butterfly Spread

Der Kauf des Butterfly Spread ist der Kauf einer Kombination eines Bull Price Spread auf Optionen mit Basispreis E_1 und E_2 und eines Bear Price Spread auf Optionen mit Basispreis E_2 und E_3 mit $E_1 < E_2 < E_3$ und $E_2 - E_1 = E_3 - E_2$ (E_2 liegt in der Mitte zwischen E_1 und E_3), wobei die Fälligkeitsdaten identisch sind.

Bei einem Call wird Call E_1 gekauft und Call E_2 verkauft,
Call E_2 verkauft und Call E_3 gekauft.

Es handelt sich also um den gleichzeitigen Kauf von Call E_1, den Verkauf von zwei Calls E_2 und um den Kauf von E_3.

Im Falle eines Put werden Put E_1 gekauft, zwei Puts E_2 verkauft und der Put E_3 gekauft.

Der anfängliche Zahlungsstrom richtet sich nach der gewählten Kombination; durch die Zusammenstellung ist er negativ (siehe anfängliche Zahlungsströme bei Spreads).

Risiko und Gewinnerwartung:

Da die Kaufstrategie des Butterfly auf der Erwartung von Kursstabilität basiert, birgt eine unvorhergesehene, starke Volatilität ein höheres Risiko in sich. Der maximale Verlust wird dann der anfänglichen Prämienzahlung entsprechen.

Die Ergebniskurve am Verfalltag verläuft wie in Abbildung 46 dargestellt:

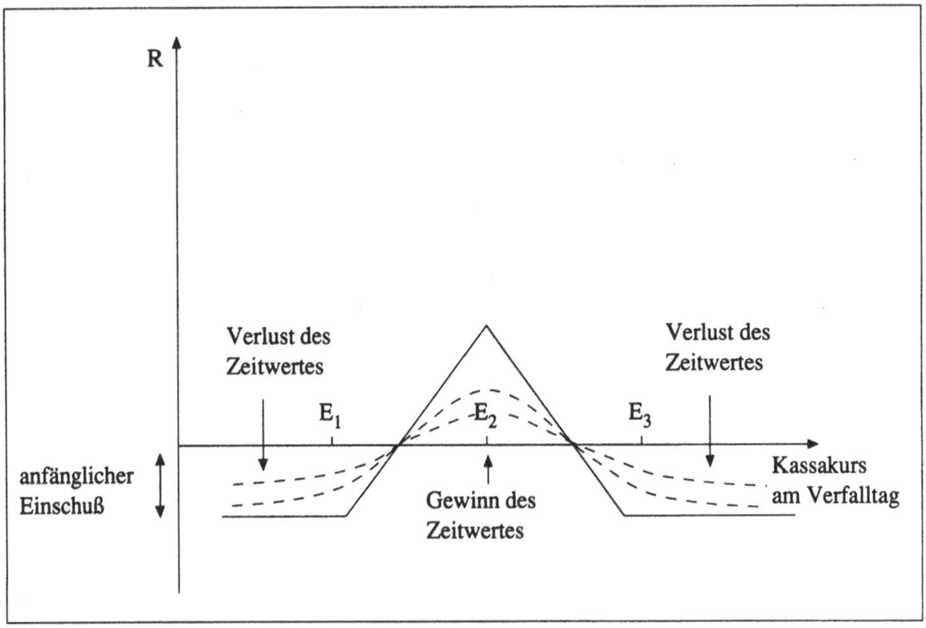

Abbildung 46: Kauf eines Butterfly Spread

Der maximale Gewinn wird erreicht, wenn am Verfalltag der Devisenkurs dem Basispreis der verkauften Optionen entspricht:

das heißt $E_3 - E_2$ (oder $E_2 - E_1$) – anfänglichen Zahlungsstrom.

Den Gewinnschwellen entsprechen

E_1 + anfänglicher Einschuß und
E_3 – anfänglicher Einschuß.

Die Schmetterlingsform bildet sich am Ende der Laufzeit aus: Vorher verläuft die Kurve in abgerundeter Form und entwickelt sich wie bei den Vertical Spreads, aus denen der Butterfly Spread zusammengesetzt ist.

Der Butterfly Spread kann sich auch anders zusammensetzen. Eine Mischung aus Spreads von Puts und Calls ergibt:

Kauf eines Put E_1,	Verkauf eines Call E_2, und
Verkauf eines Call E_2,	Kauf eines Call E_3,

sowie auf der anderen Seite

Kauf eines Call E_1	Verkauf eines Call E_2
Verkauf eines Put E_2,	Kauf eines Put E_3

Die anfänglichen Geldströme sowie die Ergebnisse können dann unterschiedlich sein.

6.2.3.1.2 Kauf eines Condor Spread

Beim Kauf des Condor Spread, einer Variante des Butterfly Spread, werden statt drei Basispreisen vier Basispreise verwendet: Es handelt sich also um eine Kombination eines Bull Price Spread von Optionen mit den Basispreisen E_1 und E_2 und einem Bear Price Spread von Optionen mit den Basispreisen E_3 und E_4, wobei

$$E_1 < E_2 < E_3 < E_4 \text{ und}$$
$$E_2 - E_1 = E_3 - E_2 = E_4 - E_3.$$

Die Fälligkeitsdaten sind identisch.

Gleiches gilt für den Kauf eines Butterfly und eines Condor Spreads. Der maximale Gewinn wird erreicht, wenn bei Fälligkeit der Kurs zwischen E_2 und E_3 liegt. Er entspricht: $E_3 - E_2$ (oder $E_2 - E_1$) – anfänglicher Einschuß.

Die Gewinnschwellen liegen bei

E_1 + Kosten des anfänglichen Zahlungstroms
E_4 – Kosten des anfänglichen Zahlungstroms.

Die Ergebniskurve am Ende der Laufzeit verläuft wie unten dargestellt:

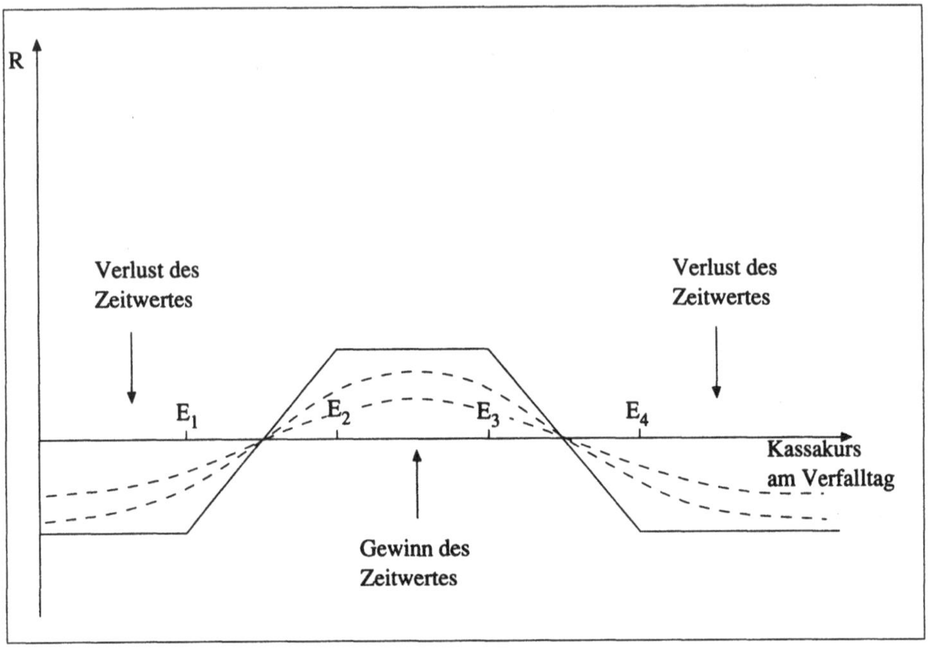

Abbildung 47: Kauf eines Condor Spread

6.2.3.2 Verkauf eines Butterfly bzw. eines Condor Spread: Erwartung von Kursschwankungen

6.2.3.2.1 Verkauf eines Butterfly Spread

Der Verkauf eines Butterfly Spread beinhaltet die Kombination eines Bear Price Spread mit dem Basispreis E_1 und E_2 und einem Bull Price Spread mit dem Basispreis E_2 und E_3 wobei $E_1 < E_2 < E_3$ und $E_2 - E_1 = E_3 - E_2$. Die Fälligkeitsdaten sind identisch.

Bei einem Call wird Call E_1 verkauft und Call E_2 gekauft. Gleichzeitig wird Call E_2 gekauft und Call E_3 verkauft.

Es handelt sich also um den Verkauf von Call E_1, den Kauf von zwei Calls E_2 und den Verkauf von Call E_3.

Im Falle eines Put werden Put E_1 verkauft, zwei Puts E_2 gekauft und der Put E_3 verkauft.

Der anfängliche Zahlungsstrom richtet sich aufgrund der Konstruktion des gesamten Geschäftes nach der gewählten Kombination; durch die Zusammenstellung der Optionen ist er im vorliegenden Falle positiv.

Risiko- und Gewinnerwartung:

Risiko besteht bei Kursstabilität auf dem Niveau von E_2.

Der maximale Gewinn entspricht dem anfänglichen Zahlungsmittelzufluß. Er wird am Verfalltag, wenn der Kurs tiefer als E_1 und höher als E_3 liegt, erreicht.

Die Gewinnschwellen entsprechen E_1, zuzüglich des anfänglichen Zahlungsmittelzustroms, und E_3 vermindert um diesen Betrag.

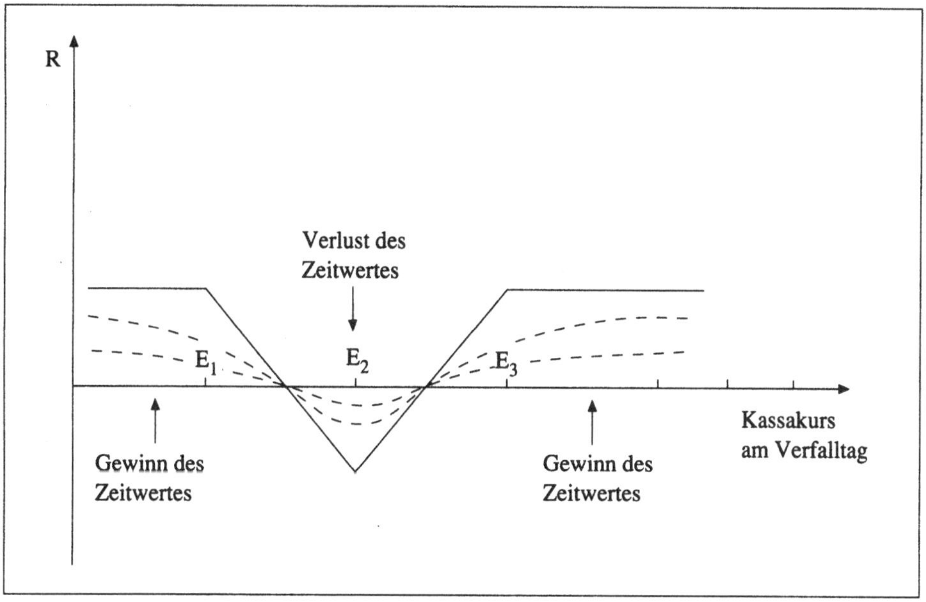

Abbildung 48: Verkauf des Butterfly Spread

Bei einer Zusammenstellung mit Spreads auf Puts und Calls kann man einerseits den Verkauf eines Call E_1, den Kauf eines Call E_2 mit dem Kauf eines Put E_2 und dem Verkauf eines Put E_2 oder anderseits den Verkauf eines Put E_1 und den Kauf eines Put E_2 mit dem Kauf eines Call E_2 und dem Verkauf eines Call E_3 kombinieren.

Die anfänglichen Zahlungsströme sowie die Ergebnisse können dabei unterschiedlich sein.

6.2.3.2.2 Verkauf eines Condor Spread

Als Variante des Verkaufs eines Butterfly Spread, jedoch mit vier Basispreisen, stellt der Verkauf des Condor Spread einen Bear Price Spread auf Optionen mit dem Basispreis E_1 und E_2 und einem Bull Price Spread auf Optionen mit den Basispreisen E_3 und E_4 dar. Dabei ist $E_1 < E_2 < E_3 < E_4$ und $E_2 - E_1 = E_3 - E_2 = E_4 - E_3$ wobei die Fälligkeiten identisch sind.

Gleiches gilt für den Verkauf eines Butterfly Spread und eines Condor Spread.

Der maximale Gewinn, der dem anfänglichen Zahlungsmittelzufluß identisch ist, wird erreicht, wenn der Kurs bei Fälligkeit tiefer als E_1 oder höher als E_4 ist;

Die Gewinnschwellen liegen bei E_1, zuzüglich des anfänglichen Zahlungsmittelzuflusses, und bei E_2, vermindert um den anfänglichen Zahlungsmittelzufluß.

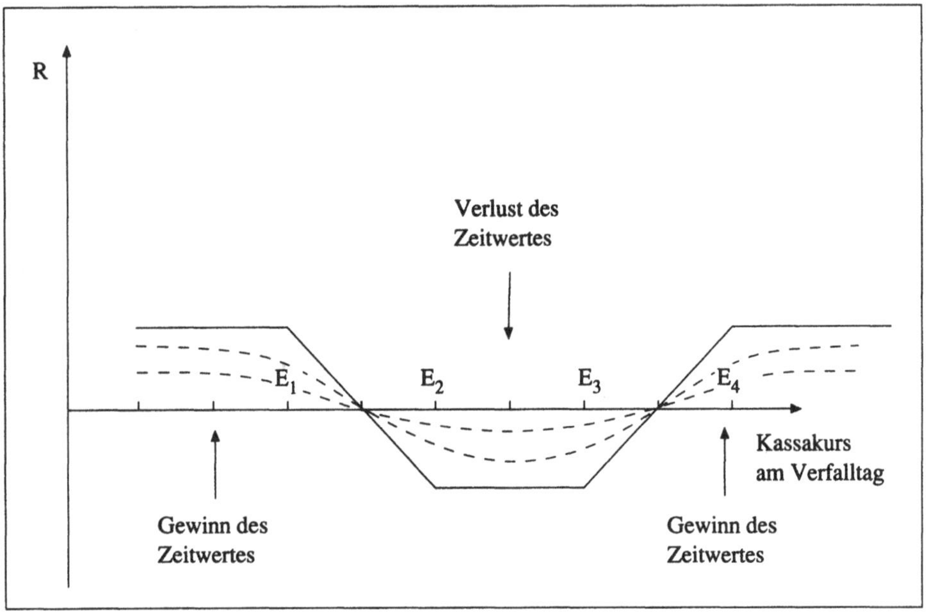

Abbildung 49: Verkauf des Condor Spread

6.3 Gemischte Strategien

Die Vielfalt der Optionsformen hat wiederum eine große Vielfalt von Strategiemöglichkeiten zur Folge. Es sollen hier die Strategien behandelt werden, die auf der Erwartung der verschiedenen Variablen der Prämie beruhen: hauptsächlich Kursniveau, Volatilität und Zeitwert.

Eine erschöpfende Darstellung ist im Rahmen dieses Buches unmöglich, aber es werden hier zwei Strategietypen erläutert, die häufig von den Optionshändlern angewandt werden, die Vertical Ratio Spreads und die Calender Spreads. Ein dritter Strategietyp, eine Kombination der beiden ersteren, der Diagonal Spread, wird ebenfalls in den Strategie-Handbüchern erwähnt und manchmal angewandt. Er soll hier kurz vorgestellt werden.

6.3.1 Vertical Ratio Spreads

Diese beinhalten den gleichzeitigen Kauf und Verkauf von gleichartigen Optionen mit verschiedenen Basispreisen, jedoch zu einem anderen Verhältnis als 1 : 1 ; die gängigsten Ratio-Spreads werden im Verhältnis 1 : 2 erstellt.

6.3.1.1 Ratio Call Price Spread:
Erwartung von Kursstabilität in der Bandbreite der Basispreise und eines begrenzten Kursanstiegs bis zur Höhe des zweiten Basispreises

Der Ratio Call Price Spread besteht im Kauf eines Call zum tieferen Basispreis E_1 und im Verkauf von zwei Calls zum höheren Basispreis E_2. Der Call E_1 wird im allgemeinen „at the money" gekauft, die verkauften Calls mit Basispreis E_2 werden „out of the money" gewählt.

Der anfängliche Zahlungsstrom ist ein Zahlungsmittelzufluß, wenn der Wert der verkauften Call den des gekauften Call übersteigt; aber die Position kann allerdings auch mit einem Zahlungsmittelabfluß eingegangen werden.

Risiko- und Gewinnerwartung: Wie bei allen Spreads besteht das Risiko in einer ungünstigen Kursentwicklung (große Kurssteigerung), die einen Verlust zur Folge hätte, wobei der Verkäufer eine vorzeitige Ausübung der verkauften Calls hinnehmen müßte.

Bei einem anfänglichen Kurs von E_1 und bei einer Kurserwartung bis zu E_2 besteht die Hoffnung, den Call E_1 mit einem Gewinn zu verkaufen, der höher ist, als der Verlust aus dem Rückkauf des Call E_2. Diese Spekulation gilt bei mäßigen Kurssteigerungen, höher als E_1, wobei der Call E_1 stärker „in the money" ist als die Calls E_2. Wenn aber der Kurs E_2 übersteigt, werden alle Optionen, die nun „in the money" sind, ausgeübt: Das Verlustrisiko ist dann unbegrenzt, denn es handelt sich um zwei Optionscalls „in the money", die nur durch eine Option gedeckt sind. Der Gewinn ist dann maximal, wenn der Kurs von E_2 den höchsten Stand erreicht, wodurch die verkauften Optionen wertlos sind, und die zum Basispreis E_1 gekaufte Option den Wert der Differenz zwischen Tageskurs und E_1 hat, das heißt $E_2 - E_1$ (zuzüglich des anfänglichen Zahlungsmittelzuflusses, vermindert um den anfänglichen Zahlungsmittelabfluß).

Wenn die Kurse unter E_1 fallen, ist das Ergebnis auf den anfänglichen Zahlungsstrom begrenzt; die Optionen werden nicht ausgeübt. Somit ist es vorteilhaft, die Position mit einem anfänglichen Zahlungsmittelzufluß einzugehen.

Beispiel:

Am 21. Juni 1985 Kassakurs SFR/$ = 39,03 Cents
Kauf eines Call Sept. (39) zu 1,32 Cent
Verkauf von zwei Calls Sept (40) zu 0,95 Cent, also 1,90 Cent
Anfänglicher Zahlungsmittelzufluß: 1,90 – 1,32 = 0,58 Cent

Maximaler Gewinn: Differenz zwischen den Basispreisen + anfänglicher Zahlungsmittelzufluß = 1 + 0,58 = 1,58 Cent.

Gewinnschwellen am Verfalltag:

- bei Kursverfall, wenn der anfängliche Zahlungsstrom negativ ist. Die Gewinnschwelle entspricht dann dem Basispreis E_1, zuzüglich dem anfänglichen Zahlungsmittelabfluß.
- bei Kurssteigerung ist die Gewinnschwelle erreicht, wenn der Kassapreis dem Basispreis E_2 + der Differenz $(E_2 - E_1)$ + anfänglicher Zahlungsstrom entspricht, also 40 + 1 + 0,58 = 41,58 Cents.

Der Zeitwert verfällt zugunsten des Verkäufers der beiden Calls mit Basispreis E_2, aber zugunsten des Käufers des Call E_1: Wenn die Kurse unter E_1 fallen, wird das mit der Position erzielte Ergebnis während der Laufzeit geringer; bewegen sich die Kurse zwischen E_1 und E_2, wird ein besseres Ergebnis erzielt.

Bei Kursen höher als E_2 erhöht sich die Gewinnschwelle mit dem Zeitablauf; aber die Ergebniskurve (Verlust) bleibt eine Gerade mit negativem Verlauf, die um so steiler ist, je mehr die Anzahl der verkauften Optionen die Anzahl der gekauften Optionen übersteigt. (Der Anstieg entspricht der Anzahl der verkauften Optionen vermindert um die Anzahl der gekauften Optionen.)

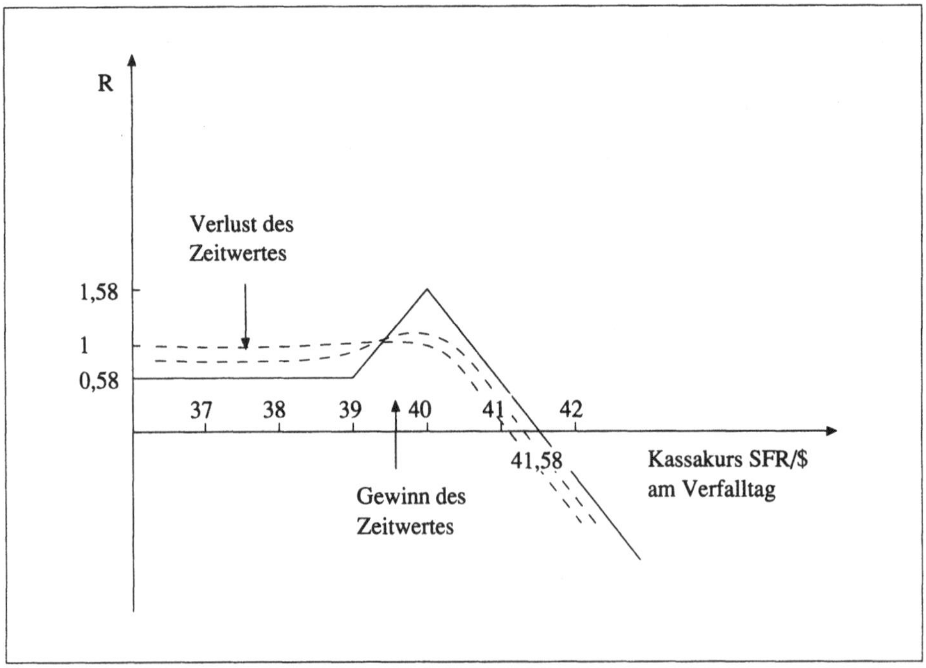

Abbildung 50: Ratio Call Price Spread

6.3.1.2 *Ratio Put Price Spread: Erwartung von Kursstabilität zwischen den Basispreisen und einer begrenzten Abwertung in Richtung auf den ersten Basispreis*

Der Ratio Price Spread eines Kaufs zweier Verkaufsoptionen besteht im Verkauf von zwei Puts zum tieferen Basispreis E_1 und dem Kauf eines Put zum höheren Basispreis E_2. Der gekaufte Put E_2 wird im allgemeinen „at the money" und demnach die verkauften Puts „out of the money" gewählt.

Der anfängliche Zahlungsstrom ist ein Zahlungsmittelzufluß, wenn der Wert der beiden verkauften Puts den Wert des gekauften Put übersteigt; aber die Position kann auch mit einem Zahlungsmittelabfluß eingegangen werden.

Risiko- und Gewinnerwartung:

Risiken ergeben sich aus einer ungünstigen Kursentwicklung (ausgeprägter Kursfall), die Verluste zur Folge hätte und den Verkäufer zu einer vorzeitigen Ausübung der Puts veranlassen würde.

Der anfängliche Kurs liegt bei E_2. Es wird erwartet, daß dieser bis zu E_1 fällt. Somit hofft der Käufer des Put E_2, daß er diesen mit einem höheren Gewinn verkaufen kann, als der Verlust bei Kauf des Put E_1 ausmacht. Dieses Ergebnis kann erzielt werden, wenn der Kurs etwas unter E_2 fällt, wobei gleichzeitig der Kurs E_2 mehr „in the money" liegt als der Put E_1. Fällt jedoch der Kurs unter E_1, sind beide Optionen E_1 und E_2 „in the money" und werden ausgeübt. Damit ist das Verlustrisiko unbegrenzt, denn zwei Optionen sind durch eine entgegengesetzte Option abgesichert.

Der maximale Gewinn wird erwirtschaftet, wenn zum Fälligkeitszeitpunkt der Optionen der Kurs bei E_1 liegt. Dann verfallen nämlich die Puts E_1 ohne Wert und der Put E_2 entspricht der Differenz zwischen E_2 und dem Kurs, also $E_2 - E_1$. Diesem Ergebnis ist der anfänglich vereinnahmte (bzw. verausgabte) Zahlungsstrom hinzuzufügen (bzw. abzuziehcn).

Steigt der Kurs höher als E_2, ist das Ergebnis auf den anfänglichen Zahlungsstrom begrenzt, denn alle Optionen sind „out of the money" und verfallen wertlos.

Beispiel: 21. Juni 1985

Verkauf zweier Puts SFR Sept. (38) zu 0,69, also 1,38 Cent
Kauf eines Put SFR Sept. (39) zu 1,12
Anfänglicher Zahlungsmittelzufluß: 1,38 – 1,12 = 0,26 Cent

Maximaler Gewinn: Differenz zwischen den Basispreisen + anfänglicher Zahlungsmittelzufluß = 1 + 0,26 = 1,26 Cent.

Gewinnschwelle am Verfalltag:

- Wenn bei Kurssteigerung der anfängliche Zahlungsstrom negativ ist: Basispreis E_2 vermindert um den anfänglichen Zahlungsmittelabfluß.
- Bei Kurssenkung: Basispreis E_1 – Differenz ($E_2 - E_1$) – anfänglicher Zahlungsstrom = 38 – 1 – 0,26 = 36,74 Cents.

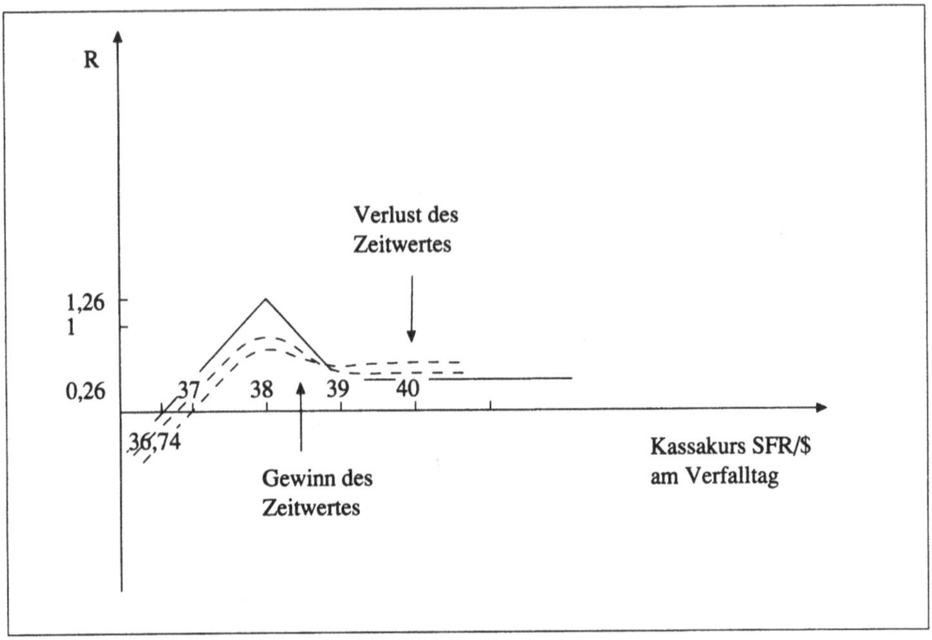

Abbildung 51: Ratio Put Price Spread

Ergebnisentwicklung innerhalb der Laufzeit:

Wenn die Kurse nicht unter E_2 fallen, verringert sich das Ergebnis der Position während der Restlaufzeit; bewegen sich die Kurse zwischen E_1 und E_2, so verbessert sich das Ergebnis; fallen die Kurse unter E_1, sinkt die Gewinnschwelle während der Restlaufzeit. Die Ergebniskurve (Verlust) jedoch bleibt eine Gerade mit positivem Anstieg, die um so steiler verläuft, je mehr die Anzahl der verkauften Optionen die Anzahl der gekauften Optionen übersteigt.

6.3.1.3 Inverser Ratio Call Price Spread („Backspread"): starke Volatilitätserwartung und steigendes Kursniveau

Dieser Spread beruht auf dem Verhältnis von einem Verkauf zu zwei Käufen. Es wird hierbei ein Call zum tieferen Basispreis E_1 verkauft und zwei Calls zum höheren Basispreis E_2 gekauft.

Für die zu kaufenden Calls E_2 werden in allgemeinen Optionen „out of the money" oder „at the money" gewählt, während der verkaufte Call E_1 „in the money" ist.

Anfänglicher Zahlungsmittelzufluß:

Ein anfänglich positiver Zahlungsstrom ergibt sich, wenn die Prämie des verkauften Call höher ist, als die Prämie der gekauften Calls. Sind jedoch die gewählten Basispreise auf fast gleichem Niveau, kann der anfängliche Zahlungsstrom negativ werden.

Risiko- und Gewinnerwartung:

Das Risiko ist in diesem Falle auf die „Talsohle“ der Ergebniskurve beschränkt, die sich dann herausbildet, wenn die Kurse stabil in Höhe des Basispreises E_2 liegen.

Liegt bei Erwartung von Kurssteigerungen der anfängliche Kurs bei oder unter E_2, so hofft man, die beiden Calls E_2 mit einem höheren Gewinn weiterverkaufen zu können, der höher ist als der Verlust aus dem Rückkauf des Call E_1. Dies kann erreicht werden, wenn durch starke Kurssteigerung die Calls E_2 „in the money“ gelangen, so daß insgesamt ihr innerer Wert den des Call E_1 übersteigt. Hält sich der Kurs auf dem Niveau von E_2, wird der Call E_1 am Ende der Laufzeit ausgeübt, während die Calls E_2 ohne Wert verfallen: Dies ist der maximale Verlust.

Liegt der Kurs tiefer oder auf gleichem Niveau wie E_1, sind alle Calls „out of the money“, und als Ergebnis bleibt nur die anfänglich vereinnahmte Zahlung.

Beispiel:

Kauf von zwei Calls SFR Sept. (41) zu 0,30, also 0,60 Cent.
Verkauf eines Call SFR Sept. (39) zu 1,32 Cent.

Anfänglich vereinnahmter Zahlungsstrom: 1,32 – 0,60 = 0,72 Cent

Maximaler Verlust = Differenz zwischen den Basispreisen + anfänglich vereinnahmter Zahlungsstrom – 39 – 41 + 0,72 = – 1,28 Cents.

Gewinnschwellen am Verfalltag:

- Bei Kurssenkung: Basispreis E_1 + anfänglicher Zahlungszufluß, also 39 + 0,72 = 39,72 Cents.
- Bei Kurssteigerung: Basispreis E_2 + Differenz zwischen den beiden Basispreisen (E_2 – E_1) – anfänglich vereinnahmte Zahlung, also 41 + (41 – 39) – 0,72 = 42,28 Cents.

Ergebnisentwicklung während der Laufzeit:

Bewegen die Kurse sich etwa auf dem Niveau E_1 (39), so verbessert sich das Ergebnis während der Laufzeit bis zu einem maximalen Wert in Höhe des anfänglichen Zahlungsstroms.

Bei Kursen über 39 verschlechtert sich das Ergebnis während der Laufzeit, und die Gewinnschwelle bei Kursteigerung fällt bis zu 42,28.

Von 41 an ist die Ergebniskurve eine Gerade, die eine um so höhere Steigung besitzt, je größer das Verhältnis gekaufter Optionen zu verkauften Optionen ist.

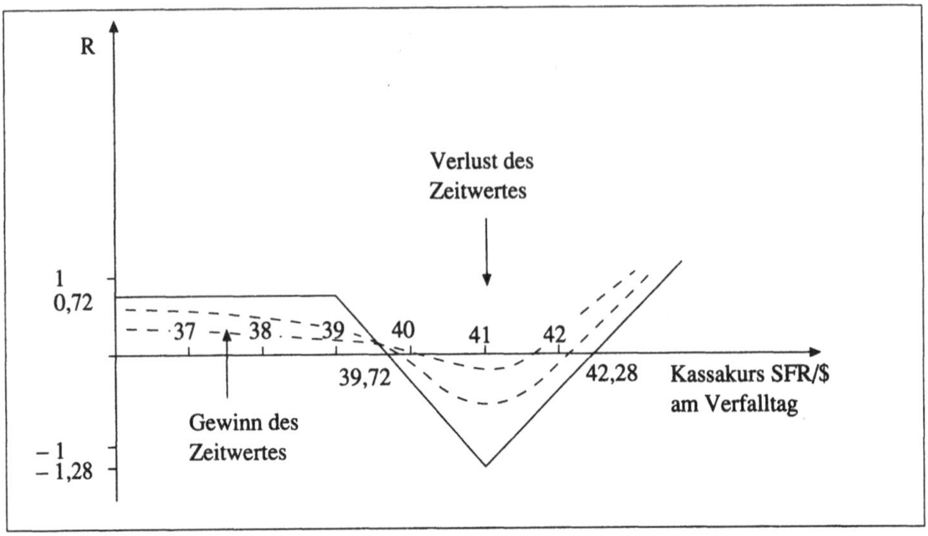

Abbildung 52: Inverser Ratio Call Price Spread

6.3.1.4 Inverser Ratio Put Price Spread („Backspread"): starke Volatilitätserwartung und fallendes Kursniveau

Dieser Spread beruht auf dem Verhältnis von einem Verkauf zu zwei Käufen. Es werden dabei ein Put mit dem höheren Basispreis E_2 und zwei Puts mit dem niedrigeren Basispreis E_1 verkauft.

Die gekauften Puts E_1 werden im allgemeinen „out of the money" gewählt, während der verkaufte Put „in the money" ist.

Der anfängliche Zahlungsstrom ist positiv, wenn die Summe der beiden Prämien der gekauften Puts tiefer ist als die Prämie des verkauften Put; er kann jedoch negativ sein, wenn die gewählten Basispreise fast auf gleichem Niveau sind.

Risiko- und Gewinnerwartung:

Das Risiko ist begrenzt auf die „Talsohle" der Ergebniskurve, die sich bei stabilen Kursen in Höhe des Basispreises E_2 ergibt. Der ursprüngliche Basispreis ist höher oder auf dem Niveau E_1, und es besteht Kurssenkungserwartung: die beiden Puts E_1 sollen mit höherem Gewinn als der Verlust aus dem Rückkauf des Put E_2 „ in the money" ausmacht, weiterverkauft werden. Dazu bedarf es einer starken Kurssenkung, damit die Puts E_1 „in the money" kommen und somit der innere Wert insgesamt höher ist als der innere Wert von Put E_2.

Bleiben die Kurse auf dem Niveau von E_1, wird der Put E_2 kurz vor dem Verfalltag ausgeübt, während die Puts E_1 ohne Wert verfallen.

In diesem Falle ist der maximale Verlust erreicht.

Wenn die Kurse höher oder auf dem Niveau von E_2 liegen, sind alle Puts „out of the money“ und als Ergebnis bleibt nur der anfängliche Zahlungsstrom.

Beispiel:

Kauf zweier Puts SFR Sept. (37) zu 0,42 Cent, also 0,84 Cent
Verkauf eines Put SFR Sept. (39) zu 1,12 Cent

Anfänglich vereinnahmte Zahlung = 1,12 – 0,84 = 0,28 Cent

Maximaler Verlust = Differenz zwischen den Basispreisen + anfänglich vereinnahmte Zahlung = 37 – 39 + 0,28 = – 1,72

Gewinnschwellen am Verfalltag:

- Bei Kurssenkung: Basispreis E_1 – Differenz zwischen den Preisen + anfänglich vereinnahmte Zahlung, also 37 – (39 – 37) + 0,28 = 35,28 Cents
- Bei Kurssteigerung: Basispreis E_2 – anfänglicher Zahlungsstrom, also 39 – 0,28 = 38,72 Cents

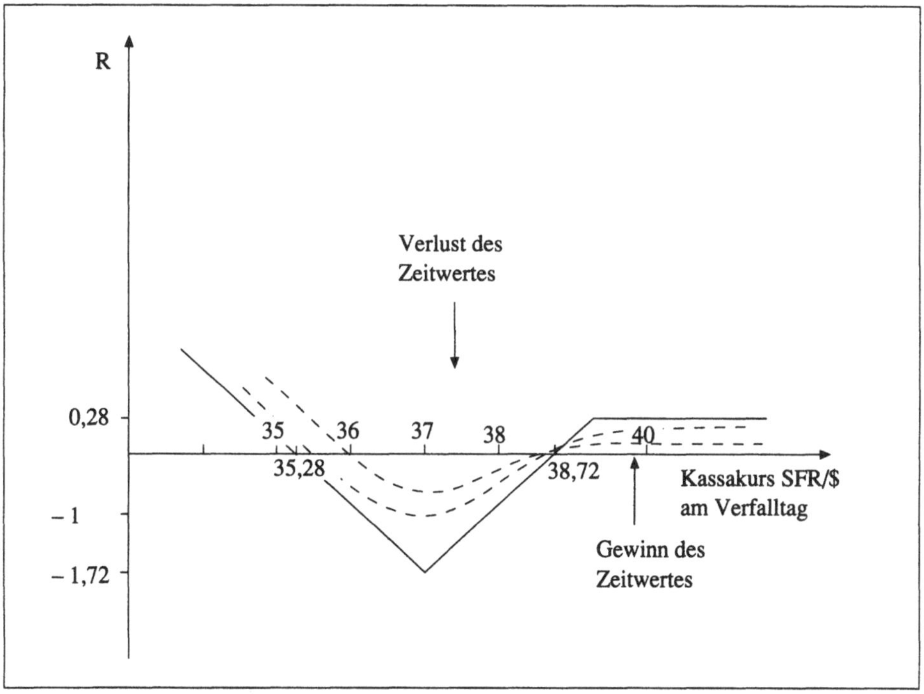

Abbildung 53: Inverser Ratio Put Price Spread

Ergebnisentwicklung innerhalb der Laufzeit:

Bei einem höheren Preisniveau als E_2 verbessert sich das Ergebnis während der Restlaufzeit. Sinkt der Basispreis unter E_2, verschlechtert es sich jedoch, und bei Kursverlusten sinkt die Gewinnschwelle mit der Restlaufzeit. Bei tieferen Kursen als E_1 verläuft die Ergebniskurve als Gerade mit negativem Anstieg, die um so steiler wird, je größer das Verhältnis der gekauften zu den verkauften Puts ist.

6.3.2 Calender Spreads und Diagonal Spreads: Volatilitätserwartung und Verlauf des Zeitwertverfalls

Ein Calender Spread entsteht durch gleichzeitigen Kauf und Verkauf zweier gleichartiger Optionen (Puts und Calls), mit gleichem Basispreis, aber verschiedenen Verfalltagen. In Anlehnung an die Art der Notierung wird er auch als horizontaler Spread bezeichnet. Die Preise dieser Optionen werden nämlich in der gleichen Reihe, aber in zwei verschiedenen Spalten notiert.

6.3.2.1 Calender Spread durch Optionskauf mit langer Laufzeit und Optionsverkauf mit kurzer Laufzeit

Im allgemeinen wird der Calender Spread als Kauf einer Option mit langer Laufzeit und Verkauf einer Option mit kurzer Laufzeit beschrieben. Zwei Faktoren können dabei zur Gewinnerzielung ausgenutzt werden. Erstens verringert sich der Zeitwert von Optionen mit kurzer Laufzeit schneller als bei Optionen, deren Verfalltag wesentlich später liegt. Es wird also auf den Gewinn der Differenz zwischen den unterschiedlichen Zeitwertverlusten spekuliert. Zweitens entspricht der Zeitwert einer Option mit langer Laufzeit nicht proportional dem Zeitwert einer Option mit kurzer Laufzeit: Bei gleichem Basispreis ist der Preis einer Option mit langer Laufzeit also relativ „preiswerter" als eine Option mit kurzer Laufzeit. Es wird angenommen, daß bei einem Calender Spread die Entwicklung des inneren Wertes der beiden Optionen gleichartig verläuft: Dies trifft bei der amerikanischen Option auf Kassakurse zu. Bei amerikanischen Optionen auf Terminkurse (auf Futures) oder bei europäischen Optionen im allgemeinen ist dies hingegen nicht gesichert. So wird das Spread-Ergebnis positiv oder negativ, wenn sich die Differenz zwischen dem Terminkurs für ein spätes Fälligkeitsdatum, (dem eine Option mit langer Laufzeit zugeordnet ist) und dem Terminkurs für ein frühes Fälligkeitsdatum, (dem eine Option mit kurzer Laufzeit zugeordnet ist), verändert. Das Geschäft ist dem Risiko einer Zinsänderung, die Terminkursschwankungen verursacht, ausgesetzt. Deswegen muß die Entwicklung des inneren Wertes der Optionen nicht parallel verlaufen.

Der anfängliche Zahlungsstrom ist normalerweise bei gleichen Basispreisen negativ, denn es wird eine Option mit längerer Laufzeit gekauft und eine Option mit kürzerer Laufzeit verkauft.

Risiko- und Gewinnerwartung:

In den obigen Ausführungen wurden Gewinnerwartung und Hauptrisiken des Marktteilnehmers beschrieben. Bei instabilen Zinssätzen dürften sowohl das Verlustrisiko als auch das Gewinnpotential unbegrenzt sein.

Jedoch zeigt die Entwicklung des Calender Spreads während der Laufzeit, gemäß der Optionspreistheorie (die konstante Zinssätze während der gesamten Laufzeit voraussetzt), daß das Risiko bei dieser Strategie begrenzt ist. Das Ergebnis spiegelt die Fragwürdigkeit der Schätzung potenzieller Gewinne und Verluste wider, die aufgrund von mathematischen Modellen zur Optionspreisentwicklung ermittelt wurden.

Bei einem Calender Spread auf Calls zum Beispiel entstehen bei Kurssenkungen Verluste, sobald der Kurs unter die Gewinnschwelle etwa in Höhe des Basispreises fällt, denn die erhaltene Prämie ist geringer als die anfänglich gezahlte Prämie, und keine der Optionen wird ausgeübt. Bei Kurssteigerungen entsteht ebenfalls ein Verlust, wenn der Kurs die Gewinnschwelle etwa in Höhe des Basispreises übersteigt, denn der Zeitwert des gekauften Call verfällt mit dem zunehmenden Anstieg des Kassakurses, wodurch die Optionsposition an Wert verliert.

Der maximale Gewinn wird erreicht, wenn der Kurs am ersten Verfalltag dem Basispreis entspricht. Der verkaufte Call wird nicht ausgeübt, während der zu einem späteren Zeitpunkt fällige Call wegen des geringfügigen Verfalls einen hohen Zeitwert behält und die Option „at the money" ist.

Darstellung eines Calender Spread auf Calls durch Verkauf einer Option mit kurzer und Kauf einer Option mit langer Laufzeit:

Zur Errechnung des Ergebnisses dieser Strategie bedarf es eines Programmes. Wir werden hier nur anhand eines simulierten Beispiels das Ergebnis dieses Spread zum ersten Verfalltag, wenn also die verkaufte Option ausläuft, beschreiben.

Spread: Kauf im Dezember 1984 eines Call DM Juni 1985 (34) zu 0,89; Verkauf im Dezember 1984 eines Call DM März 1985 (34) zu 0,40 (Verfalltag 15. März).

Anfänglicher Zahlungsstrom: – 0,89 + 0,40 = – 0,49

Maximaler Gewinn: Am 15. März entspricht der Kassakurs DM/$ 34

Ergebnis: – 0,89 + 0,40 + Zeitwert des gekauften Call.

Gewinnschwellen:

– Bei Kurssenkungen: Kurs < 34

  Das Ergebnis des Call März entspricht der erhaltenen Prämie: 0,40

  Das Ergebnis des Call Juni entspricht allein dem Zeitwert des Call vermindert um die Kosten des Kaufs in Höhe von 0,89.

  Die Gewinnschwelle ist erreicht, wenn die Summe der beiden Ergebnisse = 0 ist:
  R = 0 = 0,40 + V.T. – 0,89 = 0 <=> V.T. = 0,49 = – anfänglicher Zahlungsstrom.

  Hieraus kann uns das Preismodell den dazugehörigen Kurs ermitteln: hier 33,61.

- Bei Kurssteigerungen: Kurs > 34

  Das Ergebnis des Call März entspricht – S + 34 + 0,40.

  Das Ergebnis des Call Juni entspricht dem Wert des Call vom 15. März, vermindert um die Kosten des Kaufs, also S – 34 + V.T. – 0,89.

  Gesamtergebnis R = 0 <=>
  – S + 34 + 0,40 + S – 34 + V.T. – 0,89 = 0 <=>
  V.T. = 0,89 – 0,40 = 0,49 = – anfänglicher Zahlungsstrom.

  Das Preismodell weist den Kurs aus, der höher als 34 ist, in unserem Falle also 34,41.

Man kann behaupten, daß die Gewinnschwellen um so weiter entfernt vom Basispreis liegen, je tiefer der Zeitwert der Call-Long-Position ist: Dieser verhält sich jedoch umgekehrt zum Zahlungsstrom, der somit zu Sicherung größerer Gewinnchancen vermindert werden sollte. Anders ausgedrückt: Es ist besser, zu Beginn Calls „out of the money" mit Kurssteigerungserwartung zu wählen, die dann vielleicht „at the money" kommen werden. Der anfängliche negative Zahlungsstrom ist dann möglicherweise relativ klein.

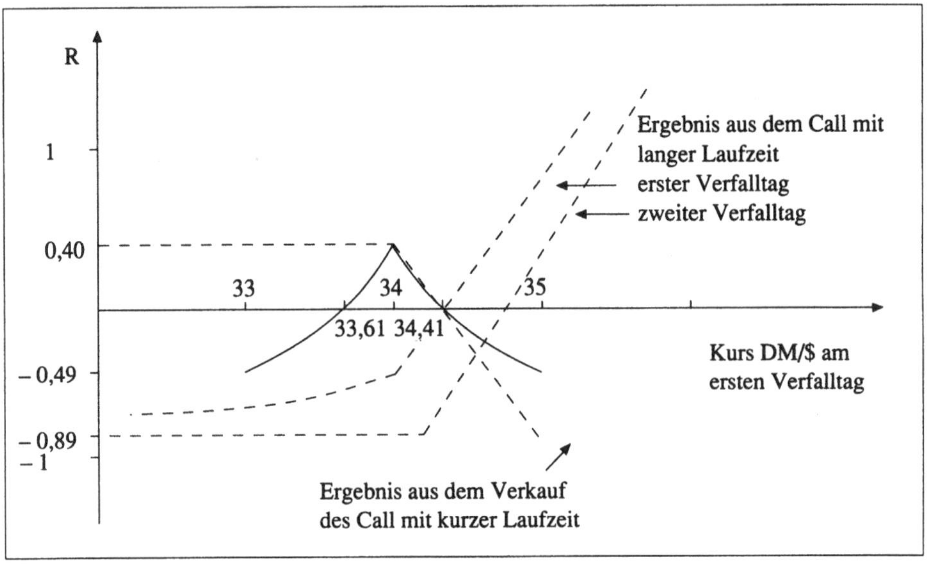

Abbildung 54: Calender Spread auf Calls (Kauf eines Call mit langer Laufzeit, Verkauf eines Call mit kurzer Laufzeit), dargestellt am Verfalltag des verkauften Call

Ganz allgemein gilt für das Ergebnis der Position am Verfalltag der ersten Option folgende Formel:

R = anfänglicher Zahlungsstrom + Restzeitwert des gekauften Call

Ist zum ersten Verfalltag der Wechselkurs

- geringer als der Basispreis, gilt:
  Ergebnis des verkauften Call = erhaltene Prämie
  Ergebnis des gekauften Call = Restzeitwert – gezahlte Prämie, also
  Ergebnis der Position = Restzeitwert + anfänglicher Zahlungsstrom;
- höher als der Basispreis, gilt:
  Ergebnis des verkauften Call = 34 – S + erhaltene Prämie
  Ergebnis des gekauften Call = (S – 34) + Restzeitwert – gezahlte Prämie, also
  Ergebnis der Position = Restzeitwert + anfänglicher Zahlungsstrom.

Es ist also festzustellen: Wenn der Wechselkurs sich von den Gewinnschwellen entfernt, entsteht aus der Position ein Verlust. Der Restzeitwert vermindert sich, je stärker die Option mit langer Laufzeit „out“-oder „in the money“ kommt und strebt gegen 0. Somit begrenzt sich der Verlust der gesamten Position auf den aus den Prämien resultierenden anfänglichen Zahlungsstrom.

Der Calender Spread (Kauf eines Call mit langer Laufzeit und Verkauf eines Call mit kurzer Laufzeit) ist also eine Strategie, die bei begrenztem Risiko und Gewinn auf begrenzter Volatilitätserwartung basiert.

Auf die gleiche Weise könnte man mit dem Kauf eines Call mit kurzer Laufzeit und dem Verkauf eines Call mit langer Laufzeit einen Calender Spread zusammenstellen. In diesem Falle ergäbe sich schematisch eine Umkehrung der obigen Abbildung 54, graphisch also eine „Talsohle“ – kein „Höcker“ – am ersten Verfalltag: Wenn Kassakurs und Basispreis gleich hoch sind, ist das Ergebnis am ungünstigsten. In diesem Fall wird die gekaufte Option nicht ausgeübt, und die gezahlte Prämie ist verloren. Der innere Wert der verkauften Option kann nicht steigen, aber der hohe Zeitwert bleibt bestehen und erschwert den Rückkauf. Man kann umgekehrt sagen, daß diesem Spread eine hohe Volatilitätserwartung jenseits der Gewinnschwellen zugeordnet ist.

Calender Spreads werden von spezialisierten Händlern eingegangen, indem sie am Markt unterbewertete Optionen mit langer Laufzeit kaufen und überbewertete Optionen mit kurzer Laufzeit verkaufen.

6.3.2.2 Diagonal Spreads

Diese Spreads vereinen die Risiken der horizontalen Spreads (Calender Spreads) und der vertikalen Spreads (auf Basispreise), denn gleichzeitig werden Optionen gleicher Art, aber mit verschiedenen Basispreisen und unterschiedlicher Laufzeit ge- und verkauft.

Wie bei den Calender Spreads ist anzumerken, daß Geschäfte mit diagonalen Spreads hauptsächlich von spezialisierten Händlern durchgeführt werden, die solche Positionen eingehen, wenn sie gemäß ihren theoretischen Prämienbewertungsmodellen bei unter- und überbewerteten Optionen Gewinnpotential zu erkennen glauben. Die überaus zahlreichen Strategien für diese Spreads können im Rahmen dieses Buches nicht behandelt werden.

Schlußbemerkung: Praktische Anwendung der Optionsstrategien

Mit der Darstellung der Strategien zum Aufbau einer Position bestand nicht die Absicht, eine Anleitung zum „Trading“ zu geben.

Wir möchten nur, daß folgende drei Punkte beachtet werden:

Erstens müssen bei Erstellung des Risiko- und Ergebnisprofils die Transaktionskosten, die bei der didaktisch ausgerichteten Darstellung vernachlässigt wurden, berücksichtigt werden. Diese bestehen hauptsächlich aus dem „bid-ask“ der bei allen Puts und Calls die Kosten für den Anleger erhöht. Diese Spanne ist je nach Geschäftsvolumen und Liquidität des Marktes von mehr oder weniger großer Bedeutung: Sie beträgt 1/100 oder 2/100 Cents in Chicago; in Philadelphia ist sie im allgemeinen auf 4 Cents begrenzt. Im Interbankenhandel sind die Spreadkosten mit gewöhnlich 0,10 % bis 0,40 % des Basispreises, wesentlich höher; jedoch an der Börse berechnen Makler für jeden neuen Kontrakt Kommissionen für ihre Dienstleistung.

Diese Faktoren dürfen besonders bei Strategien mit begrenztem Gewinnpotential nicht übersehen werden.

Zweitens müssen unbedingt Besonderheiten des betreffenden Optionsmarktes beachtet werden. Wie bei allen Märkten ist dazu Praxiserfahrung wichtig, und für Einsteiger empfiehlt es sich, Strategien mit begrenztem Risiko bei nicht zu hohem Kapitaleinsatz anzuwenden.

Drittens muß betont werden, daß im voraus mögliche Gewinne und Verluste bei Anwendung einer Strategie berechnet werden müssen.

Schon bei Aufbau der Position ist es empfehlenswert, ein Optionsmodell zur Verfügung zu haben, das es erlaubt, den angemessenen Optionspreis mathematisch zu errechnen sowie die Entwicklung der eingegangenen Position während der Laufzeit bis zur Fälligkeit im voraus abzuschätzen.

Sollte ein solches Modell nicht verfügbar sein, so ist es in jedem Fall notwendig, die Art des Ergebnisses bei Fälligkeit vorher zu bestimmen. Daraus kann der Verlauf während der Zwischenperioden entnommen werden. Durch Vektordarstellung kann sehr schnell der Verlauf der Kurve für die verbleibende Restlaufzeit ermittelt werden. Den Ergebniskurven muß zu jeder Basisposition ein Vektor im zweidimensionalen Raum zugeordnet werden, wobei als Werte die Steigung dieser Kurven (+ 1, 0 oder – 1) genommen werden.

Die erste Angabe zeigt den Verlauf der Kurve, wenn die Kurse den Basispreis übersteigen, die zweite dagegen den Anstieg, wenn die Kurse unter den Basispreis fallen.

Die Kurven und Vektoren werden wie folgt zugeordnet :

Positionen	Kurven	Vektoren
Kauf des Call		$\begin{pmatrix} 1 \\ 0 \end{pmatrix}$
Verkauf des Call		$\begin{pmatrix} -1 \\ 0 \end{pmatrix}$
Kauf des Put		$\begin{pmatrix} 0 \\ -1 \end{pmatrix}$
Verkauf des Put		$\begin{pmatrix} 0 \\ 1 \end{pmatrix}$
Kauf der Devise		$\begin{pmatrix} 1 \\ 1 \end{pmatrix}$
Verkauf der Devise	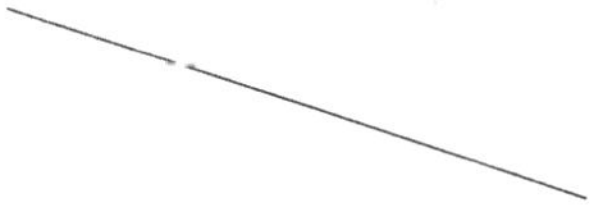	$\begin{pmatrix} -1 \\ -1 \end{pmatrix}$

Auf dieser Basis können die Positionen leicht durch Addition der einzelnen Vektoren zusammengefaßt werden.

Zum Beispiel:

* Kauf eines Call und Verkauf der Devise

$$\begin{pmatrix} 1 \\ 0 \end{pmatrix} + \begin{pmatrix} -1 \\ -1 \end{pmatrix} = \begin{pmatrix} 0 \\ -1 \end{pmatrix} = \text{Kauf des Put}$$

* Kauf eines Straddle = Kauf eines Call und eines Put

$$\begin{pmatrix} 1 \\ 0 \end{pmatrix} + \begin{pmatrix} 0 \\ -1 \end{pmatrix} = \begin{pmatrix} 1 \\ -1 \end{pmatrix}$$

* Verkauf eines Straddle = Verkauf eines Call und eines Put

$$\begin{pmatrix} -1 \\ 0 \end{pmatrix} + \begin{pmatrix} 0 \\ 1 \end{pmatrix} = \begin{pmatrix} -1 \\ 1 \end{pmatrix}$$

* Was ergibt der Verkauf von zwei Calls verbunden mit Devisenkauf?

$$2 \begin{pmatrix} -1 \\ 0 \end{pmatrix} + \begin{pmatrix} 1 \\ 1 \end{pmatrix} = \begin{pmatrix} -1 \\ 1 \end{pmatrix} = \text{Verkauf eines Straddle}$$

Was ergibt der Kauf eines Straddle verbunden mit Devisenkauf?

$$\begin{pmatrix} 1 \\ -1 \end{pmatrix} + \begin{pmatrix} 1 \\ 1 \end{pmatrix} = \begin{pmatrix} 2 \\ 0 \end{pmatrix} = 2 \begin{pmatrix} 1 \\ 0 \end{pmatrix} = 2 \text{ Call-Käufe.}$$

Auf diese Weise kann ohne Zeitaufwand der Verlauf sehr komplexer Strategien dargestellt werden, allerdings unter der Bedingung, daß Laufzeit und Basispreis gleich sind.

Diese vektorielle Aufzeichnung ist nur eine sehr vereinfachte Darstellung, die dem Inhaber von Optionspositionen nicht den „Trumpf" eines speziellen Optionspreisprogrammes ersetzen kann.

7. Absicherung von Wechselkursrisiken durch Optionen

In Frankreich wurde anfänglich die Devisenoption als Finanzinstrument zur Absicherung von bedingten Risiken dargestellt, vorzüglich geeignet für Unternehmen bei Ausschreibungsverfahren und Verkäufen nach Festpreislisten. In Wirklichkeit übersteigt die Anwendung von Optionen weitgehend den Bereich der Abdeckung rein zufälliger Risiken und trägt wesentlich zur Absicherung von im voraus bekannten, offenen Positionen bei. Somit können Exporteure, Importeure, Kreditnehmer und Kreditgeber von Devisen dieses neue Finanzinstrument zur Risikoabsicherung anwenden.

Wie bereits dargelegt, liegt der große Vorteil dieser Innovation in einer höheren Flexibilität bei der Handhabung von Wechselkursrisiken. Der Finanzmanager kann durch die Wahl des Basispreises selbst das Ergebnis und Risikoprofil seines Absicherungsgeschäftes bestimmen. Dieses Profil hängt von den Kosten der Strategie ab, die sich aus dem Saldo der vereinnahmten und verausgabten Prämien ergeben: Im Rahmen seiner Absicherungsstrategie entscheidet der Finanzmanager also eigenständig darüber, welches Risiko verbunden mit welcher erwarteten Rendite er eingehen will.

Die im folgenden Kapitel angeführten Beispiele sollen dem Leser die große Vielfalt der möglichen Absicherungsstrategien veranschaulichen. In einem besonderen Abschnitt werden zusätzlich die durch die französischen Devisenbestimmungen bedingten Einschränkungen behandelt.

7.1 Beispiele für die Absicherung von vorhersehbaren Risiken

7.1.1 Exportabsicherung

7.1.1.1 Allgemeine Prinzipien der Absicherung

Angenommen, ein amerikanischer Exporteur weiß am 3. Mai 1985, daß er am 17. September 1985 eine Zahlung in Pfund Sterling erhalten wird.

Am 3. Mai ist die Marktsituation wie folgt:

Kassapreis £/$: 1,1960
Terminkurs £/$ Verfalltag 17. Sept.: 1,1760

Die Notierungen von Philadelphia lauten wie folgt:

Tabelle 19: Notierungen in Philadelphia am 3.5.1985

Currency Options
Philadelphia Exchange

3-5-85

Option & Underlying	Strike Price	Calls-Last Jun	Calls-Last Sep	Calls-Last Dec	Puts-Last Jun	Puts-Last Sep	Puts-Last Dec
12.500 British Pounds-cents per unit.							
B Pound	100	r	r	r	0.05	r	r
119.60	.105	15.80	r	r	0.20	1.10	r
119.60	.110	r	r	12.20	0.50	2.30	3.90
119.60	.115	6.10	8.30	9.20	1.50	4.20	5.95
119.60	.120	3.30	5.20	6.70	3.60	6.45	7.50
119.60	.125	1.50	3.40	r	6.50	8.65	10.50
119.60	.130	0.55	2.00	r	r	r	r
119.60	.135	0.25	1.45	r	r	r	r
50.000 Canadian Dollars-cents per unit.							
C Dollar	...70	r	r	r	0.10	0.35	r
72.19	...71	r	1.65	r	r	r	r
72.19	...72	0.75	1.05	r	0.54	0.90	r
72.19	...73	0.30	r	0.82	0.93	r	r
72.19	...74	0.11	0.45	r	1.70	2.30	r
72.19	...75	r	0.30	r	r	r	r
72.19	...76	r	r	r	3.50	r	r
62.500 West German Marks-cents per unit.							
DMark	...29	2.23	r	r	0.08	0.41	0.51
30.96	...30	1.40	2.19	r	0.30	0.74	r
30.96	...31	0.76	1.50	1.97	0.69	1.17	s
30.96	...32	0.36	1.06	1.50	1.26	1.65	1.78
30.96	...33	0.18	0.74	1.12	1.90	r	2.31
30.96	...34	0.09	0.46	0.80	3.00	r	3.00
30.96	...35	0.03	0.27	0.63	r	r	r
30.96	...36	0.02	s	s	r	s	s

Option & Underlying	Strike Price	Calls-Last Jun	Calls-Last Sep	Calls-Last Dec	Puts-Last Jun	Puts-Last Sep	Puts-Last Dec
12.500 French Francs-10ths of a cent per unit.							
FFranc	..90	r	0.75	r	r	0.75	r
101.75	..95	r	r	r	0.50	r	r
101.75	.100	3.00	r	r	r	r	r
101.75	.105	r	r	r	4.40	r	r
101.75	.110	r	1.45	r	r	r	r
6.250.00 Japanese Yen-100ths of a cent per unit.							
JYen	...37	r	2.94	r	r	0.30	r
39.27	...38	r	r	r	0.19	r	r
39.27	...39	0.96	1.50	r	0.51	r	r
39.27	...40	0.44	1.07	1.56	1.00	1.40	r
39.27	...41	0.16	r	r	r	r	r
39.27	...43	0.04	r	r	r	r	r
62.500 Swiss Francs-cents per unit.							
SFranc	..33	r	r	r	r	0.17	r
36.74	...34	3.03	r	r	0.08	0.38	r
36.74	...35	2.15	r	r	0.21	r	r
36.74	...36	1.36	r	r	0.47	0.80	r
36.74	...37	0.83	1.85	r	0.85	1.36	1.70
36.74	...38	0.46	1.13	r	1.50	2.00	2.20
36.74	...39	0.22	0.81	1.30	2.20	r	2.75
36.74	...40	0.09	0.57	1.03	r	r	3.45
36.74	...41	0.05	0.42	0.80	r	r	r
36.74	...42	0.03	s	s	r	s	s
36.74	...43	0.01	s	s	17.26	s	s
Total call vol.	9,525		Call open int.-			216,162	
Total put vol.	9,994		Put open int.			144,759	

Der Finanzverantwortliche kann zur Handhabung seiner offenen Position drei Strategien anwenden:

- Eine Long-Position in Pfund Sterling halten. Diese Strategie der Nicht-Absicherung birgt die größten Risiken, aber ein Kursanstieg des Pfund Sterling zwischen dem 3. Mai und dem 17. September 1985 kann uneingeschränkt genutzt werden. Eine Kurssenkung des £/$ dagegen kann die Gewinnspanne des Geschäftes bis auf Null vermindern, wenn nicht sogar Verlust bringen.
- Die Absicherung im Devisentermingeschäft mit endgültiger Festlegung des Verkaufskurses £/$ bei 1,1760. Mit der Wahl dieser Strategie sichert sich der Finanzverantwortliche gegen Kurssenkungen ab, aber er hat keine Möglichkeit, vom Kursanstieg des Pfund Sterling zu profitieren. Sie wird bei Kursanstiegserwartungen des Dollar angewandt.
- Kauf von Puts auf Pfund Sterling Sept. 1985 an der Börse von Philadelphia. Der Finanzverantwortliche erwartet eher Kurssenkung des £/$ und wählt eine Option, die etwas „in the money" ist, mit Basispreis 125 (bei Kassakurs von 119,60). Damit hat er die Garantie eines maximalen Verkaufskurses £/$ von (125 – 8,65)[1] = 116,35 Cents/£,

oder aber einen Kurs £/$ von 1,1635, der geringfügig unter dem Terminkurs liegt (1,1760). Sollte der Kurs des Dollar während der Laufzeit fallen, wird er die Option abstoßen und seine Pfund-Position am Markt zu günstigerem Kurs verkaufen.

Am 17. September 1985 hatte sich das Pfund Sterling gegen den Dollar erheblich aufgewertet.

Nachdem im Verlauf des Sommers ungünstige Konjunkturindikatoren veröffentlicht wurden, erschien die Wirtschaftslage der USA unstabil. Großbritanien dagegen konnte aus einer günstigen Zinsdifferenz Nutzen ziehen, und die wirtschaftspolitischen Ergebnisse waren hoffnungsvoll.

Die Marktlage war wie folgt:
Kassakurs £/$: 1,3358
Option 125 Sept. wurde notiert mit 0,85

Tabelle 20: Notierungen in Philadelphia am 17.9.1985

Currency Options
Philadelphia Exchange   17-9-85

Option & Underlying	Strike Price	Calls-Last Sep	Calls-Last Dec	Calls-Last Mar	Puts-Last Sep	Puts-Last Dec	Puts-Last Mar
12.500 British Pounds-cents per unit.							
B Pound	120	r	r	r	r	0.70	r
133.58	.125	12.00	r	r	0.85	1.70	r
133.58	.130	r	6.80	r	r	3.55	r
133.58	.135	r	3.60	r	r	6.05	3.20
133.58	.140	r	2.10	3.90	r	9.35	r
133.58	.150	r	0.65	1.60	r	r	r
50.000 Canadian Dollars-cents per unit.							
C Dollar	...71	r	r	r	r	0.17	r
72.65	...72	r	0.19	r	r	r	r
72.65	...74	r	0.19	r	r	r	r
62.500 West German Marks-cents per unit.							
DMark	..32	r	r	r	r	0.21	r
34.52	...33	r	r	r	r	0.44	r
34.52	...34	3.22	1.55	r	r	0.78	r
34.52	...35	1.14	1.03	1.63	r	s	r
34.52	...36	r	0.65	1.22	r	1.68	r
34.52	...37	r	0.39	0.88	r	s	r
34.52	...38	r	0.23	r	r	3.28	s

Option & Underlying	Strike Price	Calls-Last Sep	Calls-Last Dec	Calls-Last Mar	Puts-Last Sep	Puts-Last Dec	Puts-Last Mar
12.500 French Francs-10ths of a cent per unit.							
FFranc	.110	r	5.20	r	r	r	r
6.250.00 Japanese Yen-100ths of a cent per unit.							
JYen	...40	r	r	2.20	r	r	r
41.38	..41	r	1.06	r	r	0.49	r
41.38	...42	r	0.56	r	r	1.02	r
41.38	...44	r	0.13	r	r	r	r
62.500 Swiss Francs-cents per unit.							
SFranc	..33	r	9.41	r	r	r	r
42.01	...36	r	6.50	r	r	r	r
42.01	...38	r	r	r	r	0.16	r
42.01	...39	r	r	r	r	0.28	r
42.01	...40	r	r	r	r	0.49	r
42.01	...41	r	2.20	r	r	r	r
42.01	...42	3.42	1.58	2.48	r	r	r
42.01	...43	r	1.58	2,48	r	r	2.11
42.01	...44	r	1.16	r	r	r	r
42.01	...45	r	0.52	r	r	r	r
42.01	...46	r	0.35	r	r	r	r

Total call vol. 4,988 Call open int.- 242,146
Total put vol. 2,194 Put open int. 159,150
r – Not traded. s – No option offered.
Last is premium (purchase price).

1 Nicht berücksichtigt sind hierbei die Finanzierungskosten der Prämie. Die genaue Berechnung des Effektivkurses lautet: [125 – 8,65 (1 + i)], wobei i die Finanzierungskosten der Prämie darstellt. Mit i = 10 % erhält man (ohne Berücksichtigung von Zinseszinsen) einen Verkaufskurs von £/$ = 1,1603, also fast 1,1635. Dieser Näherungswert ist somit für unsere Zwecke brauchbar.

Erläuterung der Ergebnisse der verschiedenen Strategien:

Beibehalten der Position: Der Finanzverantwortliche verkauft seine Pfund Sterling zum Kassapreis £/$ = 1,3358.

Er erzielt aus der Kurssenkung des Dollar vollen Gewinn, aber bei einer entgegengesetzten Entwicklung hätte er großen Verlust gemacht – was gegenüber seiner Firma schwer zu rechtfertigen wäre.

Terminabsicherung: Der amerikanische Exporteur gibt Pfund Sterling zum Kurs von £/$ zu 1,1760 ab, dabei nimmt er Opportunitätskosten von (1,3358 – 1,1760) = 0,1598 $ pro £ in Kauf.

Kauf von Puts £ 125 Sept. 1985: Nachdem das Pfund Sterling gegenüber dem Dollar über 1,25 hinaus gestiegen ist, verkauft der Finanzverantwortliche seine Optionen und gibt seine Devisen zum Kassakurs von 1,3358 ab.

Der effektive Absicherungskurs errechnet sich wie folgt:

Kassakurs £/$	1,3358
– Prämie der gekauften Option	– 0,0865
+ Prämie der weiterverkauften Option	+ 0,0085
Effektiver Absicherungskurs	1,2578

Der Exporteur stellt seine Position zum Kurs von 1,2578 glatt und erzielt einen Gewinn von (1,2578 – 1,760) = 0,0818 $ pro £ im Vergleich zur Terminabsicherung. Er erhält einen niedrigeren Kurs als den Kassakurs, aber ein Verkaufskurs £/$ von 1,1635 ist für den Fall einer ungünstigen Entwicklung der britischen Währung garantiert. Somit konnte der amerikanische Exporteur aus der Kurssteigerung des Pfund Sterling Nutzen ziehen.

Zum Zeitpunkt der Put-Käufe kann der Finanzverantwortliche sich den Verkauf des ihm garantierten effektiven Kurses in Abhängigkeit von jedem beliebigen Kassakurs, der sich bei der Glattstellung seiner Position ergeben könnte, herleiten. Dabei wird er ein spezielles Optionsmodell benutzen, aus dem er die Ergebniskurve seiner Optionsposition zu diesem Zeitpunkt entnehmen kann. Aus Gründen der besseren Übersicht sind im unten dargestellten Fall das Datum der Glattstellung der Position und der Verfalltag der Optionen identisch.

Auf das vorhergehende Beispiel bezogen, liegt der graphischen Darstellung der Effektivkurse folgende Vorgehensweise zugrunde:

1. Schritt: Darstellung der reinen Position £/$

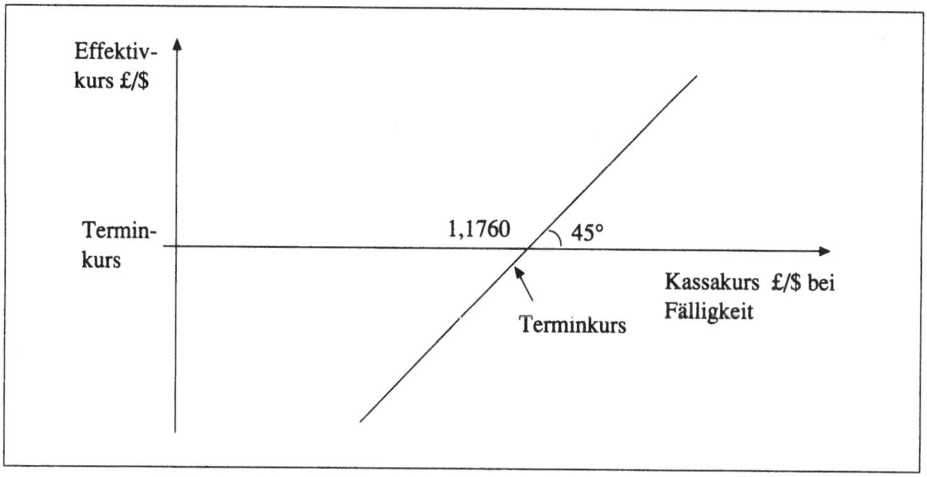

Abbildung 55: Effektivkurs bei Nichtabsicherung

Wenn man von der theoretischen Annahme der Devisenmarkteffizienz ausgeht, hat der Exporteur am Verfalltag die Chance von 1 : 2 eines höheren Kassakurses als der Terminkurs, und die Chance eines tieferen Kurses von ebenfalls 1 : 2. Bei Nichtabsicherung seiner Position weiß der Exporteur, daß der effektive Verkaufskurs seiner Pfund Sterling der Kassakurs £/$ bei Fälligkeit sein wird.

2. Schritt: Absicherung der Position durch Kauf von Puts £ 125 Sept. 1985

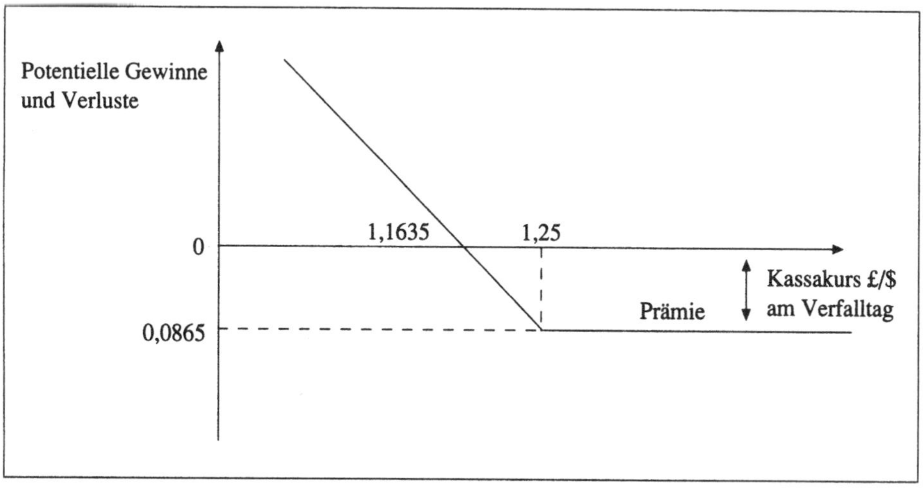

Abbildung 56: Mögliche Gewinne und Verluste der Optionsposition

Ergebnis des einzelnen Put nach Ausübung der Option:

R = Basispreis des Put – Kassakurs der zugrundeliegenden Devise – gezahlter Prämie

oder R = E – S – P

Bei Nichtausübung (Kassakurs höher als Basispreis) entsteht dem Finanzverantwortlichen ein Verlust in Höhe der gezahlten Prämie.

Wenn der Kassakurs £/$ bei Fälligkeit tiefer als 1,25 liegt, ergibt die Ergebnisgleichung eine Gerade mit einer Steigung von –1, die die Abszissen bei S = E – P schneidet; dies geschieht dann, wenn der Kassakurs = (1,25 – 0,0865) = 1,1635 £/$ beträgt.

Hier liegt die Gewinnschwelle der Optionsposition.

3. Schritt: Profil der Effektivkurse bei Absicherung

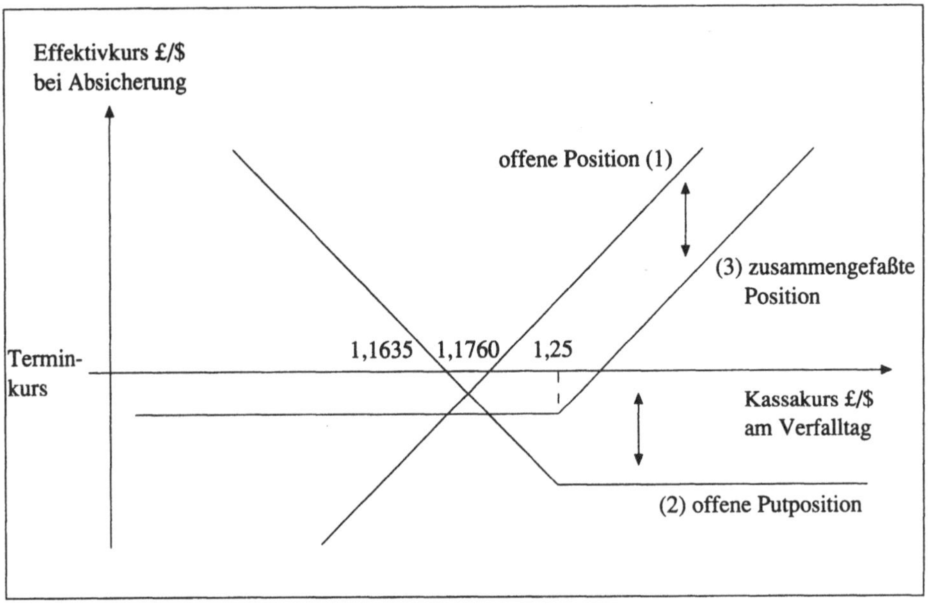

Abbildung 57: Profil der Effektivkurse bei Absicherung

Bei Zusammenfassung der Abbildungen 55 und 56 erhält man die Kurve der Effektivkurse bei Absicherung. Der Effektivkurs entspricht dem Kassakurs bei Fälligkeit zuzüglich dem errechnetem Ergebnis der Putposition.

Sowohl diese als auch sämtliche Abbildungen in Kapitel 7 veranschaulichen an der Ordinate die Effektivkurse bei Absicherung durch den Finanzverantwortlichen, nicht aber, wie in den vorhergehenden Kapiteln, die Gewinne und Verluste bei Anwendung der Optionsstrategien. Die Kurven stellen folglich nicht wie üblich die Ergebnisse von Call-

und Putstrategien dar, sondern Kauf- oder Verkaufskurse der Devise (Ordinate) als Funktion des Kassakurses am Verfalltag (Abszisse).

Beispiele:

a) Der Kassakurs ist am Verfalltag höher als 1,25, also 1,3358; bei einem Weiterverkaufswert der Option von Null (Annahme bei einer Option „out of the money" am Verfalltag) beträgt der Effektivkurs bei Absicherung 1,3358 – 0,0865 = 1,2493 £/$ und ist somit höher als der Terminkurs (1,1760). Beim vorhergehenden Beispiel erhalten wir einen abgesicherten Effektivkurs von 1,2578, was auf einen Zeitwert des Put von größer als Null zurückzuführen ist.

b) Der Kassakurs am Verfalltag liegt bei 1,25. Analog zu den vorhergehenden Überlegungen, beträgt der abgesicherte Effektivkurs 1,25 – 0,0865 = 1,1635. Er liegt etwas tiefer als der Terminkurs.

c) Der Kassakurs ist am Verfalltag tiefer als 1,25. Der Finanzverantwortliche übt seinen Put bei einem Effektivkurs von 1,1635 £/$ aus. Dieser Kurs ist der minimale Verkaufskurs £/$, er liegt geringfügig unter dem Terminkurs.

7.1.1.2 Berücksichtigung der Finanzverhältnisse in Frankreich

Die französische Devisengesetzgebung schreibt vor, daß im Inland ansässige Exporteure ein Devisenabtretungsgebot (obligation de cession) nicht durch Optionen umgehen dürfen. Jeder Exporteur ist (wenn keine Sondergenehmigung vorliegt) verpflichtet, innerhalb von 14 Tagen nach Lieferung der Ware Devisen per Termin gegen FF zu verkaufen. Somit ist heute in Frankreich die im vorhergehenden Kapitel beschriebene Absicherungsmethode bei Optionskäufen nicht anwendbar.

Wenn zum Beispiel ein französisches Unternehmen nach den USA exportiert und sich durch Optionen absichern möchte, kann es drei verschiedene Strategien anwenden:

- Kauf von Calls FF auf Kassakurse mit einem Verfalltag, der dem Fälligkeitsdatum der Forderung entspricht. Zum Zeitpunkt der Abtretungsverpflichtung verkauft der Exporteur seine Devisen am Terminmarkt und hat somit eine ungedeckte Optionsposition. Er wird dann je nach Marktentwicklung seine Calls entweder weiterverkaufen oder behalten.

  a) Bei einem Kassakursanstieg des Dollar in Paris wird der Finanzverantwortliche seine Calls auf FF nicht verkaufen, weil deren Preis gesunken ist und er einen möglichen Kursanstieg des Französischen Franc in Erwägung zieht.

  b) Bei Kassakurssenkung des Dollar in Paris kann der Finanzverantwortliche den sich zum Zeitpunkt des Terminkaufs ergebenden Verlust durch den Verkauf der Calls kompensieren. Wird er weiterhin mit fallenden US-Dollar-Kursen rechnen, so kann er seine Optionen halten.

- Kauf von Calls FF auf Kassakurse zum oder kurz nach dem Verfalltag, der dem Datum der Devisenabtretungsverpflichtung entspricht. Unter dieser Voraussetzung wird der Finanzverantwortliche seine Optionen abgeben, wenn der Kurs $/FF gestiegen ist, und diese ausüben, wenn der Kurs gefallen ist. Im letzteren Fall hat er das zum Devisenterminverkauf zugehörige Kassageschäft durchgeführt, er wird mit seiner Bank ein Swapgeschäft bis zur Fälligkeit seiner Forderung eingehen. Mit dieser Strategie wird der Finanzverantwortliche das Swap-Risiko während des Zeitraumes, der dem Zeitpunkt der Abtretung vorausgeht, tragen. Kurzfristig ist das Risiko eines Langzeitswaps relativ gering.

Diese Strategie ist eindeutig weniger aufwendig, da die Ausübungsdaten der Calls kurz aufeinanderfolgen, aber der Exporteur kann aus einer Kurssteigerung des Dollar nach dem Zeitpunkt der Devisenabtretung keinen Nutzen ziehen; die Position des Exporteurs ist vom Zeitpunkt der Abtretung an „blockiert".

In diesem letzteren Fall trägt der Exporteur das Swap-Risiko seines Terminverkaufs. Dieses Risiko kann er wiederum mit einer dritten Möglichkeit absichern.

- Kauf des Call FF auf Terminkurse, wobei die Fälligkeit des Termingeschäftes identisch mit dem Datum der Forderung ist und das Ausübungsdatum der Option dem Zeitpunkt der Abtretung entspricht. Durch diese Strategie ist der Exporteur bis zum Zeitpunkt der Abtretung abgesichert, ohne ein Zinsänderungsrisiko in Kauf nehmen zu müssen. Das zugrundeliegende Aktivum ist dabei der Terminkurs. Die Kosten dürften zwischen der Höhe der Kosten der beiden hier vorgestellten Strategien liegen.

  Die Banque de France erlaubt in ihrem Schreiben vom 9. August 1985 an das Bankgewerbe den Verkauf von Calls auf Französische Francs gegen Devisen, ohne die Art des zugrundeliegenden Geschäftes (Absicherungs- oder Spekulationsgeschäft) näher zu bestimmen. Vor diesem Zeitpunkt konnten Unternehmen nur mit einer Sondergenehmigung des Finanzministeriums oder über nicht im Inland ansässige Personen Optionsgeschäfte durchführen.

7.1.2 Absicherung der Kapitalerhöhung einer Filiale im Ausland

Am 3. Mai 1985 beschließt eine deutsche Firma, sich an der Kaptitalerhöhung ihrer amerikanischen Tochter mit 2 Millionen Dollar zu einem noch nicht genau festgelegten Datum – etwa im Herbst – zu beteiligen. Bei einem Kassakurs $/DM von 3,23 handelt es sich um ein Engagement DM/$ der Mutter von 2 x 3,23 = 6,46 Millionen DM.

Da die deutsche Firma nicht das Risiko der Kurssteigerung der amerikanischen Währung bis zum Herbst eingehen wollte, beschließt der Finanzverantwortliche, seine Position durch Kauf von Puts auf DM abzusichern. Damit legt er einen maximalen Einkaufskurs des Dollar fest und sichert sich zusätzlich die Möglichkeit, von einer Kurssteigerung der heimischen Währung zu profitieren.

Da er eher eine Kurssenkung des Dollar erwartet, wählt der Finanzverantwortliche Optionen leicht „out of the money" und kann somit die Prämienkosten geringfügig reduzieren. Als Verfalltag wird wegen der Ungewißheit über das genaue Datum der Kapitalerhöhung der Dezembertermin gewählt.

Der Basispreis wurde mit 29 Cents pro DM gewählt, also ein Kurs \$/DM von 3,44. Die Zahl der gekauften Puts errechnet sich wie folgt :

$$\frac{2\,000\,000}{29 \times 10^{-2} \times 62\,500} = 110 \text{ Kontrakte}$$

Die Prämie für einen Put beträgt 0,51 Cent pro DM, also 0,51 x 625 = 318,75 \$ pro Kontrakt; die Kosten der Absicherungsstrategie können dann wie folgt veranschlagt werden:

318,75 x 110 = 35062,5 \$

Die Kosten der Prämie betragen 1,75 % des investierten Kapitals.

Die Kapitalerhöhung findet schließlich am 17. September statt.

Die erwartete Kurssenkung der US-Währung tritt tatsächlich ein; der Finanzverantwortliche kauft Dollars zum Kurs von 2,90 DM.

Für den Nettogewinn gilt folgende Übersicht :

Gewinn aus der Kassadevisenposition:	
2 000 000 x (3,23 – 2,90)	660 000 DM
Verlust aus der Optionposition 35 062,5 x 3,23	113 252 DM
Nettogewinn des Absicherungsgeschäftes	546 748 DM

Zwar hat die deutsche Firma für eine Option, die schließlich nicht ausgeübt wurde und keinen Weiterverkaufswert mehr hat, mehr als 35 000 \$ gezahlt. Aber durch die Option konnte der Finanzverantwortliche an der Kurssteigerung der DM verdienen und zugleich waren seine DM-Bestände bei möglichen Kurssteigerungen des Dollar abgesichert. Wäre zum Beispiel am 17. September der Kurs \$/DM bei 3,70 gewesen, hätte die Option dem deutschen Unternehmen einen Wechselkursverlust von 2 000 000 (3,70 – 3,23) = 940 000 DM erspart. Der Finanzverantwortliche hätte die Puts zum Basispreis von 3,44 ausgeübt und einen Gewinn von 2 000 000 x (3,70 – 3,44) = 520 000 DM abzüglich der Prämien, also 113 252,00 DM, erzielt.

7.1.3 Die Absicherung von Importgeschäften

Angenommen, ein amerikanisches Unternehmen vertreibt Schweizer Uhren in Amerika. Da Schweizer Franken gekauft und Dollars verkauft werden müssen, besteht ein ständiges Wechselkursrisiko in Höhe der jeweiligen Importverpflichtungen

Beispiel:

Am 5. Mai 1985 möchte die amerikanische Firma ihre Short-Position in Schweizer Franken absichern. Es handelt sich um Wechsel in Höhe von 4 000 000 SFR, die am 31. November fällig werden. Die Devisenmarktlage ist folgendermaßen:

Kassakurs SFR/\$	= 36,74	(\$/SFR = 2,72)
Kurs SFR/\$ 30.11.85	= 37,44	(\$/SFR = 2,67)

Der Finanzverantwortliche kauft Calls SFR Dez. 1985 am Markt von Philadelphia.

Da er eine Kurssteigerung des Dollars mit Sicherheit erwartet, kauft er einen Basispreis, der „out of the money" ist (41 Cents pro SFR), und der ihn überdies gegen einen „ katastrophalen" Kursfall des Dollar absichert.

Die Kontrakthöhe lautet auf 62 500 SFR, die Zahl der gekauften Kontrakte beträgt 4 000 000/62 500 = 64.

Die Gesamtkosten der Absicherungsstrategie betragen

64 x 62 500 x 0,80 (Kurs des Call SFR 41 am 3. 5. 1985) x 10^{-2} = 32 000 $

Mögliche Marktsituationen am 31. November 1985:

- Entgegen den Erwartungen des Finanzverantwortlichen ist der Kurs des Schweizer Franken gegenüber dem Dollar gestiegen. Übersteigt der Kurs 41 Cents ($/SFR = 2,44), wird die Optionen ausgeübt und, verglichen mit der Nichtabsicherungsstrategie, Gewinn erzielt. Dies ist bei SFR/$-Kursen von 41 + 0,80 = 41,80 Cents, also bei einem $/SFR-Kurs von weniger als 2,40 der Fall.
- Der Kurs des Schweizer Franken hat sich nicht verändert oder aber er hat sich gegen den Dollar abgeschwächt. In diesem Falle wird die Option weiterverkauft und am Markt werden Schweizer Franken gekauft. Mit dieser Strategie kann aus dem Kursanstieg des Dollar Nutzen gezogen werden, und sie ist dann profitabler als die Terminabsicherung, wenn der Kurs unter (37,44 – 0,80) = 36,64 fällt bzw. wenn der $/SFR-Kurs höher als 2,73 ist.

Die folgende Aufstellung bietet eine Übersicht der Strategieergebnisse im Vergleich zur Terminabsicherung bei Kurssteigerung oder Kurssenkung des Dollar.

Tabelle 21: Absicherungsstrategien eines amerikanischen Importeurs, der Schweizer Franken fakturiert

Strategie / SFR	Kurssteigerung	Kurssenkung
Nichtabsicherung	Verlust wegen Kurssteigerung des Schweizer Franken ./. Report (+ Deport)	Gewinn aus Kurssenkung Schweizer Franken ./. Deport (+ Report)
Terminabsicherung	0	0
Absicherung durch Optionskauf	Verlust in Höhe des garantierten Effektivkurses ./. Terminkurs	Gewinn in Höhe der Kurssenkung des Schweizer Franken ./. Deport (+ Report)

7.2 Wahl des Basispreises: Wahl zwischen Gewinn und Risiko

Die Wahl des Basispreises ist das Wichtigste bei der Absicherungsstrategie durch Optionskauf. Er bestimmt Risikoprofil und Ergebnis der Absicherung und läßt die jeweilige Risikobereitschaft des Finanzverantwortlichen erkennen.

Mit der Devisenoption kann sich der Käufer bei ungünstiger Kursentwicklung der zugrundeliegenden Devise einen maximalen Kaufkurs (oder minimalen Verkaufskurs) sichern, der als „garantierter Effektivkurs" bezeichnet wird. Dies ist der Kurs bei Ausübung der Option. Er entspricht im Falle eines Call dem Basispreis zuzüglich der Prämie, im Falle eines Put dem Basispreis abzüglich der Prämie[1].

Die Wahl eines garantierten Effektivkurses etwa in Höhe des Terminkurses hat eine Gewinnminderung zur Folge, wenn die Kursentwicklung der zugrundeliegenden Devise günstig ist. Die Gewinnschwelle, das heißt ein Kursniveau, von dem an die Absicherung durch Optionen günstiger ist als die Terminabsicherung, ist um so schwieriger zu erreichen, je höher die anfänglich bezahlte Prämie ist. Der Käufer von Optionen „in the money" hat die Garantie eines Kurses etwa in Höhe des Terminkurses, aber er wird nur ganz geringfügig von einer günstigen Entwicklung des Kassakurses profitieren. Umgekehrt wird der Käufer von Optionen „out of the money" nur die Garantie eines deutlich tieferen Kurses als des Terminkurses haben – sei es (je nach Annahme) ein noch akzeptabler oder geradezu „katastrophaler" Kurs – er wird jedoch aus einer günstigen Entwicklung des Kassakurses unverzüglich großen Nutzen ziehen. Somit ist die Wahl des Basispreises eine Arbitrage zwischen Gewinn und Risiko.

Die Abbildung 58 stellt das Profil der Effektivkurse der gekauften Optionen „at the money", „in the money" oder „out of the money" dar. Als Beispiel dient die Absicherung einer Long-Position auf Britische Pfund durch Kauf von Puts Dezember 1985 am 17. September 1985.

Das Profil der Effektivkurse bei Absicherung durch Optionskauf „in the money" ähnelt dem Profil der Terminabsicherung; der Kauf einer Option „deep in the money" entspricht in Wirklichkeit fast einem Termingeschäft. Es besteht die Wahrscheinlichkeit von etwa 1, daß eine solche Option ausgeübt wird. Dadurch verliert das jeweilige Geschäft seine Eigenart als bedingtes Geschäft; das Kaufinteresse schwindet und somit sinkt der Zeitwert gegen Null.

Dagegen nähert sich das Profil der Effektivkurse bei Absicherung durch Optionskauf „out of the money" dem Profil der nicht abgesicherten Position. Der Kauf von Optionen „deep out of the money" entspricht einer Strategie der Nichtabsicherung. Die Ausübungswahrscheinlichkeit solcher Optionen liegt nahe Null; der Kontrakt verliert seinen

---

1 Siehe Kapitel 1, Konzept zur Ermittlung des garantierten Effektivkurses. In Wirklichkeit liegt es allerdings eher im Interesse des Optionskäufers, seine Kontrakte weiterzuverkaufen, statt sie auszuüben. Bei Weiterverkauf wird er den verbleibenden Zeitwert kassieren und sichert sich einen Effektivkurs, der höher liegt als der garantierte Effektivkurs.

bedingten Charakter, und somit werden die Käufer einer Option „deep out of the money" nur einen Zeitwert nahe Null bezahlen wollen.

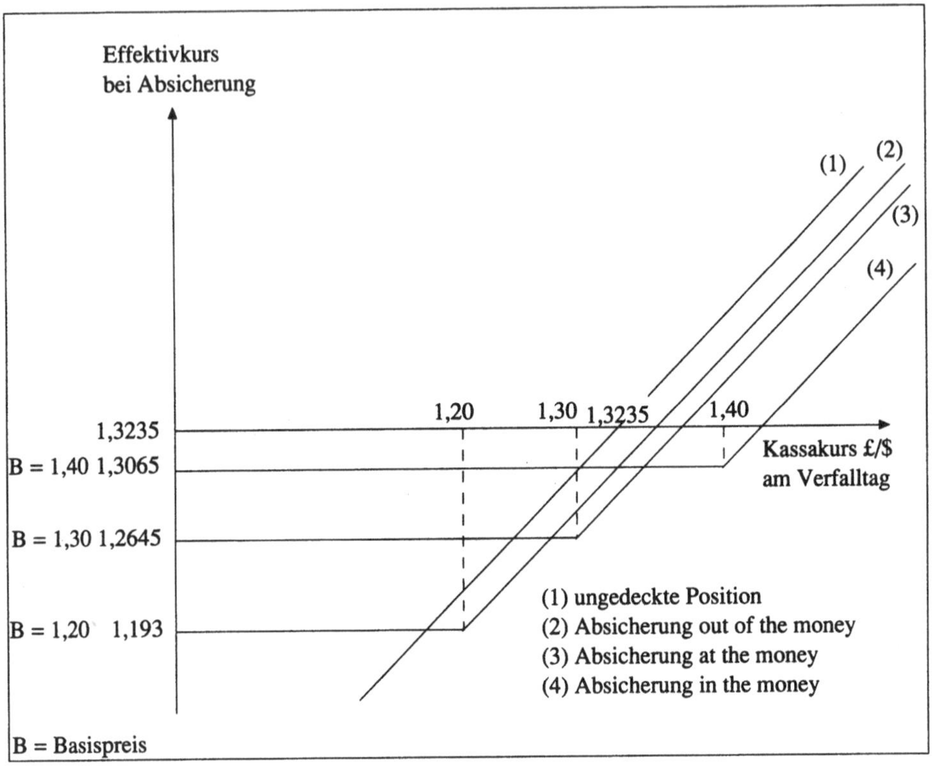

Abbildung 58: Effektivkurse bei Absicherung in Abhängigkeit vom Basispreis

In Abbildung 58 wird die der Option zugrundeliegende Flexibilität deutlich: Der Optionskäufer kann selbst ein Profil der garantierten Effektivkurse bei Absicherung, das zwischen der Terminabsicherung und der ungedeckten Position liegt, bestimmen. Der Finanzverantwortliche kann aus einer Fülle von Ergebniskurven diejenige auswählen, die für seine Risiko- und Ergebnispräferenz am geeignetsten erscheint.

7.3 Stellungnahme zum vielfach falsch gesehenen Problem der Absicherungskosten der Option

7.3.1 Falsche Problemstellung

Potentielle Anwender von Optionen führen oft zur Begründung ihrer Zurückhaltung die hohen Kosten der Optionsabsicherung an. Die sofortige Zahlung der Prämie scheint ein

Hindernis sowohl in psychologischer als auch in organisatorischer Hinsicht zu sein, das die Entwicklung der Optionsmärkte beeinflußt. Deswegen dürfte die Devisenabsicherung am Interbankenmarkt oder mit Futureskontrakten weitgehend bevorzugt werden – sogar in den USA. Jedoch haben wir schon wiederholt festgestellt, daß die Option die Vorteile der Terminabsicherung mit denen der nicht abgesicherten Position kombiniert, und im vorhergehenden Abschnitt erläutert, daß die Terminabsicherung als Option „deep in the money" verstanden werden kann. Eines der am häufigsten angeführten Argumente, die Devisenoption sei teurer als die Terminabsicherung, scheint auf einer falschen Interpretation des Optionsprinzips zu beruhen. Dazu ist festzustellen, daß die Option ein Recht, das Termingeschäft dagegen eine Verpflichtung beinhaltet. Eine elementare wirtschaftswissenschaftliche Analyse kann beweisen, daß bei zugrundeliegenden identischen Geschäften der Preis für ein Recht höher ist als der Preis für eine Verpflichtung!

Der Preis einer Option muß eher als Kosten einer Wertanlage betrachtet werden. Im Gleichgewicht ist der mathematisch berechnete Gewinn einer Optionsposition wegen der Anpassung der Prämie gleich Null. Wie auch immer die Strategie der Handhabung einer Position sein mag, die mathematische Wahrscheinlichkeit eines Nettogewinnes ist Null. In diesem Sinne ist langfristig die Option weder eine bessere noch eine schlechtere Lösung als die Terminabsicherung oder die nicht abgesicherte Position. Das Auswahlkriterium dieser drei Strategien ist also nicht die erwartete Rendite, sondern das Ausmaß der Risikopräferenz der Anleger:

- Bei der Terminabsicherung ist dem Finanzverantwortlichen der Terminkurs bei Fälligkeit mit einer Wahrscheinlichkeit von 100 % garantiert. Seine Nettogewinnerwartung bei Absicherung ist also Null, sein Risiko ebenfalls Null.

- Bei Nichtabsicherung der Position besteht bei deren Fälligkeit eine Chance von 1 : 2, einen besseren Kurs, und eine Chance von 1 : 2, einen schlechteren Kurs als den Terminkurs zu erhalten. Die Gewinnerwartung ist ebenfalls Null. Aus diesem Grunde müssen wir uns mit der Vorstellung vertraut machen, daß langfristig das Ergebnis einer systematischen Absicherungspolitik absolut identisch mit dem Ergebnis einer Strategie der offenen Position ist. Zieht der Finanzverantwortliche die Nichtabsicherung vor, muß er aber darüber hinaus ungünstige Marktentwicklungen einkalkulieren und theoretisch über ein unbegrenztes Kapital verfügen.

- Schließlich hat der Finanzverantwortliche mit der Option die Wahl eines potentiellen Gewinnprofils, wobei die Prämie – die den maximalen Verlust darstellt – um so höher sein wird, je größer das erwartete Gewinnpotential ist. Der Käufer einer ungedeckten Option „in the money" zahlt eine hohe Prämie; aber er erwirbt ein sehr hohes Gewinnerwartungspotential. Ein Call DM 30 Dezember 1985 bei einem Kassakurs von DM/$ 37,03 ($/DM = 2,70) kostete 7,16 Cents/DM am 23. September 1985 in Philadelphia. Der Käufer dieser Option „deep in the money" zahlt eine sehr hohe Prämie (24 % des Basispreises), aber er erzielt Gewinn, sobald der Kassakurs DM/$ das aktuelle Niveau übertrifft; die Gewinnschwelle liegt bei 37,16 ($/DM bei 2,69). Umgekehrt zahlt der Käufer eines Call „out of the money" eine niedrige Prämie, aber er verliert damit die Chance, einen beachtlichen Gewinn durch Ausübung oder Weiterverkauf der Option zu erzielen: Ein Call £ 150, Dez. 1985 kostete 2,55 Cents/£, bei einem Kassakurs von £/$ 1,4422. Nur ein sehr starker Anstieg der britischen Währung über die Gewinnschwelle von (1,50 + 0,0255) = 1,5255 hinaus wäre für den Käufer des ungedeckten Call gewinnbringend.

Die Prämien können als Investitionskosten betrachtet werden, wobei mit der Wahl mehrerer Basispreise das Risikoniveau bestimmt werden kann; die mathematische Wahrscheinlichkeit, Gewinne zu erzielen, ist bei allen sich entsprechenden Optionsstrategien absolut identisch. Somit ist die Option kein „teures" Produkt, sie kann lediglich über- oder unterbewertet sein. Nur in diesem Punkt stellt sich das Optionspreisproblem, nämlich im Vergleich zwischen der an der Börse notierten Prämie und dem „fair value", der über Modelle zur theoretischen Preisbestimmung ermittelt wird.

Dennoch können Finanzverantwortliche, die in ihrem Unternehmen die Absicherung durch Optionskauf durchsetzen wollen, eher Zustimmung zu Strategien mit niedrigen Prämien erreichen.

7.3.2 Minimierung der Kosten von Optionsstrategien

Finanzverantwortliche, die sich durch Optionskauf absichern, können die Kosten ihrer Strategie hauptsächlich durch folgende zwei Möglichkeiten niedrig halten:

- Kauf von Optionen „out of the money";
- Reduzierung der Kosten von gekauften Optionen durch gleichzeitigen Verkauf anderer Optionen: Diese Strategien, die „low premium strategies" genannt werden, garantieren dem Exporteur (Importeur) einen minimalen (maximalen) Verkaufs-(Kauf-)kurs seiner Devisen, aber sie begrenzen die Gewinnmöglichkeiten im Falle einer günstigen Kursentwicklung.

7.3.2.1 Absicherungsstrategien durch Kauf von Optionen „out of the money“: Der Abstand zur Gewinnschwelle wird größer

Am 23. September 1985 sichert ein amerikanischer Importeur eine Short-Position in Pfund Sterling durch Kauf von Optionen mit Fälligkeit zum 30. November bei einem Kassakurs £/$ von 1,4422 und einem Terminkurs von 1,4280 (30/11/85). Da er die Kosten seiner Strategie möglichst niedrig halten möchte, kauft er Calls „out of the money“ mit Basispreis 1,50 (siehe Abbildung 59). Er zahlt nur 2,55 Cents pro Pfund Sterling, hat sich aber damit nur gegen einen „katastrophal“ niedrigen Kurs abgesichert und einen Anstieg des Pfund Sterling gegenüber dem Dollar zwischen 1,4222 und 1,50 einkalkuliert (siehe Tabelle 22 mit einem Auszug aus dem Kursblatt).

Tabelle 22: Notierungen in Philadelphia am 23.9.1985

Currency Options 23-9-1985
Philadelphia Exchange

Option & Underlying	Strike Price	Calls-Last Dec	Calls-Last Mar	Calls-Last Jun	Puts-Last Dec	Puts-Last Mar	Puts-Last Jun
12.500 British Pounds-cents per unit.							
B Pound	115	r	r	s	0.15	r	s
144.22	.120	22.60	r	22.85	r	0.90	r
144.22	.125	18.50	r	r	0.50	r	r
144.22	.130	14.00	14.60	15.70	s	r	r
144.22	.135	10.00	11.00	11.90	2.20	r	r
144.22	.140	6.90	8.40	9.75	3.85	6.70	8.20
144.22	.145	4.20	5.80	7.00	r	r	r
144.22	.150	2.55	3.80	r	r	r	r
50.000 Canadian Dollars-cents per unit.							
C Dollar	...70	r	r	s	r	0.21	s
73.40	...71	2.16	r	r	r	r	r
73.40	...72	r	r	r	0.27	r	r
73.40	...73	0.70		r	r	r	r
73.40	...74	0.37		r	1.20	1.45	r
73.40	...75	0.18		r	r	r	r
62.500 West German Marks-cents per unit.							
DMark	..29	r	r	s	0.01	r	s
37.03	...30	7.16	r	s	0.02	0.10	s
37.03	...31	5.74	r	r	0.06	r	r
37.03	...32	5.09	r	r	0.10	0.24	r
37.03	...33	4.24	4.70	r	0.14	0.35	r
37.03	...34	3.38	3.90	r	0.23	0.55	r
37.03	...35	2.57	3.25	3.60	0.42	0.87	r
37.03	...36	1.94	2.57	r	0.75	1.20	r
37.03	...37	1.34	2.00	2.47	s	1.60	r
37.03	...38	0.95	1.59	2.06	2.00	s	s

Option & Underlying	Strike Price	Calls-Last Dec	Calls-Last Mar	Calls-Last Jun	Puts-Last Dec	Puts-Last Mar	Puts-Last Jun
12.500 French Francs-10ths of a cent per unit.							
FFranc	.115	6.60	r	r	r	r	r
121.03	.120	r	r	5.90	r	r	r
6.250.00 Japanese Yen-100ths of a cent per unit.							
JYen	...38	5.35	r	s	r	r	s
44.10	...39	4.80	r	r	r	r	r
44.10	...40	4.28	3.99	4.64	r	r	r
44.10	...41	3.38	r	r	0.11	r	r
44.10	...42	2.43	2.10	r	0.22	0.51	r
44.10	...43	1.67	r	r	0.46	r	r
44.10	...44	1.16	1.54	1.86	0.78	r	r
62.500 Swiss Francs-cents per unit.							
SFranc	..37	r	r	r	0.04	r	r
45.08	...38	7.10	7.48	r	0.07	r	r
45.08	...39	6.12	r	r	r	0.30	r
45.08	...40	5.13	r	r	0.15	r	r
45.08	...41	4.34	4.73	5.47	0.25	r	r
45.08	...42	3.65	4.34	4.85	0.42	0.83	r
45.08	...43	2.90	3.50	r	0.67	r	r
45.08	...44	2.34	3.10	r	1.00	1.48	r
45.08	...45	1.74	2.40	r	1.38	1.98	r
45.08	...46	1.30	1.95	2.70	r	r	r

Total call vol.	23,179	Call open int.-	161,367
Total put vol.	11,548	Put open int.	97,189

r – Not traded. s – No option offered.
Last is premium (purchase price).

In Abbildung 59 ist das Profil der Effektivkurse bei Absicherung in Bezug auf Kassakurse am Verfalltag dargestellt:

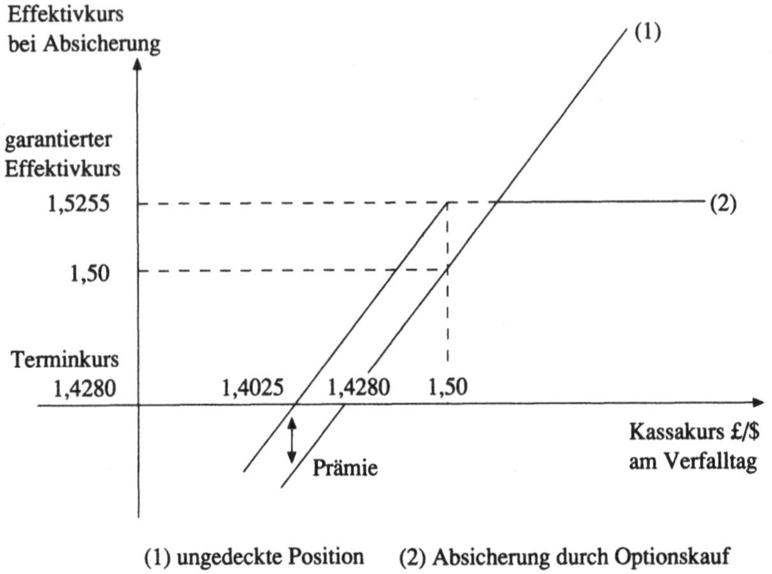

Abbildung 59: Annahme: Call £/$ „out of the money" (Basispreis = 1,50)

Dieser Call unterscheidet sich vom Profil der Effektivkurse einer Kaufoption „in the money", dargestellt in Abbildung 60. Hauptsächlich folgende beiden Elemente bestimmen den Unterschied:

- Bei einer Option „in the money" ist der garantierte Effektivkurs dem Terminkurs näher als bei einer Option „out of the money". Diese kostet zwar weniger, aber sie bietet eine weniger gute Absicherung.
- Bei einer Option „out of the money" entwickelt sich der Effektivkurs günstiger als bei einer Option „in the money", vorausgesetzt die Kursentwicklung verläuft ausgeprägt vorteilhaft. Zum Beispiel kauft der Importeur bei einer Kurssenkung des Pfund Sterling unter 1,40 in beiden Fällen die notwendigen Devisen am Markt; hat er eine Option „out of the money" gewählt, verliert er die weniger teure Prämie.

Dieses Beispiel bestätigt, daß die Wahl des Basispreises nur eine Abwägung zwischen Risiko und Ertrag widerspiegelt, die jeder Optionsanwender selbst vornehmen muß. *Somit ist ein Engagement in Optionen „at the money" keine neutrale Entscheidung und offenbart eine gewisse Risikoscheu.*

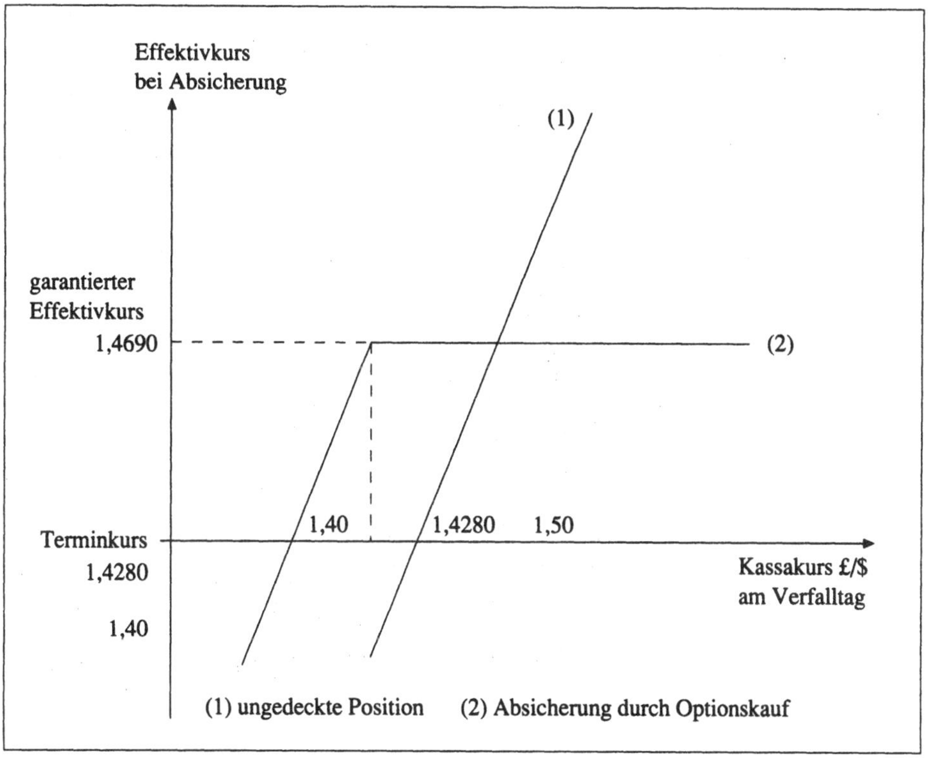

Abbildung 60: Call £/$ „in the money" (Basispreis = 1,40)

7.3.2.2 Strategien zur Minderung der Prämienkosten

Der Finanzverantwortliche kann die Absicherungskosten von Optionen reduzieren, indem er auf einen Teil des sich aus dem Risiko- und Ergebnisprofil ergebenden potentiellen Gewinnes verzichtet. Er wendet eine Strategie an, die ihm immer einen maximalen Kaufkurs (oder minimalen Verkaufskurs) sichert, aber aus einer günstigen Marktentwicklung kann er keinen Nutzen ziehen. Die Minimal- und Maximaleffektivkurse bei Kurssteigerung und bei Kurssenkung wird er für den Fälligkeitszeitpunkt seiner Position berechnen.

Das Profil der Effektivkurse, welches der Finanzverantwortliche gemäß seinen Kurserwartungen der zugrundeliegenden Devise im Falle von Kurssenkungen oder Kurssteigerungen entwirft, entspricht dem eines Spread. Wir werden nun erläutern, daß eine solche Strategie unter Voraussetzung bestimmter Basispreise („Strategie der Null-Prämie") per Saldo zu keinem Zahlungsmittelabfluß führt.

7.3.2.2.1 Prinzip der Absicherung zu geringen Kosten

Nehmen wir wieder das Beispiel des amerikanischen Importeurs, der eine Short-Position in Pfund Sterling absichern möchte. Er möchte einen maximalen Kurs beim Kauf von Pfund Sterling und gleichzeitig die Kosten der Prämie begrenzen; er kauft also einen Call „out of the money". Zusätzlich möchte er den anfänglichen Zahlungsmittelabfluß limitieren, indem er durch Verkauf eines Put „out of the money" einen minimalen Kaufkurs festsetzt. Wenn die Differenz zwischen Terminkurs und Basispreis des Call höher ist als die Differenz zwischen Terminkurs und Basispreis des Put, kann diese Strategie sogar zu einem anfänglichen Zahlungsmittelzufluß führen: Unter dieser Voraussetzung ist der Zeitwert des Call tatsächlich niedriger als der des Put. Eine solche Strategie ist absolut diskutabel, jedoch muß das Risiko einer Kurssteigerung des Pfund Sterling eingegangen werden, das nur dann abgesichert ist, wenn das Pfund Sterling das Niveau des hohen Basispreises des Call übersteigt.

Der Finanzverantwortliche kann es vorziehen, einen maximalen Kaufkurs des Pfund Sterling – etwa in Höhe des Terminkurses – zu wählen, indem er einen Call kauft, der weniger „out of the money" ist als der Put: Unter dieser Voraussetzung führt die Strategie der Absicherung zu einem Zahlungsmittelabfluß.

Das Profil der Effektivkurse bei Anwendung dieser Strategie analysieren wir wie folgt:

- Am 23. September 1985: Ein amerikanischer Importeur
- kauft Calls £ 150, Dezember 1985
- verkauft Puts £ 125, Dezember 1985

Die Kosten dieser beiden gleichzeitig durchgeführten Transaktionen basieren auf Notierungen in Philadelphia:

Kosten pro Pfund Sterling = 2,55 – 0,5 = 2,05 Cents

Der Effektivkurs bei Fälligkeit der Position im Hinblick auf den Kassakurs am Verfalltag errechnet sich wie folgt:

a) Wenn der Kassakurs £/$ bei Fälligkeit tiefer ist als der tiefste Basispreis, angenommen 1,25, wird der Käufer des Put seine Option ausüben, und somit muß der Importeur Pfund Sterling zum Kurs von 1,25 kaufen. Der Effektivkurs liegt höher: 1,25 + 0,0205 = 1,2705. Dies ist der minimale Kaufkurs des Pfund Sterling bei Anwendung dieser Strategie.

b) Wenn der Kassakurs £/$ bei Fälligkeit höher als der höchste Basispreis ist, angenommen 1,50, wird der Importeur seinen Call ausüben und Pfund Sterling zu einem Effektivkurs von 1,50 + 0,0205 = 1,5205 beschaffen. Dies ist der maximale Kaufkurs des Pfund Sterling bei Anwendung dieser Strategie.

c) Wenn der Kassakurs £/$ bei Fälligkeit zwischen den beiden Basispreisen liegt, wird keine Option ausgeübt, und der Effektivkurs bei Glattstellung der Position wird dem Kassakurs des Marktes zuzüglich der Differenz beider Prämien entsprechen.

Das Profil der Effektivkurse bei Fälligkeit kann nach folgender Methode dargestellt werden:

– Ermittlung des Risiko- und Ergebnisprofils der Optionsposition:

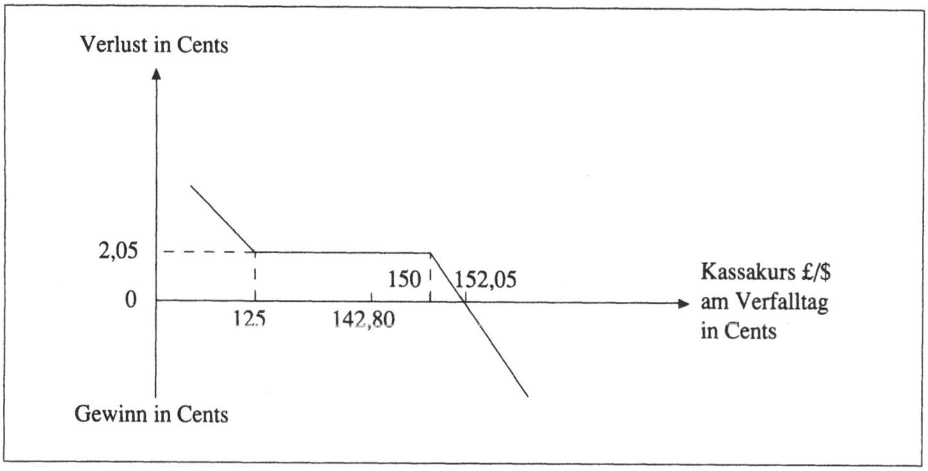

Abbildung 61: Risiko- und Ergebnisprofil der Optionsposition

– Zusammenfassung der Optionsposition und der Devisen-Short-Position: Entspricht der Effektivkaufkurs bei Fälligkeit dem Kassakurs zuzüglich des Verlustes (bzw. abzüglich des Gewinnes) aus der Optionsposition, ergibt sich die Kurve für den Effektivkurs in Abbildung 62 durch Addition des Devisenkurses (Kauf am Markt) und des Verlustes (oder des Gewinnes) aus dem Optionsgeschäft.

Das Profil der Effektivkurse dieser Strategie macht eindeutig die Grenzen sichtbar, innerhalb derer der Finanzverantwortliche seine Position glattstellen wird. Er hat durch Kombination zweier Basispreise sehr viele Spread-Möglichkeiten. Diese Strategie beweist wiederum die große Flexibilität, die Devisenoptionen bieten.

7.3.2.2.2 Strategie der Null-Prämie: der INDOSPREAD[1]

Die Strategie der Null-Prämie ist ein Sonderfall der Kostenbegrenzungsstrategie. Da die Kosten der gekauften Option vollständig durch Prämieneinnahmen der verkauften Optionen ausgeglichen werden, besteht kein anfänglicher Zahlungsmittelabfluß. Die Übereinstimmung der gezahlten Prämie mit der erhaltenen Prämie beruht auf der Voraussetzung des gleichen Abstands der Call- und Put-Basispreise zum Terminkurs. Bei beiden Optionen „out of the money" spiegeln die zugehörigen Prämien nur noch den Zeitwert wider. Wenn man annimmt, daß der Terminkurs der beste Schätzwert des zukünftigen Kassakurses wird, kann mit der gleichen Wahrscheinlichkeit angenommen werden, daß die

1 Wir widmen diesen Abschnitt dem Optionsteam der Banque INDOSUEZ New York (Didier Lavice, Jean-Manuel Rozan und Nassim Taleb), das uns bestens mit dieser Strategie vertraut machte.

Calls und Puts bei Ausübung Gewinn bringen. Folglich ist ihr Zeitwert in etwa gleich der Prämie des Call, und die Prämie des Call ist der Prämie des Put identisch.

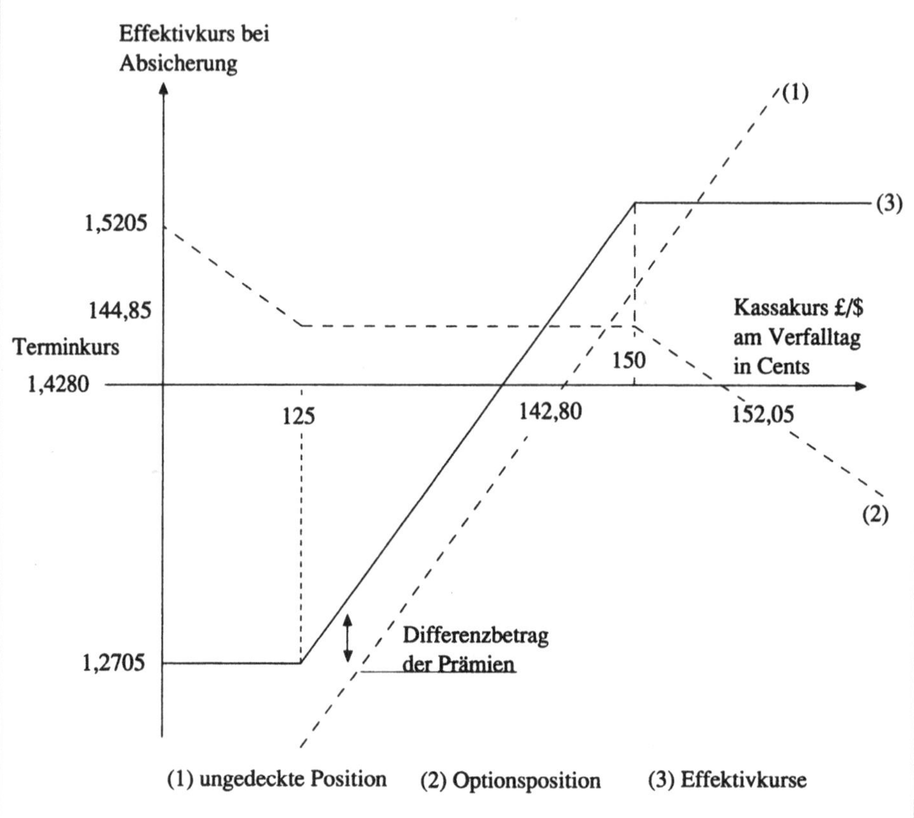

Abbildung 62: Profil der Effektivkurse bei einer Strategie zur Kostenbegrenzung der Prämie

Dieses hier eher intuitiv ermittelte Ergebnis haben wir bereits in Kapitel 5 theoretisch erklärt.

Am 23. September 1985 hätte der Importeur einen Call £/$ 145 Dezember 1985 zu 4,20 kaufen und einen Put £/$ 140 mit gleichem Verfalltag zu 3,85 verkaufen können. Der Terminkurs zum Verfalltag der Optionen betrug 1,4280; die geringe Differenz zwischen den beiden Prämien (0,35 Cent/£) erklärt sich dadurch, daß der Call stärker „out of the money" war als der Put. Bei Anwendung der Strategie INDOSUEZ ergibt sich das Profil der Effektivkurse nach dem im folgenden erläuterten Prinzip:

– Bestimmung des Risiko- und Ergebnisprofils der Optionspositionen:

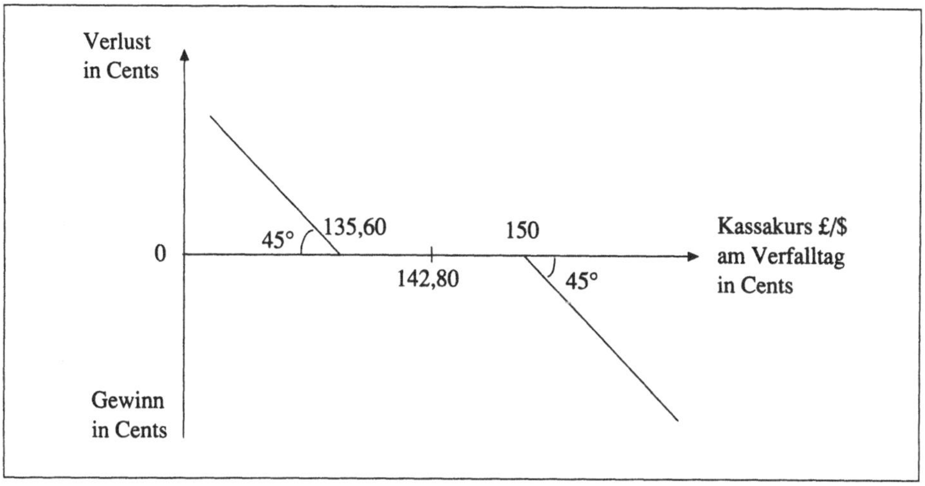

Abbildung 63: Risiko- und Ergebnisprofil der Optionspositionen

Der amerikanische Importeur kauft einen Call £/$ 150 und verkauft einen Put £/$ 135,60 (am Interbankenmarkt, weil dieser Basispreis in Philadelphia nicht notiert war). Die Basispreise von 2,55 Cents/£ hatten den gleichen Abstand zum Terminkurs von 142,80. Die Prämien waren identisch und betrugen 2,55 Cents/£. Somit waren die Kosten zum Aufbau der Position gleich 0.

Erläuterungen zu Abbildung 63:

Der Käufer des Put wird seine Option ausüben, wenn bei Fälligkeit der Kassakurs £/$ tiefer liegt als 135,60. Der Verlust aus der Optionsposition des amerikanischen Importeurs errechnet sich wie folgt:

$$R = -S + 135{,}60$$

Geometrisch ausgedrückt ergibt die Ergebnisgleichung eine Gerade mit Steigung –1.

Wenn bei Fälligkeit der Kassakurs £/$ höher als 150 liegt, wird der amerikanische Importeur seinen Call ausüben und einen Gewinn erzielen. Die Gleichung lautet wie folgt:

$$R = -S + 150$$

Geometrisch ausgedrückt ergibt die Ergebnisgleichung eine Gerade mit Steigung –1.

Wenn jedoch bei Fälligkeit der Kassakurs £ /$ zwischen 135,60 und 150 liegt, wird keine Option ausgeübt, und das Ergebnis der Optionsposition ist gleich Null.

– Zusammenfassung der Optionspositionen und der Devisen-Short-Position:

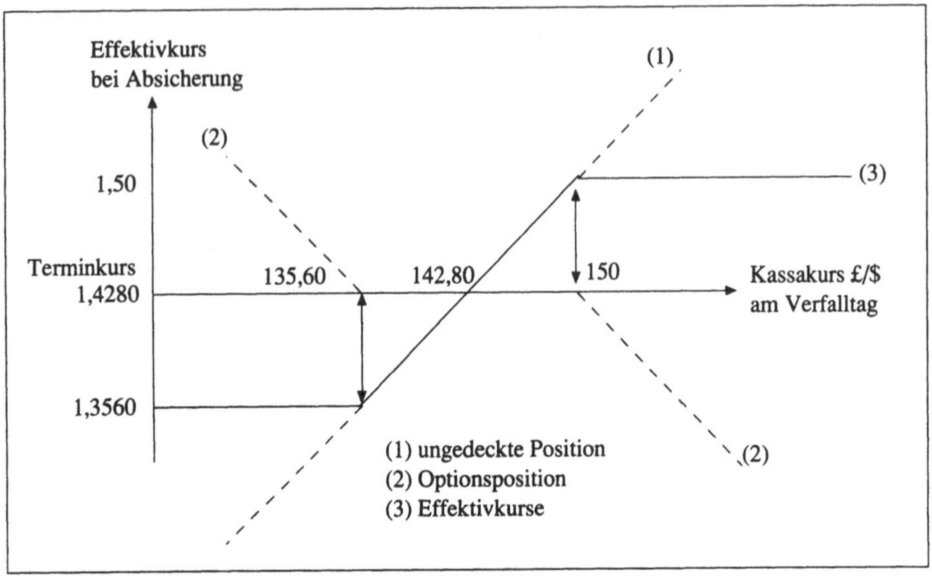

Abbildung 64: Profil der Effektivkurse bei Anwendung der Strategie INDOSPREAD

Diese Strategie veranlaßt den Finanzverantwortlichen, einen Höchst- und Tiefstkurs zum Kauf des Pfund Sterling festzulegen, wobei der Effektivkurs bei Fälligkeit zwischen diesen beiden Grenzen liegt – bei jeweils gleichem Abstand zum Terminkurs. Der Finanzverantwortliche kann den Abstand, der zwischen dem Terminkurs und den Höchst- und Tiefstkursen liegt, bestimmen. Wie aus Abbildung 64 ersichtlich, entspricht dieser Abstand dem Unterschied zwischen Basispreis und Terminkurs. Ein weniger risikofreudiger Finanzverantwortlicher wird diese Differenz durch Wahl von Basispreisen geringfügig „out of the money" begrenzen. Die Extremform dieser Strategie besteht in der Absicherung durch Termingeschäft, die als Kombination einer ungedeckten Position mit gleichzeitigem Kauf und Verkauf von Optionen mit Basispreisen in gleicher Höhe wie der Terminkurs definiert werden kann. Ein risikofreudiger Finanzverantwortlicher wird dagegen Basispreise wählen, die „deep out of the money" sind; in diesem Fall ist die Extremform dieser Strategie die ungedeckte Position, bei der die Wahrscheinlichkeit, daß die Optionen ausgeübt werden, nahe Null ist.

Sofern bei dieser Strategie kein Zahlungsmittelabfluß notwendig wird, besteht bei ihrer Anwendung ein eindeutiger wirtschaftlicher Vorteil. Deswegen scheinen viele Finanzfachleute gegenwärtig dieser Strategie den Vorzug zu geben; sie wird für weniger aufwendig gehalten als die klassische Absicherung durch Optionskauf. Dennoch muß betont werden, daß das Risiko bei der Strategie der Null-Prämie unter Umständen wesentlich höher sein kann als bei einer einfachen Absicherung. Nehmen wir beispielsweise an, der amerikanische Importeur sichert sich durch Kauf von Calls auf £/$ 140 ab. Ein Vergleich dieses Profils mit dem sich aus INDOSPREAD ergebenden Profil wird in Abbildung 65 dargestellt.

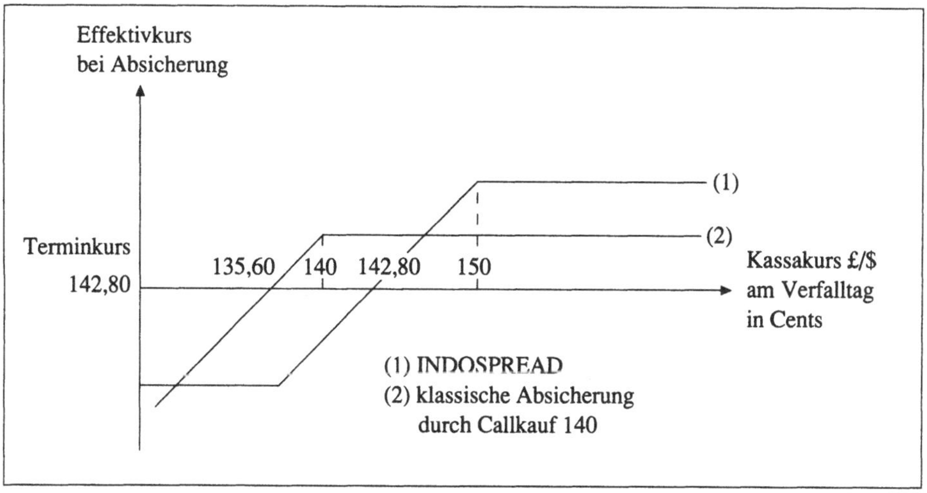

Abbildung 65: Vergleich des INDOSPREAD mit einem klassischen Optionskauf

Aus dieser Abbildung geht hervor, daß der Höchstkurs beim Kauf von Devisen im Rahmen der Strategie der Null-Prämie höher sein kann als der Höchstkurs beim Kauf eines Calls; folglich ist in bestimmten Fällen das Risiko bei Anwendung einer Strategie der Kostenbegrenzug der Prämie höher als das Risiko bei einer klassischen Absicherung durch Optionskauf, die nur auf den Betrag der Prämie begrenzt ist. Die Strategien der reduzierten Prämien beinhalten zwar einen anfänglich begrenzten Zahlungsmittelabfluß, das Ausmaß des Risikos kann jedoch sehr hoch sein: Somit ist vor Anwendung dieser Strategie eine gründliche Studie des Profils der möglichen Effektivkurse notwendig.

7.4 Absicherung eines bedingten Wechselkursrisikos

7.4.1 Ein Unternehmen macht ein Angebot auf eine Ausschreibung

Das Wechselkursrisiko, dem ein Unternehmen bei Abgabe eines Kostenvoranschlags ausgesetzt ist, kann in ein bedingts Risiko und in ein vorgegebenes Risiko aufgeteilt werden. Ein Exporteur hat bei Absicherung einer eventuellen Position durch Terminverkauf das Risiko von Schwankungen der Terminkurse – deren Erfüllungsdatum dem Datum der Fälligkeit der potentiellen Forderung entspricht – zwischen dem Zeitpunkt der Abgabe des Angebotes und der Auftragserteilung. Dies beinhaltet ein bedingtes Risiko, das durch die C.O.F.A.C.E.-Garantie abgesichert werden kann. Der Exporteur, der seine Long-Positionen nicht absichert, geht ein bedingtes Risiko ein, aber er hat dann auch ein vorgegebenes Risiko, wenn er die Auftragszuteilung erhält – und zwar über den Zeitraum ab der Auftragserteilung bis zur Zahlung. Die Abbildung 66 veranschaulicht die Risikoanalyse bei Ausschreibungen.

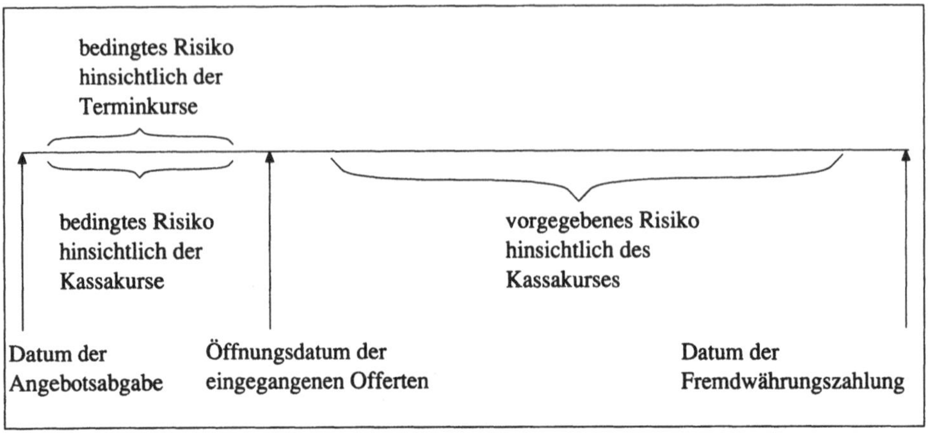

Abbildung 66: Risikoanalyse bei Ausschreibungen

Das bedingte Risiko wird von manchen Fachleuten statistisch errechnet. Ein Exporteur hat eine Chance von 10 %, den Zuschlag zu erhalten; somit besteht in Wirklichkeit ein vorgegebenes Risiko von 10 % seines bedingten Risikos. Ein Unternehmen muß also seine Ausschreibungsangebote so absichern, daß es eine feste Position innehat, die im Umfang dem mathematischen Erwartungswert seiner Gesamtposition in bedingten Verträgen entspricht. Somit wird eine bedingte Risikoposition nach vorher festgelegten Prinzipien als vorgegebene Risikoposition gehandhabt.

Wir werden nun verschiedene Absicherungsmethoden eines bedingten Risikos vorstellen, die auf zwei grundsätzliche Konzepte zurückgeführt werden können.

7.4.1.1 Risikoabsicherung durch Kauf von Optionen auf Terminkurse

Auf ein Angebot eines französischen Exporteurs vom 7. Dezember 1984 erfolgt der Zuschlag zwei Monate später; die Zahlung soll am 7. Mai 1985 erfolgen.

Die Devisenmarktsituation stellt sich folgendermaßen dar:

- Kassakurs \$/FF = 9,41
  (oder 106,27 1/10 Cent/FF)
- Terminkurs \$/FF fällig am 7.Mai 1985 : 9,47 FF
  (oder 105,60 1/10 Cent/FF);
- Call FF auf Terminkurse mit Fälligkeitsdatum am 7. Mai 1985, Basispreis 9,47 und Verfalltag am 7. Febr. 1985: 3,9 1/10 Cent/FF[1], also etwa 3,7 % des Basispreises;

1 Optionen auf Terminkurse werden am Interbankenmarkt angeboten. Die großen französischen Gesellschaften des Bausektors können beispielsweise Calls auf FF-Terminkurse mit Fälligkeiten von 5 oder 7 Jahren kaufen.

- die C.O.F.A.C.E. garantiert einen Kurs von 9,47 FF bei einer Prämie von 0,648 % jährlich (0,36 % für Währungen des EWS).

Abwicklung des Geschäfts:

Der französische Exporteur kauft Calls auf FF-Terminkurse und hat damit die Garantie eines effektiven Verkaufskurses seiner Dollars von 1 000/(105,60 + 3,9) = 9,13 FF

7. Februar 1985: Der Dollar ist gestiegen. Die Devisenmarktsituation ist nun folgendermaßen:

- Kassakurs FF = 9,88 (oder 101,21 1/10 Cent FF);
- Terminkurs FF fällig am 7. Mai 1985 = 9,91 (oder 100,91 1/10 Cent/FF).

Wir untersuchen die folgenden beiden Alternativen:

Der Auftrag wurde dem Exporteur zugeteilt:

Der Finanzverantwortliche stellt die Option glatt und verkauft seine Dollar am Terminmarkt zum Kurs von 9,91 FF, also zu einem Effektivkurs von 1 000/(100,91 + 3,9) = 9,54. Hätte er die Garantie C.O.F.A.C.E. gewählt, hätte er seine Devisen zum folgenden Effektivkurs verkaufen müssen:

$$9{,}47 - \frac{0{,}648\ \%\ \mathrm{x}\ 62}{360}\ \mathrm{x}\ 9{,}47 = 9{,}46\ \mathrm{FF}$$

Die Option ist somit das Finanzinstrument, das den besten Effektivkurs garantiert.

Der Auftrag wurde dem Exporteur nicht zugeteilt:

Der Finanzverantwortliche verliert die Optionsprämie $\frac{3{,}9}{105{,}60} = 3{,}7\ \%$ des abgesicherten Kapitals. Hätte er seine Dollar zum Terminkurs verkauft, müßte er sie zurückkaufen und hätte (9,91 – 9,47) = 0,44 FF/$ oder 5 % der veranschlagten Summe verloren. Die Option ist zwar somit eine bessere Lösung als die Terminabsicherung. Die C.O.F.A.C.E. würde jedoch jede Wechselkurstransaktion annulieren und dem Finanzverantwortlichen nicht einmal die Kosten der Prämie auferlegen.

7.4.1.2 Risikoabsicherung durch Kauf von Optionen auf Kassakurse

Der Finanzverantwortliche kann Calls auf FF-Kassakurse zum gleichen Verfalltag und Glattstellungsdatum seiner möglichen Position kaufen. Bei einer Devisenmarktsituation wie im vorhergehenden Abschnitt und mit der Information, daß ein Call FF (1$ = 9,52 FF) Juni 1985 am 7. Dezember 1984 4,5 1/10 Cent kostete, kann das Ergebnis der Absicherung durch Optionen bei folgenden zwei Alternativen erläutertert werden:

Der Auftrag wurde dem Exporteur zugeteilt:

Der Finanzverantwortliche verkauft die Option – deren Wert nur noch im verbleibenden Zeitwert von 1,40 1/10 Cent/FF besteht – und verkauft seine Dollars am Terminmarkt. Der Effektivkurs des Terminverkaufs errechnet sich wie folgt:

Effektivkurs beim Kauf von FF: (100,91 + 4,5 – 1,40) x 1/10 Cent,

also ein Effektivkurs beim Verkauf des FF: 1 000/104,01 = 9,61 FF.

Dieser Kurs ist wesentlich höher als der Kurs des Termingeschäfts zum Zeitpunkt der Abgabe des Kostenvoranschlags (9,47 FF) oder der von der C.O.F.A.C.E. zugestandene Kurs (9,46 FF).

Der Auftrag wurde dem Exporteur nicht zugeteilt:

Der Finanzverantwortliche kauft die Option mit einem Nettoverlust von (4,5 – 1,4) = 3,1 1/10 Cent/FF, also 3 % des abzusichernden Kapitals, zurück. Dieser Verlust ist höher als beim Terminverkauf, aber es wäre sicher kein Verlust entstanden, wenn das Unternehmen die Garantie C.O.F.A.C.E. gewählt hätte.

Bei beiden Alternativen kann angenommen werden, daß der Finanzverantwortliche die Option zusätzlich über den Zeitpunkt des Zuschlags hinaus halten wird, sofern er eine Kurssenkung des Dollar erwartet. Das Risiko einer solchen Strategie besteht im Verlust des Restzeitwertes, der immerhin 1 % des Betrages des Kostenvoranschlags ausmacht.

Wir haben dargelegt, daß der Finanzverantwortliche bei der Handhabung von Angeboten auf Ausschreibungen die Strategie der Absicherung von Kassakursen im Vertrauen auf die mathematische Wahrscheinlichkeit einer möglichen Auftragszuteilung anwenden kann.

Abschließend kann gesagt werden, daß die drei wichtigsten Prinzipien, auf denen die Anwendung einer Absicherungsstrategie durch Kauf von Optionen basiert, folgendermaßen zusammengefaßt werden können:

- Die Wahl des Basispreises bestimmt das Ergebnis- und Risikoprofil und ist somit der wichtigste Faktor bei der Entscheidungsfindung des potentiellen Anwenders. Eine Absicherung „at the money“ bei einer Laufzeit von einem Monat beinhaltet ein Risiko von etwa 3 % des Positionsbetrages (auf eine Devise gegen Dollar). Sie kann eigentlich nicht als neutrale Entscheidung betrachtet werden: Implizit gibt sie Auskunft über die Risikobereitschaft des Finanzverantwortlichen. Das geringste Risiko besteht bei einer Absicherung „in the money“, bei einer Absicherung „out of the money“ ist ein Profil der Effektivkurse zu erwarten, das dem einer nicht abgesicherten Position angenähert ist.
- Die Optionsprämien sind Investitionskosten. Wie hoch sie auch sein mögen, die mathematische Gewinnerwartung bei Absicherung beträgt Null. Dagegen ist die potentielle Gewinn- und Verlustschere eine Funktion der Höhe des Basispreises. Die Kosten der Absicherung dürfen nicht mit dem der Strategie verbundenen Risikoniveau verwechselt werden. Strategien, die einen weniger hohen Zahlungsmittelabfluß erfordern, können mit hohem Risiko behaftet sein.

- Die Absicherung eines eventuellen Risikos von Unternehmen, die Kostenvoranschläge einreichen, nach Listenpreisen verkaufen oder Dividenden von ausländischen Filialen erwarten, kann nach dem Prinzip der Absicherung einer sicheren Position gehandhabt werden, wenn der Finanzverantwortliche den Erwartungswert seiner bedingten Position errechnen kann. Überdies besteht als Absicherungsalternative die Möglichkeit, Optionen im Interbankenmarkt zu kaufen.

Schlußbemerkung

Die Option trägt zur Bewältigung des Wechselkursrisikos mit der neuen Perspektive einer bedingten Entscheidung bei, die nicht nur die simplifizierte Alternative von Absicherung oder Nichtabsicherung beinhaltet. Aufgrund der Fortschritte bei der Anwendung fragt man nach der Ursache des gegenwärtigen Erfolges.

Das Prinzip der Option ist nicht neu. Die Produzenten von holländischen Tulpenzwiebeln haben die Option schon zu Beginn des 17. Jahrhunderts zur Risikoabsicherung angewandt. Schon in den Jahren um 1630, als Zwiebeln ein häufiges Handelsobjekt waren, sollen die Produzenten wegen der Unsicherheit ihrer Ernteergebnisse Kaufoptionen auf andere Ernten gekauft haben, um die eventuelle Mißernte oder mögliche Schäden beim Transport zu versichern. Diese Blumenhändler tauschten untereinander schon Calls !

Es gab also bereits den Optionskontrakt, aber dessen Kosten und die vielfältigen Anwendungsmöglichkeiten waren noch nicht durchdacht. Erst im 19. und 20. Jahrhundert beschäftigten sich wissenschaftliche Arbeiten mit Optionen auf börsenmäßig notierte Aktien und erst in den vergangenen Jahren fanden Forschung und Lehre der Optionen ein breiteres Interesse. Schon 1961 bemerkte H. Filer anläßlich der 4. Auflage seines Buches „Understanding Put and Call Options“, daß „Colleges und Universitäten zu verstehen beginnen, daß dieser Bereich – an Wall Street sehr forciert – integraler Bestandteil der finanzwissenschaftlichen Ausbildung sein sollte“.

Der Erfolg der börslich organisierten Optionsmärkte in den 70er Jahren hat die Entfaltung dieser Finanzprodukte begünstigt: Dank der Liquidität, die sie boten, haben diese Märkte die Fantasie der Marktteilnehmer angeregt, die zahlreiche Gewinnstrategien unter Berücksichtigung der veränderlichen Faktoren (vor allem Volatilität, Kursentwicklung, Laufzeit) entwarfen und deren Vielfalt immer mehr Anwender motivierte.

Jedoch benötigten diese Märkte eine Methode zur Errechnung der Preise, die Angebot und Nachfrage nach rationalen Gesichtspunkten regelt und die Vorstellung von der bis dahin als sehr spekulativ eingeschätzten Option abschwächt: Die Anwendung der Wahrscheinlichkeitsrechnung im Finanzbereich hat die Entwicklung der gegenwärtig von „Tradern“ ständig benutzten Modelle zur theoretischen Preisbestimmung begünstigt.

So dürfte wohl ein Zusammenhang bestehen zwischen einer weit in die Vergangenkeit zurückreichenden wirtschaftlichen Notwendigkeit von Finanzinstrumenten, die die Berücksichtigung von Umweltunsicherheiten ermöglichen und dem Aufschwung der Optionsbörsen, der wiederum den Stellenwert der Optionen – während der letzten Jahre – im Rahmen der Finanzinstrumente erklärt. Somit wurde eine seit langem angewandte Technik auf Devisenkurse, Zinssätze, Gold und wirtschaftliche Indikatoren übertragen.

Die Option ist die Umsetzung eines einfachen, aber fundamentalen Problems: Wie kann man bei ständig verändertem Marktgeschehen abgesicherte Kurse oder Zinssätze garantieren und gleichzeitig am Marktgeschehen teilhaben?

Viele Finanzverantwortliche verkaufen bereits Währungsoptionen an Geschäftspartner, ohne daß diese so bezeichnet werden. Es gibt schon Unternehmen, die eine Wechselkursgarantie auf einen bestimmten Zeitabschnitt – etwa ein Tag, eine Woche oder länger – einräumen. Auf diese Weise können Käufer oder Verkäufer während der Preisverhandlungen (Kauf oder Verkauf) mit stabilen Kursen rechnen. Es ist dann dem Geschick des Finanzverantwortlichen überlassen, bei Geschäftsabschluß den verabredeten Kurs zu garantieren, ohne jedoch auf diesen Kurs festgelegt zu sein, wenn innerhalb der vereinbarten Frist kein Geschäft zustande kommt. Mit den traditionellen Finanzierungsmethoden wird er ständig Terminkäufe und -verkäufe vornehmen müssen: Diese Vorgehensweise fordert jedoch ihren Preis:

Es kann der Fall eintreten, daß ein in Erwartung eines Exportgeschäftes abgeschlossener Terminverkauf teurer zurückgekauft werden muß, wenn der abgesicherte Zeitraum bereits abgelaufen ist (oder umgekehrt wird ein in Erwartung eines Importgeschäftes abgeschlossener Terminkauf zu niedrigerem Preis verkauft). Je mehr der Wechselkurs schwankt und je länger der Zeitraum garantierter Wechselkurse ist, um so höher können diese Kosten sein. Diese können als Preis der Option, die der Finanzverantwortliche seinen Geschäftspartnern verkauft hat, angesehen werden.

Ein handelbarer Optionskontrakt, den jeder an der Börse oder bei Banken kaufen kann, beinhaltet letztlich sowohl die Schaffung als auch die Handhabung einer Option.

Man könnte dennoch annehmen, daß Finanzverantwortliche sehr wohl Optionskontrakte entbehren könnten, indem sie diese, wie mancherorts bereits üblich, selbst erstellen.

Aber uns scheint es wahrscheinlicher, daß zukünftig immer mehr Unternehmen das System der garantierten Kurse verwenden werden, und daß eine immer größer werdende Zahl von Marktteilnehmern an Optionsmärkten oder am Interbankenmarkt Risiken absichern und somit die Reife und Liquidität dieser Märkte nutzen werden.

Der gegenwärtige und der zukünftige Erfolg der Devisenoptionen wird von uns in diesem Sinne verstanden, und wir haben großes Vertrauen in die Zukunft dieses Marktsegments wie auch in die Optionen als Finanzaktiva insgesamt.

Literaturverzeichnis

Allgemeine Thematik

Filer, Herbert: Understanding Put and Call Options: How to use them to reduce risk in your stock market operations. Grown Publishers Inc., 4. Aufl., New York 1961.

Gastineau, Gary: The Stock Option Manual. Mc Graw Hill, 2. Aufl., 1979.

Levasseur, Michel; Simon, Yves; Gestion, Dalloz: Options et Nouveanx Contrats à Terme. 1980.

Mc Millan; New York Institute of Finance: Options as Strategic Investments. 1980.

Schwager, Jack D.: A Complete Guide to the Futures Markets, Fundamental Analysis, Technical Analysis, Trading Spreads and Options. John Wiley and Sons, 1984.

Les options de Change. Documentation Indosuez Change Conseil, 1985.

Augros, Jean-Claude: Finance, Options et Obligations Convertibles. Economia collection Gestion, 1985.

Cox, John; Rubinstein, Mark: Options Markets. Prentice Hall, 1985.

Artikel und Gesamtwerke über den Optionspreis und die Arbitragetransaktionen zwischen Optionsmärkten und Märkten der zugrundeliegenden Aktiva

Bachelier, Louis: Théorie de la Spéculation; Gauthier-Villars, 1900.

Black, Fisher; Scholes, Myron: The Valuation of Option Contracts and Test of Market Efficiency. Journal of Finance, Mai 1972.

Merton, Robert: Theory of Rational Option Pricing. Bell Journal of Economics Management Service, Spring 1973.

Black, Fisher; Scholes, Myron: The Pricing of Option and Corporate Liabilities. Journal of Political Economy, 81, Mai – Juni 1973.

Cox, John; Ross, Stephen: The Valuation of Option for Alternative Stochastic Processes. Journal of Financial Economics, 3, 1976.

Smith, Cifford: Option Pricing: a Review. Journal of Financial Economics, 3, 1976.

An Examination of Corporate Call Policies on Convertible Securities. Journal of Finance, Mai 1977.

Roll, Richard: An Analytical Formula for Unprotected American Call Options on Stocks with known Dividends. Journal of Financial Economics, November 1977.

Brennan, Michael; Swartz, Eduardo: Convertible Bonds: Valuation and Optimal Strategies for Call and Conversation. Journal of Finance, Dezember 1977.

Cox, John; Ross, Stephen; Rubinstein, Mark: Option Pricing: A Simplified Approach. Journal of Financial Economics, September 1979.

Gastineau, Gary; Madansky: Why Simulations are an Unreliable Test of Option Strategies. Financial Analysts Journal, September – Oktober 1979.

Rendleman, Richard; Barter, Brit: Two State Option Pricing. Dezember 1979.

Geske, R.; Shastri, K.: Valuation by Approximation. Working Paper 13/82, U.C.L.A., 1982.

Jarrow, Robert; Rudd, Andrew: Option Pricing. The Irwin Series in Finance, Dow Jones Irwin, 1983.

Artikel über Preise von Optionen auf Terminkontrakte

Black, Fisher: The Pricing of Commodity Contracts. Journal of Financial Economics, 1976.

Pitts, Mark: Options on Futures on Fixed Income Securities. Salomon Brothers Bond Portfolio Analysis Group, Dezember 1983.

Wolf, Avner: Options on Futures: Pricing and the Effect of Anticipated Price Change. Journal of Financial Management, 1984.

Cox, John; Ingersoll Jr., Jonathan; Ross, Stephen: The Relation between Forward Price and Futures Prices. Series C.S.F.M.–9, Center for the Study of Futures Markets, Columbia Business School, Mai 1980.

Artikel über Devisenoptionen

Feiger, George; Jacquillat, Bertrand: Currency Option Bonds, Puts and Calls on Spot Exchange and the Hedging of Contingent Foreign Earnings. Journal of Finance, Dezember 1979.

Biger, Nahum; Hull, John: The Valuation of Currency Options. Finance Management, Spring 1983.

Garman, Mark; Kohlhagen, Steven: Foreign Currency Option Values. Jounal of International Money and Finance, 1983.

Giddy, Ian: Foreign Exchange Options. Journal of Financial Management, 1983.

Monographien und Artikel über die stochastische Berechnung und Schätzung der Volatilität

Ito, Kiyosi; Mc Kean, Henry: Diffusion Processes an their Sample Paths. Springer Verlag, 1965.

Mc Kean, Henry; Stochastic Integrals. Academic Press, 1969.

Latane, Henry; Rendleman, Richard: Standard Deviations of Stock Price Ratios Implied in Option Prices. Journal of Finance, 31, 1976.

Garman, Mark; Klass, Michael: On the Estimation of Securities Prices Volatilities from Historical Data. Journal of Business, 53, 1980.

Choé, Heungsik: Note sur le Calcul Différentiel Stochastique. Finance, 4. C.E.S.A., 1983.

Stichwortverzeichnis

SPRINGER NATURE

GPSR Compliance

The European Union's (EU) General Product Safety Regulation (GPSR) is a set of rules that requires consumer products to be safe and our obligations to ensure this.

If you have any concerns about our products, you can contact us on ProductSafety@springernature.com

In case Publisher is established outside the EU, the EU authorized representative is:

Springer Nature Customer Service Center GmbH
Europaplatz 3
69115 Heidelberg, Germany

FSC
www.fsc.org
MIX
Papier | Fördert gute Waldnutzung
FSC® C083411

Kolibri 360 GmbH
Ferdinand-Jühlke-Straße 7
99095 Erfurt, Deutschland
produktsicherheit@kolibri360.de